大学实验系列

新编大学物理实验

（第一册）

主 编 徐志洁 李 倩 冯志勇
副主编 宋建宇 安长星 吴丽君

哈尔滨工程大学出版社
Harbin Engineering University Press

内容简介

全书内容共分7章,包括物理实验的数据处理、常用的物理实验方法、常用实验仪器及其使用简介、探究型基础实验、研究型综合实验、设计型创新实验、开放型创新实验。全书强调实验物理学科的科学性和系统性,重点阐述了物理实验的思想与方法,以问题探索为切入点,注重培养学生的实验能力与创新思维。全书内容丰富,许多实验提供了多种实验方法,涉及多个与机械、材料等学科有关的近代综合性实验,还设立了多个设计、创新性的实验课题,以适应机械类、材料类等专业的教学需要。

本书可作为高等学校非物理类各专业物理实验课程的教材或参考书。

图书在版编目(CIP)数据

新编大学物理实验. 第一册/徐志洁,李倩,冯志勇主编.
—哈尔滨:哈尔滨工程大学出版社,2018.5(2020.8 重印)
ISBN 978-7-5661-1970-4

Ⅰ.①新⋯ Ⅱ.①徐⋯ ②李⋯ ③冯⋯ Ⅲ.①物理学-实验-高等学校-教材 Ⅳ.①O4-33

中国版本图书馆 CIP 数据核字(2018)第 127974 号

选题策划　石　岭
责任编辑　张忠远　宗盼盼
封面设计　张　骏

出版发行　哈尔滨工程大学出版社
社　　址　哈尔滨市南岗区南通大街 145 号
邮政编码　150001
发行电话　0451-82519328
传　　真　0451-82519699
经　　销　新华书店
印　　刷　哈尔滨市石桥印务有限公司
开　　本　787mm×1 092mm　1/16
印　　张　14.75
字　　数　389 千字
版　　次　2018 年 5 月第 1 版
印　　次　2020 年 8 月第 5 次印刷
定　　价　36.00 元

http://www.hrbeupress.com
E-mail:heupress@hrbeu.edu.cn

前　　言

本书依照教育部高等学校物理学与天文学教学指导委员会物理基础课程教学指导分委员会编制的《理工科类大学物理实验课程教学基本要求》，遵循"加强基础、重视应用、培养能力、锐意创新"的指导思想，在多年课程建设的基础上编写而成。

本书以应用能力、创新能力的培养为主线，设置了多个与机械、材料等学科有关的近代综合性实验，还设立了多个设计、创新性的实验课题，并引入了近几年来辽宁省大学生物理实验竞赛的题目、沈阳理工大学参加辽宁省大学生物理实验竞赛的学生获奖名单、参赛项目说明书及教师自拟题目，以适应机械类、材料类等专业的教学需要，使学生既掌握基本的实验知识与技能，又具备一定的综合应用能力，从而激发学生的创新能力。

本书能完整地表达本课程所包含的知识与能力要求，结构严谨，内容齐全，包括前言、绪论、正文、附录、参考文献等。在实验内容的编写上，以问题探索为切入点，引导学生对要解决的问题展开深入的思考和研究，增强学生学习的目标性和主动性；对实验原理的叙述深入浅出，对实验内容的说明通俗易懂，切实详尽，还纳入了许多教师的教学研究成果，如一些好的实验方法、数据处理方法等，有利于教师教学，便于学生自学；注重对实验背景、实验应用的介绍，数据处理贯穿于定量测量的实验中，许多实验之后附有知识拓展，便于学生对物理实验相关知识的理解与应用，增强学生分析、解决问题的能力及应用能力；增加了立体教材部分（教师的教案、讲课视频等），使学生随时完成网上预习、复习，提高学生自学、融会贯通、独立思考等能力，进一步提升物理实验的教学质量。

本书的前言、绪论、第1章的第1节至第4节、第1章习题由徐志洁编写，第2章的第1节、第2节、第3章的第3节、实验1由冯志勇编写，第3章的第1节、第2节、第5节、实验10、实验13、实验14、第7章由宋建宇编写，第3章的第4节、实验7由吴丽君编写，第3章的第6节、实验6、实验9、实验17由王德力编写，实验2、实验8、实验11、实验15、实验16由李倩编写，实验3由邵殿春编写，实验4、实验5、附录A、附录B、参考文献由安长星编写，实验12由李美玲编写。

物理实验教学是物理实验中心全体人员的集体工作，无论是在教材内容的安排还是在实验方法的改进上，都凝聚着全体任课教师的智慧与汗水。在本书的编写过程中，沈阳理工大学的徐送宁教授、李凤岐教授、李洪奎教授等提出了许多宝贵的意见，在此向他们表示诚挚的敬意和衷心的感谢！

由于作者水平有限，错误和不妥之处在所难免，恳请同行专家和读者们批评、指正。

编　者

2018年3月

目 录

绪论 ··· 1

第1章 物理实验的数据处理 ·· 5
1.1 测量与误差 ··· 5
1.2 不确定度评定的基础知识 ··· 8
1.3 实验数据的有效位数 ··· 20
1.4 常用的实验数据处理方法 ··· 23
1.5 习题 ·· 33

第2章 常用的物理实验方法 ·· 35
2.1 基本的物理实验方法 ··· 35
2.2 计算机在物理实验中的应用 ·· 40

第3章 常用实验仪器及其使用简介 ·· 47
3.1 长度测量的常用仪器 ··· 47
3.2 质量测量的常用仪器 ··· 51
3.3 时间测量的常用仪器 ··· 54
3.4 电磁量测量的常用仪器 ·· 57
3.5 温度测量的常用仪器 ··· 72
3.6 光学量测量的常用仪器 ·· 76

第4章 探究型基础实验 ·· 82
实验1 频率、电压、相移的测量 ··· 82
实验2 地磁场的测量 ··· 93
实验3 用分光计测量三棱镜的折射率 ··· 97
实验3.1 分光计的调整 ·· 97
实验3.2 测量三棱镜的折射率 ·· 102
实验4 测定金属材料的杨氏弹性模量 ·· 109
实验4.1 用拉伸法测量金属材料的杨氏弹性模量 ································ 109
实验4.2 用动态法测量金属材料的杨氏弹性模量 ································ 114

第5章 研究型综合实验 ·· 119
实验5 光衍射的研究及光栅常数的测量 ··· 119
实验6 用超声驻波像测定声速 ·· 122

实验7　光电效应的研究与应用 ………………………………………………… 132

实验8　核磁共振的研究 …………………………………………………………… 139

实验9　塞曼-法拉第磁光效应的研究与应用 …………………………………… 147

　　实验9.1　塞曼效应实验 ……………………………………………………… 147

　　实验9.2　法拉第磁光效应实验 ……………………………………………… 152

实验10　高温超导材料临界温度的研究 ………………………………………… 154

实验11　介质吸收光谱的测量 …………………………………………………… 160

实验12　距离与转速的光电检测 ………………………………………………… 165

第6章　设计型创新实验 …………………………………………………………… 174

实验13　直流电桥的设计与应用 ………………………………………………… 174

　　实验13.1　单臂电桥的设计与应用 ………………………………………… 174

　　实验13.2　用双臂电桥测量低值电阻 ……………………………………… 175

　　实验13.3　非平衡直流电桥的设计与测量 ………………………………… 176

实验14　设计用集成温度传感器测量温度 ……………………………………… 191

实验15　全息照相的研究与设计 ………………………………………………… 195

实验16　设计测量固体的微小形变量 …………………………………………… 205

实验17　设计测量硅光电池的相对光谱响应 …………………………………… 210

第7章　开放型创新实验 …………………………………………………………… 214

7.1　辽宁省大学生物理实验竞赛题目及其要求 ………………………………… 214

7.2　沈阳理工大学参加辽宁省大学生物理实验竞赛部分成果 ………………… 216

7.3　开放型创新实验项目 ………………………………………………………… 222

附录A　法定计量单位 ……………………………………………………………… 223

附录B　常用物理常量表（2013年国际推荐值）………………………………… 226

参考文献 ……………………………………………………………………………… 228

绪　　论

一、物理实验课的地位、任务、基本要求

（一）物理实验课的地位

物理学本质上是一门实验科学。物理实验是科学实验的先驱，体现了大多数科学实验的共性，在实验思想、实验方法、实验手段等方面是各学科科学实验的基础。物理实验是大学生入学后系统地接受实验技能训练的开端，也是培养学生创新思维和创新能力的重要课堂。

（二）物理实验课的任务

大学物理实验课遵循"加强基础、重视应用、培养能力、锐意创新"的指导思想，主要完成以下教学任务：

1. 培养与提高学生的科学实验能力，包括独立阅读实验教材（或资料），掌握实验原理；了解实验仪器的基本构造，掌握仪器的使用方法；正确记录数据，完成实验内容；对实验数据进行处理、分析，绘制实验曲线；说明实验结果，写出合格的实验报告等。

2. 培养与提高学生的创新能力。在具备一定实验能力的基础上，让学生接触一些技术先进、应用广泛的近代综合性实验及设计、研究性实验，以开阔学生的视野，激发学生的学习兴趣，增强学生的探索精神，提高学生的动手能力以及分析、解决实际问题的能力。

3. 培养与提高学生的科学实验素养，使学生具有理论联系实际和实事求是的科学作风，严肃认真的工作态度，以及遵守纪律、爱护公共财物的优良品德。

（三）物理实验课的基本要求

大学物理实验应包括普通物理实验（力学、热学、电学、光学实验）和近代物理实验，内容涵盖基础实验，近代综合性实验，设计、创新性实验等，教学内容的基本要求如下：

1. 掌握测量误差与不确定度的基本知识，学会用不确定度评估测量结果，掌握一些常用的实验数据处理方法，包括列表法、作图法和最小二乘法，以及用计算机通用软件处理实验数据的基本方法等。

2. 掌握基本物理量的测量方法，如长度、质量、时间、温度、压力、电流、电压、电阻、折射率、普朗克常量等常用物理量及物性参数的测量，加强数字化测量技术和计算技术在物理实验教学中的应用。

3. 了解常用的物理实验方法,并逐步学会使用,如比较法、转换法、放大法、平衡法、补偿法、模拟法、干涉法和衍射法,以及在近代科学研究和工程技术中广泛应用的其他方法。

4. 掌握实验室常用仪器的性能,并能够正确使用,如长度测量仪器、计时仪器、测温仪器、变阻器、电表、交/直流电桥、通用示波器、低频信号发生器、分光仪、电源和光源等常用仪器。还应掌握在科学研究与工程技术中广泛应用的现代物理技术,如激光技术、传感器技术等。

5. 掌握常用的实验操作技术,如零位调整、水平/铅直调整、光路的共轴调整、消视差调整、逐次逼近调整、根据给定的电路图正确接线、简单的电路故障检查与排除、根据给定的光路图正确地摆放各个光学元件等。

二、上物理实验课的基本程序

(一)课前预习

预习应以理解实验原理为主,必须弄清楚待求量与实测量之间的关系,了解实验的大体过程,以便在做实验时能抓住关键内容。在上实验课之前,必须认真地填写实验报告中的"实验目的、实验原理、实验内容"三部分内容,列出要测量的实验数据表格,并对实验仪器有一定的了解。可以把预习中遇到的问题写出来,在以后做实验时注意并加以解决,这样能达到更好的效果。

(二)上实验课

课堂上进行实验是实验课的中心环节。

1. 教师讲解

教师就实验的基本原理(包括物理原理或实验原理)、主要的实验内容、注意事项等做简要的讲解,对于设计性实验提出相应的要求。

2. 调整仪器

首先应对照实验仪器进一步熟悉、掌握仪器的工作原理和使用方法,然后按要求进行调节,如天平的水平和平衡调节、光路的同轴和等高调节、各类仪表的零点调节等。

3. 测量数据

通常是用较短的时间粗略地测量,即调整或选定测量范围、测量间隔以及仪器的量程,大致了解测量规律,然后重新开始仔细地测量。

4. 记录数据

记录中至少要包括实验日期,实验题目,实验条件(如电流、电压、室温、大气压等一些与测量相关的量),测量值(含计量单位、数量级),仪器名称、型号、量程、准确度等。将实验数据完整、清晰地记录在记录本(或预习纸)上,数据之间应留有一定的间隙,以便补充或修改。当时认为不对的数字也不要随便毁掉,应在此数据上面轻轻地打一个记号,如"×",以待进一步验证。这是因为原以为错误的数据很可能没有错或者可能具有一定的参考价值。记录时一定要注意数据的有效位数,并加以简要说明。这样记录的目的是可在经过了一段时间之后也能回忆起当时做实验的基本状况。做实验时应避免连一本笔记都不带,用零散的纸片简单、草率地记录数据,或先做草率的记录再转抄的做法。

一般来讲,实验是从不清楚至清楚,从各种正确与错误的多个推理和判断中步步前进,最终获得正确结果的过程,这一过程恰好是学习实验的重要过程,不能简单地问一问其他组的同学,甚至模仿其他组的数据。做实验固然需要正确的结果,但更需要亲手实践,这在实验课的学习中是最重要的。若两人同用一台仪器做一个实验,则应分工协作、共同完成实验。

5. 教师签字

实验数据或最终的实验结果及仪器的还原情况需由教师检查,确认合格并签字后,本次实验才算完成;否则应重新做实验、测量数据、整理仪器等。

(三)写实验报告

实验报告是对实验工作的全面总结,要简明扼要、准确地表达实验的全貌。报告要求文字通顺,字迹端正,图表规范,结果正确,讨论认真。做完实验应养成尽快写实验报告的习惯,因为这样做可避免遗忘,及时地发现问题、解决问题。

实验报告应包括以下内容。

1. 实验名称

写明实验的题目。

2. 实验目的

简要说明实验的目的。

3. 实验原理

应包括理论依据或实验仪器的原理,要列出主要公式,画出原理示意图,包括电路图或光路图等。

4. 实验内容(步骤)

必须写明重要而且不能颠倒顺序的实验步骤,写清注意事项。

5. 实验数据

应当用表格形式表示,注意写清楚数据的有效位数、数量级、计量单位、重要的实验条件及所使用仪器的型号、规格、仪器的分度值等。

6. 数据处理

对于重要的计算过程及不确定度的评定过程应简略地表示出来,较复杂且重复性的计算过程可用表格形式表示。计算完毕时要注意测量结果的表示。

7. 问题讨论

问题讨论包括对测量结果影响较大的因素的接近量化的分析讨论,以及实验方法的改进,实验中应注意的问题等方面内容。

虽然现行的实验报告有固定的格式,但对每个实验报告的要求并不是千篇一律的,要根据不同的实验内容和要求,侧重某一些方面来写。在写实验报告之前,应当用较短的时间回想一下本实验的重点、难点,以及体会较深之处等,防止和避免完全填表式的做法。

三、做物理实验需遵守的有关规定

1. 学生进入实验室之前必须按要求完成实验报告预习内容的填写,即实验目的、实验原理、实验内容,教师检查同意后,方可进行实验。否则,在实验报告的总成绩中扣除 1 分(满分为 5 分)。

2. 遵守课堂纪律,保持安静、整洁的实验环境。

3. 使用电源时,必须经过教师检查线路后才可接通电源。

4. 要爱护仪器。学生进入实验室后,不得擅自搬弄实验仪器。实验中要严格按照实验内容和仪器说明书的要求进行操作,若发现仪器损坏,须立即报告老师并照章赔偿。公用的工具用完后应立即放回原处。

5. 做完实验,学生应将仪器整理、还原,将桌面和凳子收拾整齐。经过教师检查测量数据和仪器还原情况并签字后,方可离开实验室。

6. 实验报告(包括实验数据处理结果,如坐标纸等)应在下次做实验时统一交给老师。

第1章 物理实验的数据处理

物理实验的任务不仅是定性地观察物理现象,而且需要对物理量进行定量测量并找出各个物理量之间的内在联系。

由于测量原理及测量方法的不完善、测量仪器的准确度(其定义见 1.1.4 几个常见的基本术语及其概念)不够高、测量环境的不理想、测量人员的实验技能不精湛等诸多因素的影响,所有的测量都只能做到相对准确。随着科学技术的不断发展,人们的实验知识、手段、经验、技巧的不断提高,测量的准确度将会越来越高,但测量值不可能绝对准确。因此,一个测量结果,不仅应该给出被测对象的量值和单位,而且必须对量值的可靠性做出评价。

本章主要介绍测量与误差、测量结果的不确定度评定、实验数据的有效位数、常用的实验数据处理方法等基本知识。这些知识不仅在本课程的实验中会经常用到,而且是今后从事科学实验工作应该了解和掌握的。

1.1 测量与误差

本节主要理解如下几个问题:
(1)什么是测量?常见测量的分类有哪几种,各适用于什么情况?
(2)什么是(测量)误差?常见测量误差的分类有哪几种,其主要来源有哪些,可否消除?

1.1.1 测量

测量一般是指以确定被测对象量值为目的的全部操作过程。在这个过程中,待测量与预先选定的计量标准(如仪器、仪表等)之间进行相互比较。根据中华人民共和国国家计量技术规范 JJF 1059—1999《测量不确定度评定与表示》(以下简称"JJF 1059—1999"),量值一般是指由一个数乘以计量单位所表示的特定量的大小。

测量的分类方法有许多种,通常按照下列方法进行分类。

1. 直接测量和间接测量

按照测量方法来划分,测量可分为直接测量和间接测量。

不必测量与被测量有函数关系的其他量就能得到被测量的测量称为直接测量。如用游标卡尺测量长度,用等臂天平测量物体的质量,用电流表测量回路电流,用秒表测量时间间隔等都是直接测量。所得的物理量如长度、质量、电流、时间等称为直接测量值。

有些量很难进行直接测量,需依据它与某几个直接测量值的函数关系求出,这样的测量称为间接测量。间接测量可用如下函数关系表示：

$$y = f(x_1, x_2, \cdots, x_i, \cdots, x_N) \tag{1.1.1}$$

式中，$x_1, x_2, \cdots, x_i, \cdots, x_N$ 为直接测量值；y 为间接测量值。例如，某种物体的密度 ρ 是通过测量质量 m、体积 V 间接得到的，即 $\rho = \dfrac{m}{V}$。其中，质量 m、体积 V 是直接测量值；密度 ρ 是间接测量值。

2. 单次测量和多次测量

按照测量次数的不同来划分，测量又可分为单次测量和多次测量。为了提高测量的准确度，在重复性条件下进行多次测量，即为多次测量。一些物理量在一定测量条件下会迅速地变化，这时就不能进行多次重复测量而只能进行单次测量；有时一些物理量不必进行太精确的测量，也可进行单次测量。

重复性条件包括相同的测量程序、相同的观测者、在相同的条件下使用相同的测量仪器、相同地点、在短时间内重复测量。

3. 静态测量和动态测量

按照被测量是否随时间变化来划分，测量又可分为静态测量和动态测量。

按照测量技术来划分，测量方法可分为比较法、放大法、平衡法、补偿法、转换法、模拟法、干涉法和衍射法等。

1.1.2 （测量）误差

根据 JJF 1059—1999，真值（记为 μ）的定义为：与给定的特定量定义一致的值。可理解为某一物理量在一定客观条件下存在的真实大小。由于测量仪器、实验条件、测量方法、操作人员等诸多因素的限制，测量不可能无限准确。测量结果（记为 x）减去被测量的真值 μ 称为（测量）误差，记为 δ，可表示为

$$\delta = x - \mu \tag{1.1.2}$$

1.1.3 随机误差与系统误差

1. 随机误差（或称偶然误差）

在同一量的多次测量中，一些影响量的变化是不可预期或由随机的时间、空间变化量而引起的，这种效应称为随机效应（或称偶然效应）。随机效应的存在，使得测量结果在测量的平均值附近起伏变化，即随机效应导致重复观测中的分散性。测量结果与重复性条件下对同一量进行无限多次测量所得结果的平均值之差称为随机误差。随机误差可通过增加测量次数来减小，但无法完全消除。在一般情况下，测量次数不宜过大。因为测量次数过大，就很难保证测量条件的恒定，而且可能带来其他不确定的因素。

2. 系统误差

在对同一被测量的多次测量过程中，有些影响量是可预知、可识别的，它们总是使测量结果向一个方向偏离，有些偏离的数值恒定或按一定规律变化，这种效应称为系统效应。在重复性条件下，由系统效应引起的误差称为系统误差。它不能通过增加测量次数来减小或消除，而需针对不同情况采用不同的方法予以消减。系统误差的来源主要有以下几个方面。

（1）人员

这是由于观察者感官、习惯或技术不熟练等因素所引起的，例如，读数时总是偏大或偏小。

(2) 仪器

这是由于仪器本身的缺陷或未按规定的条件调整、使用仪器所造成的,例如,在使用前对仪器零点的校正不准确。

(3) 方法

这是由于理论或实验方法本身不完善所造成的,例如,用伏安法测量电阻时,未计算电表的内阻。

(4) 环境

这是由于外界环境(如温度、电压、光照、电磁等)恒定偏离规定的条件而产生的,例如,较精确地测量某一金属材料的长度时,由于外界环境温度偏高而使测量结果偏大。

对于实验中存在的系统误差,可以通过校准仪器、改进设计方案、选择更好的实验方法、进行合理的理论修正、稳定外界条件等途径来基本消除或减小。对于既不能修正,又不能消除的系统误差,应当根据具体的情况,在测量结果中反映出来。

系统误差可分为定值系统误差(参见本书第 3 章第 1 节的知识拓展)、线性变值系统误差、正弦规律的系统误差(参见本书第 4 章实验 3 的知识拓展 2)和复杂规律的系统误差等。除了复杂规律的系统误差外,系统误差的处理有几种较典型的实验方法,具体的内容将在第 2 章第 1 节及以后的物理实验课中进行介绍。

1.1.4 几个常见的基本术语及其概念

JJF 1059—1999 给出几个在大学物理实验中经常遇到的术语及其简单解释。

注 [ ]中的文字一般可省略。

1. [可测量的]量

现象、物体或物质可定性区别和定量确定的属性。

术语"量"可指一般意义的量,如长度、温度等,或指特定量,如某一根棒的长度、某种液体的温度等。

2. 被测量

被测量是指作为测量对象的特定量,例如,给定的水样品在 100 ℃时的蒸汽压力。对被测量的详细描述,可要求包括对其他相关量(如时间、温度和压力等)做出的说明。

3. 测量结果

由测量所得到的赋予被测量的值称为测量结果。

对"测量结果"的说明详见本书 1.2 节内容。

4. 测量准确度

测量结果与被测量的真值之间的一致程度称为测量准确度。

这是一个定性的概念。一致程度若需定量表示,则可用不确定度表征真值基本处于"测量结果 ± 不确定度"的区间之内。关于不确定度的相关知识详见本书 1.2 节内容。

应区分准确度与精密度、正确度的不同。在测量结果中,准确度反映的是系统误差和随机误差综合的影响程度;精密度反映的是随机误差的影响程度;正确度反映的是系统误差(简称系差)的影响程度。

5. [测量结果的]重复性

在相同的测量条件下,对同一被测量进行连续多次测量所得结果之间的一致性称为重复性。

重复性可用测量结果的分散性定量地表示,详见本书1.2节内容。

1.2 不确定度评定的基础知识

不确定度这一概念及其评定在现代测量和数据处理中占有十分重要的地位,但以往各国对不确定度的表示和评定却有着不同的看法和规定,这无疑影响了国际间的交流与合作。1993年,国际标准化组织(ISO)等七个国际组织联名发布了《测量不确定度表示指南》(修订版),我国也于1999年颁布了中华人民共和国国家计量技术规范 JJF 1059—1999《测量不确定度评定与表示》,使得涉及测量的技术领域和部门均可用统一的准则对不确定度进行评定和表示。

本节主要理解如下几个问题:
(1)如何理解"测量不确定度"和"扩展不确定度"这两个概念?
(2)怎样表示测量结果?
(3)单次测量结果的实验标准差与n次重复测量平均值的标准差是否为同一值,如何计算?
(4)如何评定 A 类标准不确定度及 B 类标准不确定度?
(5)标准不确定度与扩展不确定度的关系是什么?
(6)如何评定直接测量的测量结果?如何评定间接测量的测量结果?
(7)如何评定相对标准不确定度?

1.2.1 测量不确定度的概念

在测量中,由于预先选定的标准(如各类的仪器、仪表)并非十全十美,操作人员每次判断、读数及不同操作人员之间判断上的差异,测量方法不够完善,再加上环境的变化等,不仅使得测量标准发生变化,而且使得各个直接测量值也发生变化,因而对于某一待测量来讲,其数值不是恒定的而是有所起伏,如图1.2.1所示,说明误差是不可避免的。

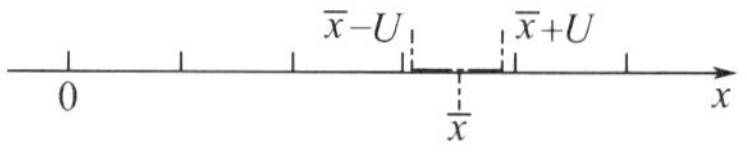

图 1.2.1 被测量之值的分散性示意图

人们进行的任何测量,只能无限地逼近真值而不能测得真值。因此,真值无法准确确定。因为一些实验条件无法完全被掌握(或控制),所以误差是不能准确地确定出来的。由式(1.1.2)可知,测量结果x也是一个不确定的量。

那么如何表示测量结果呢?人们自然会想到用算术平均值来表示。但这是否能全面地反映测量的水平呢?显然这种表示方法是不够全面的。

由于误差的存在,各个被测量之值会比其算术平均值$\bar{x}$大或小,即以$\bar{x}$为中心,各个被测量之值以一定概率在范围U内浮动(图1.2.1),称U为扩展不确定度,它是确定测量结果区间的量,大部分合理赋予的被测量之值分布在此区间内。这样可把测量结果表示成

$$x = (\bar{x} \pm U)(单位) \tag{1.2.1}$$

无系统误差时,若测量次数无限增加,则算术平均值$\bar{x}$必然趋近于真值μ。实际上,在做有限次数的测量时,算术平均值$\bar{x}$也是真值的最佳估值。在表示测量结果时,不仅要给出最可信赖的被测量之值,而且还要给出这一量值不能确定的程度,用一个区间$(\bar{x}-U, \bar{x}+U)$来表

示,即被测量之值在$(\bar{x} - U, \bar{x} + U)$范围内浮动。

根据 JJF 1059—1999,不确定度定义为表征合理地赋予被测量之值的分散性,是与测量结果相联系的参数。扩展不确定度表征被测量之值所处的范围,它表示被测量不能够确定的程度。

本书用扩展不确定度作为表示测量结果的参数,认为当重复测量的次数足够多时,对被测量可能值的分布做正态分布的估计,并取置信概率为 95%。相当于进行 20 次测量,可能有 1 个被测量之值超出$(\bar{x} - U, \bar{x} + U)$的范围。

说明 (1)扩展不确定度 U 越小,说明测量的准确度越高;反之,U 越大,说明测量的准确度越低。

(2)一般情况下,U 取 1~2 位有效位数。为简单起见,本书规定直接用模拟式仪器、仪表读数时,应根据表盘上每格代表的值(即分度值)来决定扩展不确定度 U 取 1 位或是 2 位有效位数;其他情况 U 取 2 位有效位数,且被测量之值的最末位与 U 的最末位对齐(两者的数量级和计量单位均应相同),最末位的后一位位数的取舍一般遵循四舍五入原则。如某一被测量之值为 1.234 6 m,其扩展不确定度为 0.016 m,不确定度的最后一位为千分位,应将被测量之值保留到千分位,最后测量结果为

$$(1.235 \pm 0.016)\text{m}$$

1.2.2 实验标准差、贝塞尔公式

多次重复测量某一量 X 所得的值 x 在某一个值的附近起伏变化,这种对同一被测量做 n 次重复测量,表征测量结果分散性的量可用实验标准差来描述。实验标准差可用贝塞尔公式进行计算:

$$s(x_k) = \sqrt{\frac{\sum_{k=1}^{n}(x_k - \bar{x})^2}{n-1}} \quad (1.2.2)$$

式中,$s(x_k)$ 表示实验测量列中单次测量结果的实验标准差;$k = 1, 2, \cdots, n$ 为测量次数;x_k 为被测量 x 的第 k 次测量值。x_k 与 $\bar{x}$ 之差称为残余偏差,记为 V_k,即 $V_k = x_k - \bar{x}$,$\bar{x}$ 为被测量 x 的 n 次测量值的算术平均值,可表示为

$$\bar{x} = \frac{1}{n}\sum_{k=1}^{n} x_k \quad (1.2.3)$$

因为测量结果用式(1.2.1)表示,其中算术平均值可用式(1.2.3)计算,所以应求出 n 次重复测量平均值的实验标准差。可以证明,平均值实验标准差 $s(\bar{x})$ 与单次测量的实验标准差 $s(x_k)$ 之间存在如下关系:

$$s(\bar{x}) = \frac{s(x_k)}{\sqrt{n}} \quad (1.2.4)$$

直接用式(1.2.2)、式(1.2.3)、式(1.2.4)计算标准差较麻烦,但用具有统计功能的小型计算器便能非常方便地完成这一计算。现以较普遍使用的计算器为例,简述平均值标准差的计算方法。

例 1.2.1 用千分尺测量某一圆柱体的直径 d,测量数据如表 1.2.1 所示,求其算术平均值的标准差。

表 1.2.1　测量某一圆柱体直径的实验数据表

测量次数 n	1	2	3	4	5
直径 d/mm	9.855	9.831	9.868	9.871	9.846
测量次数 n	6	7	8	9	10
直径 d/mm	9.849	9.836	9.842	9.854	9.867

解　使用计算器的操作顺序如下：

① 按"on"键，打开计算器。

② 按"2ndF"键，再按"stat"键，使计算器进入统计功能状态，这时显示屏上出现"stat"字样。

③ 每输入一个数据，屏上便显示该数据；再按"data"键，将这一数据输入计算器中，此时在屏上显示输入的次数。

④ 重复步骤③，直到把全部数据输入完为止。

⑤ 可分别按计算器上的"$\bar{x}$"和"s"键，得到最佳测量值（即算术平均值）以及实验标准差：

$$\bar{d} = \bar{x} = 9.851\ 9\ \text{mm}, s(x_k) = s = 0.014\ \text{mm}$$

由式(1.2.4)，有

$$s(\bar{x}) = \frac{s(x_k)}{\sqrt{n}} = \frac{0.014}{\sqrt{10}} = 0.004\ 4\ \text{mm}$$

1.2.3　标准不确定度、标准不确定度与扩展不确定度的关系、B 类标准不确定度的评定、相对不确定度

1. 标准不确定度

用标准差来表示的测量不确定度称为标准不确定度。

标准不确定度按评定方法可分为 A 类标准不确定度和 B 类标准不确定度两种。

（1）A 类标准不确定度

用对"观测列"进行统计分析的方法来评定标准不确定度，称为标准不确定度的 A 类评定方法。式(1.2.5)计算的平均值的实验标准差就是某一被测量 x_i 的 A 类标准不确定度，记作 $u_A(x_i)$。前面例 1.2.1 中计算平均值的标准差就是 A 类标准不确定度。在进行标准不确定度的 A 类评定时，要求在重复性的条件下对某一被测量 x_i 进行 n 次足够多的独立观测，以得到更为客观的 A 类标准不确定度。将式(1.2.2)与式(1.2.4)合并，得到某一被测量 x_i 的 A 类标准不确定度的一般表达式为

$$u_A(x_i) = s(\bar{x_i}) = \frac{s(x_{ik})}{\sqrt{n}} = \frac{s}{\sqrt{n}} = \sqrt{\frac{\sum_{k=1}^{n}(x_{ik} - \bar{x_i})^2}{n(n-1)}} \quad (1.2.5)$$

式中，$s(\bar{x_i})$ 表示 n 次重复测量平均值的实验标准差；s 为按计算器统计功能中的"s"键得到的实验标准差；$k = 1, 2, \cdots, n$ 为测量次数；x_{ik} 表示某一被测量 x_i 的第 k 次测量值；$\bar{x_i}$ 表示某一被测量 x_i 的算术平均值。

（2）B 类标准不确定度

用对"观测列"进行非统计分析的方法来评定标准不确定度，称为标准不确定度的 B 类评定方法。用 B 类评定方法计算的标准不确定度称为 B 类标准不确定度，它也可以用标准

差(或方差)来表征,记作 $u_B(x_i)$。

综上所述,A类标准不确定度和B类标准不确定度均可用标准差(或方差)来表征,因此它们均可按标准差(或方差)的方法进行处理(如合成)。

(3) 合成标准不确定度

当测量结果是由若干个其他量的值求得时,按照其他各个量的方差和协方差算得的标准不确定度称为合成标准不确定度。它是测量结果标准差的估计值。

当全部直接测量值 x_i 彼此互不相关或互相独立时,若用 $u(x_i)$ 表示 x_i 的合成标准不确定度,用 $u_A(x_i)$ 表示某一被测量 x_i 的A类标准不确定度,用 $u_B(x_i)$ 表示 x_i 的B类标准不确定度,则

$$u(x_i) = \sqrt{u_A^2(x_i) + u_B^2(x_i)} \tag{1.2.6}$$

$u(x_i)$ 可以只有A类标准不确定度 $u_A(x_i)$,或者只有B类标准不确定度 $u_B(x_i)$,或者两类都有。

设间接测量值 y 与 N 个输入量 x_i (直接测量值)($i=1,2,\cdots,N$) 的函数关系式为
$$y = f(x_1, x_2, \cdots, x_i, \cdots, x_N)$$

y 的不确定度与各个输入量 x_i 的不确定度以及它们之间的函数关系有关,各个 x_i 是 y 的不确定度的来源。寻找不确定度来源时,可从操作人员、测量仪器、测量方法、环境条件等多方面考虑。在物理实验中,一般只考虑 x_i 作为 y 的直接测量值的情况。

当全部输入量 x_i 互不相关或互相独立、不考虑协方差(在本书中,不做特殊说明都不考虑协方差)时,若用 $u(x_i)$ 表示输入量 x_i 的合成标准不确定度,则 y 的合成标准不确定度 $u_c(y)$ 为

$$u_c(y) = \sqrt{\sum_{i=1}^{N} \left[\frac{\partial f}{\partial x_i} u(x_i)\right]^2}$$
$$= \sqrt{\left[\frac{\partial f}{\partial x_1} u(x_1)\right]^2 + \left[\frac{\partial f}{\partial x_2} u(x_2)\right]^2 + \cdots + \left[\frac{\partial f}{\partial x_i} u(x_i)\right]^2 + \cdots + \left[\frac{\partial f}{\partial x_N} u(x_N)\right]^2} \tag{1.2.7}$$

式中,$u(x_i)$ 是 x_i 的A类标准不确定度 $u_A(x_i)$ 与B类标准不确定度 $u_B(x_i)$ 的合成,由式(1.2.6)可求出。偏导数 $\frac{\partial f}{\partial x_i}$ 表征各个输入量 x_i 的合成不确定度 $u(x_i)$ (可只有A类标准不确定度 $u_A(x_i)$,或者只有B类标准不确定度 $u_B(x_i)$)对间接测量值 y 的影响。

在评定 y 的合成标准不确定度 $u_c(y)$ 时,如果某一直接测量值 x_i 的 $\left[\frac{\partial f}{\partial x_i} u(x_i)\right]^2$ 与其他各项相比很小,那么可以略去此项。如果某一直接测量值 x_i 的A类标准不确定度 $u_A(x_i)$ 远远小于B类标准不确定度 $u_B(x_i)$,或者B类标准不确定度 $u_B(x_i)$ 远远小于A类标准不确定度 $u_A(x_i)$,那么可以略去非常小的一项。

对于直接测量,可以列出 $y=x$ 的关系式,因为 $\frac{\partial y}{\partial x}=1$,所以直接测量实际上是间接测量的特例。对于直接测量值的合成标准不确定度可由式(1.2.6)求出。

目前,在国际、国家实物基准的比对以及一些物理常量的测量中,直接用合成标准不确定度来表示测量结果,而在工业、商业及与健康或与安全有关的某些领域,往往要求提供更高的置信概率,即更大的区间来表示测量结果。本书采用后者,即用扩展不确定度 U 来表示测量结果。

2. 标准不确定度与扩展不确定度的关系

标准不确定度 $u_c(y)$ 乘以包含因子 K,得到扩展不确定度 U。如前所述,它是确定被测

量分布区间的量,被测量之值的大部分分布在此范围内,即
$$U = Ku_c(y) \tag{1.2.8}$$
式中,K 与被测量的分布、置信概率以及自由度等有关,为简化,本书中未做说明的,置信概率一般都取95%,这样对于被测量值的各种分布类型,包含因子 K 均取2,即
$$U = 2u_c(y) \tag{1.2.9}$$
也就是说,扩展不确定度可由合成标准不确定度 $u_c(y)$ 乘以2获得。测量结果可表示为
$$y = (\bar{y} \pm U)(单位) \tag{1.2.10}$$
式中,$\bar{y} = f(\bar{x}_1, \bar{x}_2, \cdots, \bar{x}_i, \cdots, \bar{x}_N)$,为测量结果的算术平均值。

3. B 类标准不确定度的评定

在物理实验中,通常把仪器的标准不确定度作为用该仪器测量某些量的 B 类标准不确定度,记为 u_e,因此
$$u_B(x_i) = u_e(x_i)$$
按不同的情况,仪器的 B 类标准不确定度的评定如下。

(1)给出参考数据的情况

由生产部门、计量部门的技术文件,如校准报告、技术手册或其他资料所提供的参考数据。

①给出仪器的扩展不确定度

已知仪器的扩展不确定度 $U_e = a$,根据式(1.2.9),可求得仪器的 B 类标准不确定度为 $u_e = \dfrac{a}{2}$。

②给出仪器的误差限

仪器的误差限(最大允许误差)是指在技术规范、规程中,给定的某一型号测量仪器所允许的误差极限。可见,仪器的误差限给定了同一种型号的仪器所允许的最大误差范围,而不是某一台测量仪器实际存在的误差。

设某一测量仪器的误差限的上界为 a_+,下界为 a_-,则仪器的扩展不确定度为
$$U_e = \frac{1}{2}|a_+ - a_-| \tag{1.2.11}$$
根据式(1.2.9),同样可以计算出仪器的 B 类标准不确定度为
$$u_e = \frac{U_e}{2} = \frac{1}{4}|a_+ - a_-|$$

③给出仪器的准确度等级

技术说明书提供的是仪器的准确度等级,如指针式电表,其基本误差限为
$$\Delta_e = \pm(B_m \cdot S\%) \tag{1.2.12}$$
式中,B_m 为所用的量程;S 为电表的等级。

如0.5级的电流表,现用的量程为5 mA,则此时的误差限为
$$\Delta_e = \pm(5 \times 0.5\%) = \pm 0.025 \text{ mA}$$
由式(1.2.11),得
$$U_e = \frac{1}{2}|0.025 - (-0.025)| = 0.025 \text{ mA}$$
则仪器的 B 类标准不确定度为
$$u_e = 0.013 \text{ mA}$$

直接用模拟式仪器、仪表读数时,应根据表盘上每格代表的值(即分度值)来决定扩展不确定度 U 取 1 位或是 2 位有效位数;其他情况 U 取 2 位有效位数。

(2)由经验确定

根据对测量仪器特性的了解及经验,一般有如下规定。

①模拟式仪器

对于带刻度或带指针的模拟式仪器,可取最小刻度的一半作为仪器的扩展不确定度 U_e,U_e 再除以 2,可得到这种仪器的 B 类标准不确定度 u_e。如最小刻度为 1 mm 的米尺,读数时要估读到 0.1 mm,但在评定测量结果的不确定度时,取其扩展不确定度 $U_e = 0.50$ mm,仪器的 B 类标准不确定度 $u_e = 0.25$ mm。

②数字显示式或游标类的仪器

对于数字显示式或游标类的仪器,取最小步进值(数字显示的最末位数字)或游标的最小刻度示值作为该类仪器的扩展不确定度 U_e。

例如,以 1 ms 为最小步进值的数字毫秒计,读数时末尾最小值为 1 ms,但在评定测量结果的不确定度时,取其扩展不确定度 $U_e = 1.0$ ms,标准不确定度 $u_e = 0.50$ ms。又如游标分度值为 50 格的游标卡尺,游标的最小刻度示值为 0.02 mm,读数时末尾最小值为 0.02 mm,但在评定测量结果的不确定度时,取扩展不确定度 $U_e = 0.020$ mm,仪器的 B 类标准不确定度 $u_e = 0.010$ mm。

4. 相对标准不确定度

为了更清楚、直观地评价测量结果的准确度,引入相对不确定度的概念。相对标准不确定度是由被测量的标准不确定度与它的平均值相除得到的,即

$$E = \frac{u}{\bar{y}} \tag{1.2.13}$$

相对标准不确定度有时可用百分数表示,即 $\frac{u}{\bar{y}} \times 100\%$。为了说明相对不确定度的意义,请看下面两个直接被测量的测量结果:

$$x_1 = (100.00 \pm 0.10)\,\text{m}, x_2 = (1.00 \pm 0.10)\,\text{m}$$

从这两个测量结果可看出,它们的扩展不确定度相同,即 $U_1 = U_2 = 0.10$ m;合成标准不确定度也相同,即 $u_1 = u_2 = 0.050$ m,但它们的测量水平以及测量的难易程度却不同。根据相对标准不确定度的定义,可求得它们的相对标准不确定度分别为

$$E_1 = \frac{u_1}{x_1} = \frac{0.050}{100.00} = 0.000\,50$$

$$E_2 = \frac{u_2}{x_2} = \frac{0.050}{1.00} = 0.050$$

显然有 $E_1 \ll E_2$,说明测量第一个被测量 x_1 比测量第二个被测量 x_2 的测量水平更高,更准确。

在间接测量中,为了更有效地提高测量的准确度,不仅需要比较不同物理量的大小,而且还要比较不同物理量的不确定度所占的比例,这时也要用到相对标准不确定度的概念。如果各个被测量互不相关或互相独立,那么可先计算它们的相对不确定度,再设法提高各个相对不确定度中分量较大的仪器的准确度,这样能够有效地降低整个测量系统的不确定度。另外,在评定测量结果的不确定度时,若各被测量为乘积的关系且互相独立,则先计算各被测量的相对不确定度,忽略相对不确定度较小的量,再评定测量结果的不确定度,这样

做可简化对测量结果的不确定度评定。

1.2.4 常用函数的不确定度传播公式

在各个量互相独立时,可由式(1.2.7)推导出加、减、乘、除及其混合运算的不确定度。

1. 和的不确定度

为简单起见,先对两个量相加的情况进行讨论。设 $y = x_1 + x_2$,因为

$$\frac{\partial y}{\partial x_1} = 1, \frac{\partial y}{\partial x_2} = 1$$

所以

$$u_c(y) = \sqrt{\sum_{i=1}^{N}\left[\frac{\partial f}{\partial x_i}u(x_i)\right]^2}$$

$$= \sqrt{[1 \cdot u(x_1)]^2 + [1 \cdot u(x_2)]^2}$$

$$= \sqrt{u^2(x_1) + u^2(x_2)}$$

式中,$u_c(y)$ 为 y 的合成标准不确定度;$u(x_1)$ 和 $u(x_2)$ 分别为 x_1 和 x_2 的标准不确定度(以下相同)。

可见,如果两个被测量互不相关或互相独立,那么它们相加所得和的合成标准不确定度等于各分量标准不确定度的方和根(先平方,再求和,最后开方)。对于多个被测量的相加运算,同样可以推导得出此结论。

2. 差的不确定度

为简单起见,先对两个量相减的情况进行讨论。设 $y = x_1 - x_2$,因为

$$\frac{\partial y}{\partial x_1} = 1, \frac{\partial y}{\partial x_2} = -1$$

所以

$$u_c(y) = \sqrt{\sum_{i=1}^{N}\left[\frac{\partial f}{\partial x_i}u(x_i)\right]^2}$$

$$= \sqrt{[1 \cdot u(x_1)]^2 + [(-1) \cdot u(x_2)]^2}$$

$$= \sqrt{u^2(x_1) + u^2(x_2)}$$

相减的情况与相加的情况相同,相减所得差的合成标准不确定度等于各项标准不确定度的方和根。对于多个项的加减混合运算,这一结论也成立。

同样,对于和、差的扩展不确定度也有以上类似的推导。

结论 如果各被测量互不相关或互相独立,那么它们相加(或相减)所得和(或差)的合成标准不确定度等于各分量标准不确定度的方和根。

3. 积的不确定度

为简单起见,先对两个量乘积的情况进行讨论。设 $y = x_1 \cdot x_2$,因为

$$\frac{\partial y}{\partial x_1} = x_2, \frac{\partial y}{\partial x_2} = x_1$$

所以

$$u_c(y) = \sqrt{\sum_{i=1}^{N}\left[\frac{\partial f}{\partial x_i}u(x_i)\right]^2}$$

$$= \sqrt{[x_2 \cdot u(x_1)]^2 + [x_1 \cdot u(x_2)]^2}$$

在纯乘法运算中,如果各被测量互不相关或互相独立,那么利用相对标准不确定度可

有较简单的形式:

$$E_y = \frac{u_c(y)}{y} = \frac{\sqrt{[x_2 \cdot u(x_1)]^2 + [x_1 \cdot u(x_2)]^2}}{x_1 \cdot x_2}$$

$$= \sqrt{\frac{x_2^2 \cdot u^2(x_1)}{x_1^2 \cdot x_2^2} + \frac{x_1^2 \cdot u^2(x_2)}{x_1^2 \cdot x_2^2}}$$

$$= \sqrt{\frac{u^2(x_1)}{x_1^2} + \frac{u^2(x_2)}{x_2^2}}$$

$$= \sqrt{E_{x_1}^2 + E_{x_2}^2}$$

结论 如果两个被测量互不相关或互相独立,那么它们相乘所得积的相对标准不确定度等于各分量相对标准不确定度的方和根。

对于多个被测量的连乘运算,同理可以推导,此结论也成立。

4. 商的不确定度

为简单起见,先对两个量相除的情况进行讨论。设 $y = \dfrac{x_1}{x_2}$,因为

$$\frac{\partial y}{\partial x_1} = \frac{1}{x_2}, \frac{\partial y}{\partial x_2} = -\frac{x_1}{x_2^2}$$

所以

$$u_c(y) = \sqrt{\left[\frac{1}{x_2} \cdot u(x_1)\right]^2 + \left[-\frac{x_1}{x_2^2} \cdot u(x_2)\right]^2}$$

$$= \sqrt{\frac{1}{x_2^2} \cdot u^2(x_1) + \frac{x_1^2}{x_2^4} \cdot u^2(x_2)}$$

纯除法运算与纯乘法运算相同,如果各被测量互不相关或互相独立,那么利用相对标准不确定度可有较简单的形式:

$$E_y = \frac{u_c(y)}{y}$$

$$= \frac{x_2}{x_1}\sqrt{\frac{1}{x_2^2} \cdot u^2(x_1) + \frac{x_1^2}{x_2^4} \cdot u^2(x_2)}$$

$$= \sqrt{\frac{1}{x_2^2} \cdot u^2(x_1) \cdot \frac{x_2^2}{x_1^2} + \frac{x_1^2}{x_2^4} \cdot u^2(x_2) \cdot \frac{x_2^2}{x_1^2}}$$

$$= \sqrt{\frac{u^2(x_1)}{x_1^2} + \frac{u^2(x_2)}{x_2^2}}$$

$$= \sqrt{E_{x_1}^2 + E_{x_2}^2}$$

可见,若两个被测量互不相关或互相独立,则它们相除所得商的相对标准不确定度等于各分量相对标准不确定度的方和根。此结论也可以推广到多个被测量的乘除法运算中。

结论 若几个被测量互不相关或互相独立,则它们相乘(或相除)所得积(或商)的相对标准不确定度等于各分量相对标准不确定度的方和根。

5. 混合运算

下面举一例进行说明。用单摆测量重力加速度,有

$$g = 4\pi^2 \frac{L}{T^2}$$

式中,g 为物体的重力加速度;L 为单摆的摆长;T 为单摆的周期。对上式求偏导,得

$$\frac{\partial g}{\partial L} = \frac{4\pi^2}{T^2}$$

$$\frac{\partial g}{\partial T} = -\frac{8\pi^2 L}{T^3}$$

若两个量 L,T 互不相关(或相互独立),由式(1.2.7)得

$$u_c(g) = \sqrt{\left[\frac{\partial g}{\partial L} \cdot u(L)\right]^2 + \left[\frac{\partial g}{\partial T} \cdot u(T)\right]^2}$$

$$= \sqrt{\frac{(4\pi^2)^2}{T^4} \cdot u^2(L) + \left(-\frac{8\pi^2 L}{T^3}\right)^2 \cdot u^2(T)}$$

$$= \sqrt{\frac{16\pi^4}{T^4} \cdot u^2(L) + \frac{64\pi^4 L^2}{T^6} \cdot u^2(T)}$$

6. 简单三角函数的标准不确定度

若 $y = \sin x$,则 y 的合成标准不确定度为

$$u_c(y) = \sqrt{\cos^2 x \cdot u^2(x)}$$
$$= \cos x \cdot u(x)$$

同样有

$$y = \cos x, u_c(y) = \sin x \cdot u(x)$$
$$y = \tan x, u_c(y) = \sec^2 x \cdot u(x)$$
$$y = \cot x, u_c(y) = \csc^2 x \cdot u(x)$$

1.2.5 测量不确定度评定的实例

例 1.2.2 用游标卡尺测量某一工件的长度,测量值如表 1.2.2 所示。若游标卡尺的仪器扩展不确定度 $U_e = 0.02$ mm,试求测量结果。

表 1.2.2 用游标卡尺测量某一工件长度的数据表

测量次序	1	2	3	4	5
长度 L/mm	28.76	28.68	28.74	28.78	28.72
测量次序	6	7	8	9	10
长度 L/mm	28.70	28.74	28.66	28.62	28.72

解 第一步,确定 y 与 x 之间的关系:

$$y = x \quad (令 x = L)$$

第二步,评定 y 的合成标准不确定度 $u_c(y)$。

首先,用计算器的统计功能计算被测量(观测列)的 A 类标准不确定度。

$$\bar{x} = 28.712 \text{ mm}, s(x_i) = s = 0.048 \text{ mm}$$

由式(1.2.5),得 A 类标准不确定度为

$$u_A(x) = \frac{s}{\sqrt{n}} = \frac{0.048}{\sqrt{10}} = 0.015 \text{ mm}$$

其次,计算 B 类标准不确定度,即计算仪器的 B 类标准不确定度 u_e。
取包含因子 $K = 2$,则

$$u_B(x) = u_e = \frac{U_e}{2} = \frac{0.02}{2} = 0.010 \text{ mm}$$

最后,将 $u_A(x)$ 和 $u_B(x)$ 代入式(1.2.7),评定 y 的合成标准不确定度 $u_c(y)$。
因为 $\frac{\partial y}{\partial x} = 1$,所以

$$u_c(y) = \sqrt{\sum_{i=1}^{N}\left[\frac{\partial f}{\partial x_i}u(x)\right]^2}$$
$$= u(x) = \sqrt{u_A^2(x) + u_B^2(x)} = \sqrt{0.015^2 + 0.010^2} = 0.018 \text{ mm}$$

第三步,计算扩展不确定度、平均值,并表示测量结果。
取包含因子 $K = 2$,由式(1.2.9)得扩展不确定度为

$$U = 2u_c(y) = 2 \times 0.018 = 0.036 \text{ mm}$$

因为 $y = x$,所以

$$\bar{y} = \bar{x} = 28.712 \text{ mm}$$

测量结果为

$$y = \bar{y} \pm U = (28.712 \pm 0.036) \text{ mm}$$

注意 为方便起见,在评定测量结果不确定度的过程中,各个标准不确定度及扩展不确定度均取 2 位有效位数,被测量算术平均值的最末位要与扩展不确定度 U 的最末位对齐(两者必须化成同一个数量级,且用相同的计量单位)。

例 1.2.2 中的扩展不确定度 $U = 0.036$ mm,最末位是千分位,则被测量的算术平均值的最末位也要取至千分位,并在其万分位上进行四舍五入。

在测量时,待求量往往不能直接测出,需先测量某些量,再利用一定的函数关系式求出。下面举例说明具体的评定方法。

例 1.2.3 有一圆柱体,底面直径 d 用千分尺测量,高 h 用游标卡尺测量,测量数据如表 1.2.3 所示(测量数据一般以 12 组为宜。为简化,在此只取 7 组)。已知千分尺的扩展不确定度 U_{e_1} 为 0.004 mm,游标卡尺的扩展不确定度 U_{e_2} 为 0.02 mm(包含因子 K 均取 2)。求圆柱的体积,并表示测量结果。

表 1.2.3 测量圆柱体积的实验数据表

测量次序	1	2	3	4	5	6	7
直径 d/mm	3.265	3.248	3.276	3.253	3.258	3.272	3.267
高 h/mm	20.60	20.46	20.54	20.56	20.50	20.48	20.52

解 第一步,列出函数关系式。

圆柱体的体积为

$$V = \pi R^2 h = \frac{1}{4}\pi d^2 h$$

第二步,评定直径 d 的合成标准不确定度 $u(d)$。

首先,评定由测量直径 d 的分散性带来的不确定度,即评定 d 的 A 类标准不确定度 $u_A(d)$。

用计算器的统计功能计算直径 d 的平均值 $\bar{d}$、单次测量值的实验标准差 s,有

$$\bar{d} = 3.262\ 7\ \text{mm}, s = 0.010\ \text{mm}$$

由式(1.2.5)求出 d 的 A 类标准不确定度为

$$u_A(d) = \frac{s}{\sqrt{n}} = \frac{0.010}{\sqrt{7}} = 0.003\ 8\ \text{mm}$$

其次,评定测量直径 d 时的 B 类标准不确定度 $u_B(d)$,即仪器(千分尺)的标准不确定度 $u_e(d)$,有

$$u_B(d) = u_e(d) = \frac{U_{e_1}}{2} = \frac{0.004}{2} = 0.002\ 0\ \text{mm}$$

最后,评定直径 d 的合成标准不确定度,即

$$u(d) = \sqrt{u_A^2(d) + u_e^2(d)} = \sqrt{0.003\ 8^2 + 0.002\ 0^2} = 0.004\ 3\ \text{mm}$$

第三步,评定测量圆柱体高 h 的合成标准不确定度 $u(h)$。

首先,评定由测量圆柱体高 h 的分散性带来的不确定度,即 h 的 A 类标准不确定度 $u_A(h)$。

用计算器的统计功能算出高 h 的平均值 $\bar{h}$、单次测量值的实验标准差 s,有

$$\bar{h} = 20.522\ 9\ \text{mm}, s = 0.048\ \text{mm}$$

由式(1.2.5)求出 h 的 A 类标准不确定度为

$$u_A(h) = \frac{s}{\sqrt{n}} = \frac{0.048}{\sqrt{7}} = 0.018\ \text{mm}$$

其次,评定测量圆柱体高 h 时的 B 类标准不确定度 $u_B(h)$,即仪器(游标卡尺)的标准不确定度 $u_e(h)$,有

$$u_B(h) = u_e(h) = \frac{U_{e_2}}{2} = \frac{0.02}{2} = 0.010\ \text{mm}$$

最后,评定高 h 的合成标准不确定度,即

$$u(h) = \sqrt{u_A^2(h) + u_e^2(h)} = \sqrt{0.018^2 + 0.010^2} = 0.021\ \text{mm}$$

第四步,计算圆柱体的体积的平均值,有

$$\bar{V} = \frac{1}{4}\pi \bar{d}^2 \bar{h} = \frac{1}{4}\pi \times 3.262\ 7^2 \times 20.522\ 9 = 171.586\ \text{mm}^3$$

第五步,评定圆柱体体积的不确定度,表示测量结果。

因为 d, h 彼此独立,所以 $u(d), u(h)$ 两个量传递至体积的分量为

$$\frac{\partial V}{\partial d} \cdot u(d) = \frac{\pi}{2} dh \cdot u(d) = \frac{\pi}{2} \times 3.262\ 7 \times 20.522\ 9 \times 0.004\ 3 = 0.45\ \text{mm}^3$$

$$\frac{\partial V}{\partial h} \cdot u(h) = \frac{\pi}{4} d^2 \cdot u(h) = \frac{\pi}{4} \times 3.262\ 7^2 \times 0.021 = 0.18\ \text{mm}^3$$

体积的合成不确定度为

$$u_c(V) = \sqrt{\left[\frac{\partial V}{\partial d}\cdot u(d)\right]^2 + \left[\frac{\partial V}{\partial h}\cdot u(h)\right]^2} = \sqrt{0.45^2 + 0.18^2} = 0.48 \text{ mm}^3$$

包含因子 $K=2$,体积的扩展不确定度为
$$U = 2\cdot u_c(V) = 2\times 0.48 = 0.96 \text{ mm}^3$$

最后,测量结果表示为
$$V = (171.59 \pm 0.96) \text{ mm}^3$$

注意 (1)本书规定,在计算过程中所有不确定度均取 2 位有效位数;被测量的最末位要与其扩展不确定度的最末位对齐(两者应化成同一个数量级,且用相同的计量单位)。

(2)在计算过程中,若某一个分量的 A 类标准不确定度(或 B 类标准不确定度)比它的 B 类标准不确定度(或 A 类标准不确定度)小一个数量级以上,可略去其中较小的一个;若某一个输入分量传递至输出量的分量(即输出量对这个输入分量的偏导乘以这个输入分量的标准不确定度)比其他分量传递至输出量小一个数量级以上,也可略去。这样计算起来较简便。

例 1.2.4 测得某一角度 $\theta = 46°38' \pm 2'$,求 $\sin\theta$。

解 该题是根据输入量 θ 不确定度的最末位来确定被测量 $\sin\theta$ 的有效位数。

第一步,建立被测量与输入量 θ 的函数关系,即
$$y = \sin\theta$$

第二步,评定角度 θ 的合成标准不确定度 $u(\theta)$。因为
$$\theta = \bar{\theta} \pm U(\theta) = 46°38' \pm 2'$$

得出角度 θ 的扩展不确定度为 $U(\theta) = 2'$

所以
$$u_c(\theta) = \frac{U(\theta)}{2} = 1'$$

第三步,计算 y 的平均值 $\bar{y}$。

直接用计算器求得
$$\bar{y} = \sin\bar{\theta} = \sin(46°38') = 0.726\,974\,279$$

第四步,评定 y 的不确定度,并表示测量结果,即
$$\frac{\partial y}{\partial \theta} = \cos\theta = \cos(46°38') = 0.686\,664\,69$$

上面的余弦值是从计算器中得到的,这是评定不确定度的中间数字,可多取几位有效位数,但标准不确定度、扩展不确定度取 2 位有效位数。因此有
$$u_c(y) = \cos\theta\cdot u(\theta) = 0.686\,7 \times \frac{1'}{60}\times\frac{\pi}{180} = 0.000\,20$$

取包含因子 $K=2$,有
$$U = 2\times u_c(y) = 2\times 0.000\,20 = 0.000\,40$$

于是,测量结果为
$$y = 0.726\,97 \pm 0.000\,40$$

这一过程说明了对于三角函数有效位数取位的方法:某角三角函数的最末位要与其不确定度的最末位对齐。在这样的角度测量(其扩展不确定为 $2'$)中,角度正弦值的有效位数可取至十万分位。

注意 在评定角度的不确定度时,应把角度值化成弧度值。

例 1.2.5 已知一块电压表所用的量程为 2 V,其准确度的等级为 2.5 级,测量某电压

的指示值如图 1.2.2 所示,确定仪器的扩展不确定度,并表示结果。

解 由式(1.2.12),此时仪器的误差限为

$$\Delta_e = \pm(2 \times 2.5\%) = \pm 0.050 \text{ V}$$

由式(1.2.11),得

$$U_e = \frac{1}{2} \cdot |0.050 - (-0.050)|$$
$$= 0.050 \text{ V}$$

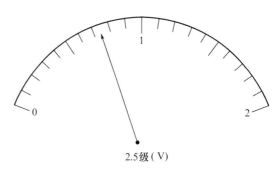

图 1.2.2 用电压表测量某电压的指示值

如图 1.2.2 所示的电压表表头,因为最小刻度为 0.1 V,所以仪器的扩展不确定度只取 1 位有效位数,为 0.05 V。读数时只能估读到百分位,即为 0.73 V。

最后测量结果为

$$U = (0.73 \pm 0.05) \text{ V}$$

在本题中,根据电压表表盘上的最小刻度(即分度值),扩展不确定度只取 1 位有效位数。

1.3 实验数据的有效位数

本节需要理解以下几个问题:
(1)如何确定有效位数?
(2)在一般情况下,有效位数由哪几部分组成?
(3)在运算和中间过程中如何确定有效位数?

1.3.1 有效位数的概念及其说明

1. 有效位数的概念

实验数据的有效位数的确定是做定量测量实验中一个重要的问题。依据中华人民共和国国家标准 GB 8170—87《数值修约规则》(以下简称"GB 8170—87"),有效位数的定义为:对于没有小数位且以若干个零结尾的数值,从非零数字最左一位向右得到的位数减去无效零(即仅为定位用的零,本书不推荐这种方法,定位用的零应在物理量的单位中体现)的个数;对其他十进位数,从非零数字最左一位向右(直到最末位)而得到的位数,就是有效位数。

例 1.3.1 地球与月亮的平均距离精确到个位是 384 401 km,有效位数是 6 位,一些科普书说此距离是三十八万千米,这表明"380 000 km"中后面的 4 个 0 仅仅是用来定位的。所以,"三十八万千米"的有效位数是 2 位,应规范地写成 3.8×10^5 km。

有效位数有时可以全是准确数字而没有存疑位,像前面例 1.3.1 的情况。在一般情况下,有效位数末尾不确定的、存疑的数字是 1~2 位;大多数情况,有效位数末尾的存疑数字

是1位。

例1.3.2 用米尺测量某一钢棒的长度,如图1.3.1所示,使钢棒的一端与米尺的零刻度线对齐,在另一端从米尺上读取钢棒长度的数值。由图1.3.1可以看到,钢棒长在89.5～89.6 cm。从尺的刻度中准确地读出89.5 cm,称为可靠数字,再从尺子的最小刻度(分度值)之后估读1位,读作0.06 cm,称这一估读的数字为存疑数字。所以,此钢棒的长度为89.56 cm,共有4位有效位数。

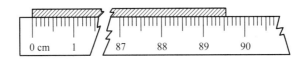

图1.3.1 用米尺测量某一钢棒的长度

值得注意的是,当被测物体正好与仪器的最小刻度对齐时,不要忘记"估读"。例如,用图1.3.1所示的米尺测量某一物体的长度恰好与63.6 cm刻线值对齐,应记为63.60 cm。

2. 关于有效位数的说明

(1)从仪器、仪表上读取数值时,一般只取1位存疑数字作为有效位数的最后一位。

(2)确定有效位数的方法:从左起第1位不为零的数字算起,直至末位数字为止(末尾用于定位的零除外)均为有效位数,数字左起的第1位和最末位之间的所有"0"均是有效位数。

例如,0.002 070 km 的有效位数为4位。

(3)如果所表示的有效位数较大或较小,可以用科学计数法来表示。这种方法规定,小数点前一律取一位不为零的数字,其他数字照写,引起的不同数位可乘以 10^n 来补充。

如上例中的 0.002 070 km 可表示为 2.070×10^{-3} km。

又如 325.6 ms 可表示成 3.256×10^2 ms,也可表示成 3.256×10^{-1} s。

(4)当计量单位改变时,有效位数不变。

例如,325.6 ms = 3.256×10^2 ms = 3.256×10^{-1} s。

1.3.2 实验数据有效位数的确定

1. 原始数据有效位数的确定

通过仪表、量具等读取数据时,一般要充分反映器具的准确度,常常要把器具所能读出和估出的位数全读出来。例如:

(1)对游标类量具,如游标卡尺、分光计方位角的游标度盘等,一般应读到游标分度值的整数倍数;

(2)对数字显示仪表及具有十进式标度盘的仪表,如数显电压表、电阻箱等,一般应直接读取仪表的示值;

(3)对指针式仪表,如指针式电流表等,读数时一般要估读到最小分度值的1/10～1/4,由于人眼分辨能力的限制,一般不可能估读到小于最小分度值的1/10;

(4)对于一般可估读到小于最小分度值的量具,如螺旋测微计和测量显微镜鼓轮的读数,通常要估读到分度值的1/10。

2. 在运算和中间过程中确定有效位数的规则

为了使运算和中间过程的数据修约基本不会改变测量结果的不确定度,传统方法中给出了确定有效位数的规则。使用这些规则,减少了计算量,提高了效率。

(1)加、减运算

以参与加、减运算的末位最高的数为准,其余各数及其和、差均应比该数末位多取一位,其后的一位可按四舍五入处理。例如:

$$12.1 + 3.476 = 12.1 + 3.48 = 15.58$$

说明 12.1 的末位为十分位,而 3.476 的末位为千分位,应以 12.1 为准,另一加数及其和都要多取一位,所以加数 3.476 取到百分位,经四舍五入后为 3.48,最后的和为 15.58。又如:

$$26.69 - 9.944 = 26.69 - 9.944 = 16.746$$

注意 上面减法运算中的中间式子与左边的原式相同,但意义不同。

(2)乘、除运算

以参与乘、除运算的有效位数最少的数为准,其余各数及其积、商均应比该数多取一位,其后的一位可按四舍五入处理。例如:

$$5.36 \times 10\ 000.0 = 5.36 \times (1.000 \times 10^4) = 5.360 \times 10^4$$

$$6.98 \div 0.001 \approx 7.0 \div 0.001 = 7.0 \times 10^3$$

(3)乘方、开方运算

一般地,乘方、开方所得的有效数字位数比其底的有效数字位数多留一位。例如:

$$\sqrt{900} = 3.000 \times 10^1$$

注意 以上的乘方、开方运算规则仅限于较低次方的运算。若需评定高次乘方、高次开方测量结果的有效位数,则应按照不确定度评定的方法,由式(1.2.7)、式(1.2.9)、式(1.2.10)来进行。

(4)混合运算

含有加减、乘除、乘方、开方及其括号的多级运算称为混合运算。

注意 在计算时,不能每一级运算都多保留有效位数,一般只在第一级运算中按照有效位数的运算规则多保留一位。例如:

$$12.00 \times 5.00 \div (2.100 - 1.1) = 12.00 \times 5.00 \div (2.10 - 1.1)$$
$$= 12.00 \times 5.00 \div 1.00$$
$$= 60.0$$

$$(8.0 - 2.001) + 68.000 \div (2.6 + 0.80) = (8.0 - 2.00) + 68.000 \div (2.6 + 0.80)$$
$$= 6.00 + 68.00 \div 3.40$$
$$= 6.00 + 20.0 = 26.0$$

在有效位数的运算中,若有数学常数,则可以认为其有效位数是无限的。若有物理常数,则通常有效位数要取到所给定的值。但一般可根据不确定度的有效位数运算规则进行取舍、运算。

3. 测量结果最终表达式中的有效位数

由式(1.2.10)可知,测量结果的最终表达式应包括被测量的算术平均值 $\bar{y}$,测量的扩展不确定度 U 和量的单位。

(1)不确定度的有效位数

对于独立测量的测量结果,扩展不确定度按规定只取 1~2 位有效位数。为统一,避免混淆,教学中要求在评定测量结果时,扩展不确定度、标准不确定度均取 2 位有效位数。

(2)被测量的有效位数

若某一被测量的不确定度已知,则该被测量的算术平均值 $\bar{y}$ 的最末位要与不确定度的

最末位对齐,且两者使用相同的计量单位,$\bar{y}$ 的最末位之后的 1 位数字可按四舍五入进行取舍。例如:

$$m_s = (100.021\ 47 \pm 0.000\ 79)\ \text{g}$$

4. 数值修约要抓两头放中间

如今,计算器(机)非常普及,有效位数的修约几乎不能节省多少时间。因而可用更简单的方法来处理、确定有效位数:抓两头,放中间。所谓抓两头,就是注重原始数据的读取和在测量结果表示时有效位数的确定这两个环节;所谓放中间,就是运算过程中的数字和中间运算结果可适当多取几位,甚至可以保留至计算器(机)所能处理的全部数据,即不进行有效位数的取舍。但对于测量不确定度的有效位数,在评定测量结果的过程中只取 2 位。

1.4 常用的实验数据处理方法

测量获得了大量的数据,需通过正确的数据处理才能得到可靠的测量结果。实验数据处理一般是指对实验数据进行整理、计算、作图、评定测量结果的不确定度等处理,使实验数据能反映有关量之间的内在规律或对测量结果进行评定。常用的实验数据处理方法有列表法、图示法、图解法、最小二乘法、逐差法等。

对于上述这些方法,需理解以下几个问题:

(1)列表法有哪些优点?对列表的主要要求是什么?
(2)常用的图示法有哪些?怎样作图?取坐标分度值时需注意什么?
(3)如何利用图解法求未知量?此方法有哪些利弊?
(4)一元线性最小二乘法的几何意义是什么?
(5)在什么情况下可以应用一元线性最小二乘法?
(6)如何利用一元线性最小二乘法求未知量?此方法有哪些优势?
(7)在什么情况下可以应用逐差法?怎样应用逐差法求被测量?逐差法的优缺点有哪些?

1.4.1 列表法

在物理实验中,经常会遇到多个物理量,它们之间互成某种函数关系 $y = f(x)$。例如,用某一半导体集成温度传感器测量水温,得到一系列有关温度 t 和电流 I 的数据,通常采用列表法将其记录下来。表 1.4.1 中列出了 t 和 I 的测量数据。

表 1.4.1 t 和 I 的测量数据表

测量次序	1	2	3	4	5	6	7
温度 $t/℃$	29.4	34.1	38.8	43.3	48.1	52.9	57.4
电流 I/A	0.300	0.305	0.310	0.314	0.319	0.324	0.329

由表 1.4.1 我们可以看出,温度 t 和电流 I 之间基本呈线性关系。

1. 列表法的优点

(1) 可以简单、明确地表示有关物理量之间的对应关系。

(2) 便于随时检查测量结果是否合理,及时发现问题,减少或避免错误。

(3) 有助于找出有关物理量之间规律性的联系,进而求出经验公式等。

2. 对列表的主要要求

(1) 要给出所列表的名称,列表要简明,便于找出有关量之间的关系,便于处理数据。

(2) 列表要标明符号所代表量的意义(特别是自定义的符号),并写明计量单位。计量单位及数值的数量级应写在该符号的标题栏中,在各个数值上不要重复写。

(3) 表中所列的数据应能够正确地反映各个量的有效位数。

(4) 列表的形式不限,可根据具体情况列出所需的项目。一些个别的或与其他项目联系不大的实验数据可以不列入表中。除原始数据外,计算过程中的一些中间结果和最后结果也可以列入表中。

1.4.2 图示法

在很多情况下,各个量之间的关系很难用一种简单的解析函数来表示,或者无须得出函数关系式,例如一年内气温变化曲线等。这时,图示法就成为直观、形象的数据处理方法了。

1. 两类常用的示图

常用的示图有实验数据的散布图和变量关系图两类。

(1) 实验数据的散布图

散布图可用于对同一被测量的不同测量结果的描述,如图 1.4.1 所示,也可用于对两个物理量之间的数据关系进行多次测量的描述,如图 1.4.2 所示。

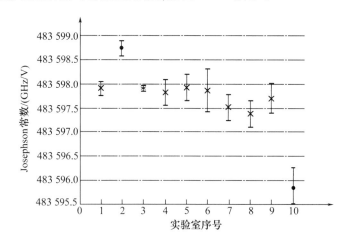

图 1.4.1 十个国家级实验室的 Josephson 常数测量值

在图 1.4.1 所示的散布图中,通常要用误差棒注明所测量数据的不确定度的大小。误差棒以被测量的算术平均值为中点,在表示测量值大小的方向上画出一条线段,线段长度的一半等于(标准或扩展)不确定度。它表示被测量以某一概率(68% 或 95%)落在棒上。

图 1.4.2 为某班学生测量不同质量的某种液体热容的散布图。通过此散布图可以看

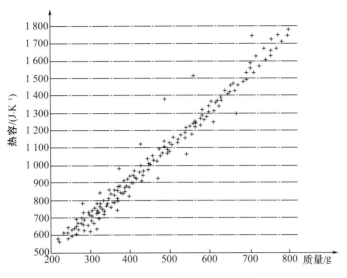

图 1.4.2　液体的质量与热容的散布图

出,绝大部分实验数据点落在一条直带上,从散布带的宽度可以得出对一般实验数据所要求的合理分布范围。

(2)变量关系图

为了研究两个及两个以上变量之间的关系,常常需要绘制变量关系图,这类图大致包括以下几种:

① 三维模型图,通常将函数关系表示成空间曲面或曲线。

② 三维图形在两维平面上的投影。

③ 在两维平面上绘制的以第三维或其他参量为定值的等值等高线图,如绘有等势线的电场分布图。

④ 有两个变量的关系图。这是物理实验中最常见的一类,典型的实验关系图大致可分为关系曲线、仪器校正曲线、直方图等几种,如图 1.4.3 所示。

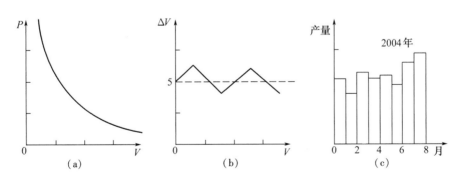

图 1.4.3　几种典型的实验系图
(a)关系曲线;(b)仪器校正曲线;(c)直方图

a. 若两个物理量之间存在着相互依赖的关系,则一般用光滑的曲线画出,这种曲线称为关系曲线,如图 1.4.3(a)所示。

b. 若两个物理量的关系不规则、非常复杂,一时确定不下来,则一般把实验点用直线段连接起来,如图1.4.3(b)所示的仪器校正曲线。

c. 若两个量之间存在着统计关系,则可用直方图来画出,如图1.4.3(c)所示。

现在,计算机越来越普及,用计算机进行数据分析、绘制各种曲线图越来越普遍,相应的工具软件也非常多,如ORIGIN、MATLAB等。通常大型软件有专门的书籍介绍,此处不再赘述。

2. 作图的方法

为了得到美观、规范的图线,下面简要地介绍一般实验图线的作图程序和注意事项。

(1)选用合适的坐标纸

手工作图一定要用坐标纸。常用的坐标纸有直角坐标纸、单对数坐标纸、双对数坐标纸和极坐标纸等。作图时根据实验数据及其函数关系,选择适当的坐标纸。

坐标纸的大小和坐标轴的比例,应根据测量值的有效位数和测量结果的不确定度要求来决定。原则上,以不损失实验数据的有效位数和能容纳所有的实验点作为选取坐标纸大小的最低限度,当然还可以适当放大。

(2)选取坐标轴及其坐标

通常,以横坐标表示自变量,以纵坐标表示因变量,并分别标明各坐标轴所代表的量及其计量单位。坐标轴上每隔一定的间距要标明其分度值。一般来说,分度值应取一些规整的数字。

取坐标轴的分度时应该注意以下几点:

①坐标轴上的最小分度所代表的物理量的数值应该与实验数据的有效位数的准确位相匹配,一般用1 mm或2 mm表示与变量不确定度相近的量值。

②选取的坐标分度应该能在图上方便、迅速地找到每一个实测点所对应的位置。那些在图上难以查找的分度设置是不合适的。例如,用3格、6格、7格、9格来表示一个计量单位是不可取的。

③尽量让图线比较对称地"充满"整个坐标纸,直线或曲线的倾角接近45°,注意避免图线偏到某一边或某一角落。除特殊需要外,坐标轴的起点不一定要从"零"开始。

(3)标出坐标点

根据测量数据,从坐标纸上用"⊙""×""+""△"等符号标出不同类型的实测点。符号的大小一般要与不确定度相当,交叉点或中心点为实验的测量值。作完图后,要保留这些符号。

(4)连接实验图线

用直尺、曲线板和削尖的铅笔等工具,尽量地穿过或接近所有的实测点,画出光滑的曲线或直线(除电表的校正曲线外,一般不将实测点连成折线)。图线不强求通过所有的实测点,但是要求图线两侧的实测点分布均衡,且与图线尽量接近,保证图线的"平均"含义。

(5)标明实验条件

必要和重要的实验条件也要标注在图线的合适之处。

一张好的图线几乎相当于一份简单、扼要的实验报告,从图中不仅可以看出各个量之间的关系,还可以看出实测点偏离曲线的程度。

1.4.3 图解法

1. 直线图解法

若两个量之间为线性关系,则由直角坐标系中的实测点可得一条直线,如图1.4.4所

示。设直线方程(两个物理量的关系函数)为
$$y = b_0 + bx$$
要从图1.4.4中求出斜率b和截距b_0,需做如下的工作。

(1)选点

从图1.4.4的直线上(不是在实测点中)找出两个距离较远的点$A(x_1,y_1)$和$B(x_2,y_2)$,其坐标值最好是整刻度,用与实测点不同的符号将它们表示出来,并在其近旁注明坐标读数,如图1.4.4所示。

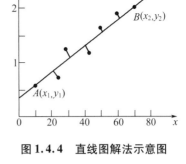

图1.4.4 直线图解法示意图

(2)求斜率b和截距b_0

把以上选好的坐标值代入直线方程,有
$$y_1 = b_0 + bx_1$$
$$y_2 = b_0 + bx_2$$
解得
$$b = \frac{y_2 - y_1}{x_2 - x_1}$$
$$b_0 = y_1 - \frac{y_2 - y_1}{x_2 - x_1} \cdot x_1$$

直线的斜率与截距往往具有较明显的物理意义,因此可以通过图解法求出斜率b和截距b_0而得到所求的物理量。

2. 曲线图解法

若两个量之间的关系为曲线关系,可采用曲线改直的方法进行研究。对较简单的函数关系,其步骤如下。

(1)连线

在直角坐标系中,按"图示法"将实测点连成一条光滑的曲线。

(2)确定函数关系

与数学中典型的函数图形对比,选其接近的函数关系。

(3)变量替换

进行变量替换,并在直角坐标中重新将实测点连成一条光滑的线,尽量与直线相吻合,然后按直线图解法处理。

例如,利用单摆测量重力加速度。以单摆的周期T为纵轴,单摆的摆长L为横轴,把实测点描在直角坐标系中,可得如图1.4.5(a)所示的图形。与典型的函数曲线相比较,发现这是一条开口向右的抛物线。令$y=L,x=T^2$,画在直角坐标系中,可得如图1.4.5(b)所示的直线。再根据前面所述直线图解法的方法求出斜率。由单摆公式$T=2\pi\sqrt{\dfrac{L}{g}}$,等式两边平方,整理可得$L=\dfrac{g}{4\pi^2}T^2$。$L-T^2$直线的斜率为$\dfrac{g}{4\pi^2}$,若$g$为待求量,则从图1.4.5(b)中求出直线的斜率再乘以$4\pi^2$便可求得g。

也可直接利用一些计算机软件的非线性回归方法得到待求量。

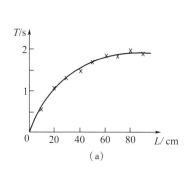
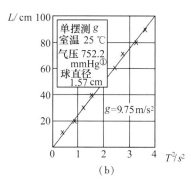

图 1.4.5 用单摆测量重力加速度的图解法示意图

注:1 mmHg = 0.133 kPa。

1.4.4 一元线性最小二乘法

1. 最小二乘法的几何意义

用作图法(图示法、图解法等)表示测量结果、处理实验数据,具有简单、明确、直观、形象等优点。但无论是将实测点(或变量替换后的数据)描绘成曲线,还是先画曲线、进而求出一些被测量,都会较大程度地受到人为因素的影响。因而,目前越来越多的人采用最小二乘法进行数据处理。本书仅讨论一元线性最小二乘法。

根据数学原理,最小二乘法给出了一条数据处理的法则:使残余偏差的平方和为最小时,可获得最佳的测量结果(即最可信赖值)。它具有较明显的几何意义,如图 1.4.6 所示。

残余偏差 V_i 为实测点 (x_i, y_i) 在 y 轴的方向上偏离"理想"直线的距离,即 $V_i = y_i - Y_i$,其中 Y_i 为"理想"直线上的点。

残余偏差有正有负,求"平方和"就避免了正、负互相抵消。其平方和最小意味着从总体上讲,各个实测点与这条直线纵向距离的平方和最小。用这种方法确定的这条"理想"直线所得到的关系方程,称为回归方程,表示为

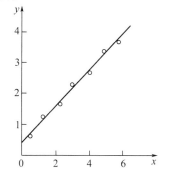

图 1.4.6 线性最小二乘法的几何意义示意图

$$Y = b_0 + bX \tag{1.4.1}$$

2. 一元线性最小二乘法的简单推导

为了确定这条"理想"直线的截距 b_0 与斜率 b,可以将 N 组实测点对应的横坐标 $x_i(i=1,2,\cdots,N)$ 及其纵坐标 $y_i(i=1,2,\cdots,N)$ 代入相应的公式,从而算出 b_0 和 b 的最佳数值及它们的不确定度。

下面就 b_0 和 b 最可信赖值的计算公式以及它们的不确定度评定公式做简单的推导。为使问题简化,我们假定:

(1) x_i 数列的不确定度远远小于 y_i 数列的不确定度,因而可以忽略 x_i 数列的不确定度;

(2) 在相互独立的条件下,y_i 数列的残余偏差服从同一正态分布。

由于在测量时不可避免地存在着各种误差,因此在一般情况下,N 组数据 (x_i, y_i) ($i=1,2,\cdots,N$) 中任一组数据均不能完全满足回归方程式(1.4.2),即各个实测点不可能都

在"理想"直线 $Y = b_0 + bX$ 上。为了确定回归方程的参量 b_0 和 b 以确定回归方程,我们将 N 组数据(x_i, y_i)代入式(1.4.1)。

因为 x_i 数列的不确定度忽略不计,所以取 $X_i = x_i$,则有
$$Y_i = b_0 + bX_i = b_0 + bx_i \quad (i = 1, 2, \cdots, N)$$

列出 N 组残差方程式:
$$V_i = y_i - Y_i = y_i - (b_0 + bx_i) \quad (i = 1, 2, \cdots, N) \tag{1.4.2}$$

根据最小二乘法原理,未知参量 b_0 和 b(即待求量)的最佳测量值(即最可信赖值)就是使得各个残差的平方和为极小值(即 min)时所确定的值,即
$$\sum_{i=1}^{N} V_i^2 = \sum_{i=1}^{N} (y_i - b_0 - bx_i)^2 = \min \tag{1.4.3}$$

使式(1.4.3)为极小的条件是残余偏差平方和分别对 b_0, b 的一阶偏导数等于零,即
$$\frac{\partial \sum V_i^2}{\partial b_0} = 0 \tag{1.4.4}$$

$$\frac{\partial \sum V_i^2}{\partial b} = 0 \tag{1.4.5}$$

解式(1.4.4)和式(1.4.5),便可求出 b_0 和 b 的最佳测量值(求和号 $\sum_{i=1}^{N}$ 均简写成 $\sum$,之后也做此简化)。

由式(1.4.3)、式(1.4.4),得
$$-2\sum(y_i - b_0 - bx_i) = 0$$
$$\sum y_i - \sum b_0 - b\sum x_i = 0$$
$$Nb_0 = \sum y_i - b\sum x_i$$
$$b_0 = \frac{1}{N}\sum y_i - b\frac{1}{N}\sum x_i$$

由式(1.2.3),得
$$b_0 = \bar{y} - b\bar{x} \tag{1.4.6}$$

求式(1.4.5),再将式(1.4.6)代入,整理得
$$-2\sum(y_i - b_0 - bx_i)x_i = 0$$
$$\sum[y_i - (\bar{y} - b\bar{x}) - bx_i]x_i = 0$$
$$\sum x_i y_i - \bar{y}\sum x_i + b\bar{x}\sum x_i - b\sum x_i^2 = 0$$
$$\sum x_i y_i - \frac{1}{N}\sum x_i \sum y_i - b\left[\sum x_i^2 - \frac{1}{N}(\sum x_i)^2\right] = 0$$
$$b = \frac{\sum x_i y_i - \frac{1}{N}\sum x_i \sum y_i}{\sum x_i^2 - \frac{1}{N}(\sum x_i)^2} \tag{1.4.7}$$

令
$$L_{xx} = \sum(x_i - \bar{x})^2 = \sum x_i^2 - \frac{1}{N}(\sum x_i)^2 \tag{1.4.8}$$

$$L_{xy} = \sum(x_i - \bar{x})(y_i - \bar{y}) = \sum x_i y_i - \frac{1}{N}\sum x_i \sum y_i \tag{1.4.9}$$

其中
$$\bar{x} = \frac{1}{N}\sum x_i, \bar{y} = \frac{1}{N}\sum y_i$$

由式(1.4.7)、式(1.4.8)和式(1.4.9)，b 可以写成
$$b = \frac{L_{xy}}{L_{xx}} \tag{1.4.10}$$

由式(1.4.6)、式(1.4.10)求出的 b_0 和 b 是最可信赖值。将 b_0 和 b 代入式(1.4.1)，便得到回归方程，即"理想"直线方程。这种方法又称为回归法，本书仅限于一元线性回归，俗称直线拟合法。

求出的 b_0 和 b 虽然是最可信赖值，但它们仍然存在不确定度，因为直接测量数列 y_i 存在不确定度。

直线拟合中 y 的随机性带来的 A 类标准不确定度为 $u_A(y)$，可由下面的式子确定：
$$u_A(y) = \sqrt{\frac{\sum V_i^2}{N-2}} \tag{1.4.11}$$

式中，$V_i = y_i - Y_i = y_i - b_0 - bx_i$，注意与贝塞尔公式 $s(x_k) = \sqrt{\dfrac{\sum_{k=1}^{n}(x_k - \bar{x})^2}{n-1}}$ 相比较。

设 y 的 B 类标准不确定度为 $u_B(y) = u_e(y)$，由式(1.2.6)得 y 的合成标准不确定度为
$$u_c(y) = \sqrt{u_A^2(y) + u_e^2(y)} \tag{1.4.12}$$

式中，$u_e(y)$ 的评定方法参见第1.2节关于 B 类标准不确定度的评定内容。

在对物理现象的研究中，斜率 b 和截距 b_0 往往具有明显的意义。若用 $u_c(y)$ 表示测量值 y 的合成标准不确定度，则待求量 b_0 和 b 的标准不确定度可由下面的式子求出：
$$u_c(b_0) = \sqrt{\frac{1}{N} + \frac{\bar{x}^2}{L_{xx}}} \cdot u_c(y) \tag{1.4.13}$$
$$u_c(b) = \sqrt{\frac{1}{L_{xx}}} \cdot u_c(y) \tag{1.4.14}$$

测量结果为
$$b_0 = b_0 \pm U_{b_0} \tag{1.4.15}$$
$$b = b \pm U_b \tag{1.4.16}$$

取包含因子 $K = 2$，则有
$$U_{b_0} = 2u_c(b_0)$$
$$U_b = 2u_c(b)$$

注意 本书在以下情况下可以运用一元线性最小二乘法(直线拟合法)：

(1) 自变量 x 与直接测量值 y 两个量之间呈线性关系，x 的不确定度分量很小可忽略不计的情况；

(2) 若自变量 x 与直接测量值 y 两个量不满足线性关系，可经过变量代换使它们呈线性关系，但要求将不确定度可忽略不计的量设为自变量 x，将待求量设为截距 b_0 或斜率 b，利用前面所述的一元线性最小二乘法得到它们的最可信赖值及其不确定度，便可求得待求量。

若 x 和 y 不是呈线性关系并且 x 也有不确定度，则可参见其他有关误差理论方面的著作。

要计算 $\bar{x}, \sum x_i, \sum x_i^2, \bar{y}, \sum y_i, \sum y_i^2, \sum x_i y_i$，这在一般计算器的统计功能中都可以容易地求出，也可以通过编制 C 语言程序、BASIC 程序等或运用一些计算软件如 MATLAB 等由计算机算出。本书着重介绍用计算器的统计功能来计算。

3. 一元线性最小二乘法的应用举例

例 1.4.1 测量某导线在温度 x 下的电阻值为 y，测量数据如表 1.4.2 所示。测量数据一般以 12 组为宜，为简化在此只取 7 组。为使问题简化，将测量温度 x 时的不确定度忽略不计（这里是举例子，实际上温度的准确测量是较难的），求 0 ℃ 时的电阻值，以及每上升 1 ℃ 时电阻的增长率。设测量电阻 y 的仪器扩展不确定度 $U_e = 0.05\ \Omega$。

表 1.4.2 在温度 x 下测量某导线的电阻值 y 数据表

测量次序	1	2	3	4	5	6	7
x/℃	19.7	24.6	30.1	34.8	40.4	45.5	50.0
y/Ω	76.30	77.80	79.35	80.85	82.35	83.90	85.10

解 第一步，确立函数关系式。由测量数据可知，电阻与温度之间的关系基本为线性关系，即

$$y = b_0 + bx$$

注意 （1）在一般情况下，将非测量值或虽然测量但不确定度可忽略不计的量设为 x；直接测量值设为 y；待求量即为 b_0 和 b。

（2）应设成 $y = b_0 + bx$ 的标准形式，不可设为 $y = bx$ 的形式。因为前面所讲述的计算 b_0 和 b 的最可信赖值及其不确定度的方法是基于 $y = b_0 + bx$ 的形式推导的。

第二步，求 b_0, b 的最可信赖值。

由计算器的统计功能（"stat"挡）算得

$$\bar{x} = \frac{1}{N}\sum x_i = 35.01\ \text{℃}, \quad \sum x_i = 245.1\ \text{℃}, \quad \sum x_i^2 = 9\,312.7\ \text{℃}^2$$

$$L_{xx} = \sum x_i^2 - \frac{1}{N}(\sum x_i)^2 = 9\,312.7 - \frac{1}{7} \times 245.1^2 = 730.7\ \text{℃}^2$$

同样，在统计功能状态下，将 y 的值一一输入，可得

$$\bar{y} = \frac{1}{N}\sum y_i = 80.807\ \Omega, \quad \sum y_i = 565.65\ \Omega$$

计算各对应量乘积之和，有

$$\sum x_i y_i = 20\,018.4\ \Omega \cdot \text{℃}$$

$$L_{xy} = \sum x_i y_i - \frac{1}{N}\sum x_i \sum y_i = 20\,018.4 - \frac{1}{7} \times 245.1 \times 565.65 = 212.6\ \Omega \cdot \text{℃}$$

$$b = \frac{L_{xy}}{L_{xx}} = \frac{212.6}{730.7} = 0.291\,0\ \Omega/\text{℃}$$

$$b_0 = \bar{y} - b\bar{x} = 80.807 - 0.291\,0 \times 35.01 = 70.62\ \Omega$$

第三步，评定 b_0, b 的不确定度。

先计算 y 的 A 类不确定度。

根据 $V_i = y_i - Y_i = y_i - b_0 - bx_i$，将 x_i, y_i 代入此式，得到相应的 $V_i(\Omega)$ 值为

    -0.053   0.021   -0.029   0.103   -0.026   0.040   -0.070

代入式(1.4.11)，则直线拟合中 y 的随机性带来的 A 类标准不确定度为

$$u_A(y) = \sqrt{\frac{\sum V_i^2}{N-2}} = \sqrt{\frac{0.021\,9}{7-2}} = 0.066\ \Omega$$

y 的 B 类标准不确定度为

$$u_B(y) = u_e(y) = \frac{U_e}{2} = \frac{0.05}{2} = 0.025 \ \Omega$$

根据式(1.4.12),y 的合成不确定度为

$$u_c(y) = \sqrt{u_A^2(y) + u_e^2(y)} = \sqrt{0.066^2 + 0.025^2} = 0.071 \ \Omega$$

由式(1.4.13)、式(1.4.14),得

$$u_c(b_0) = \sqrt{\frac{1}{N} + \frac{\overline{x}^2}{L_{xx}}} \cdot u_c(y) = \sqrt{\frac{1}{7} + \frac{35.01^2}{730.7}} \times 0.071 = 0.096 \ \Omega$$

$$u_c(b) = \sqrt{\frac{1}{L_{xx}}} \cdot u_c(y) = \sqrt{\frac{1}{730.7}} \times 0.071 = 0.002 \ 6 \ \Omega/\text{℃}$$

第四步,表示测量结果,有

$$U_{b_0} = 2u_c(b_0) = 2 \times 0.096 = 0.19 \ \Omega$$
$$U_b = 2u_c(b) = 2 \times 0.002 \ 6 = 0.005 \ 2 \ \Omega/\text{℃}$$
$$b_0 = (70.62 \pm 0.19) \ \Omega$$
$$b = (0.291 \ 0 \pm 0.005 \ 2) \ \Omega/\text{℃}$$

每增加 1 ℃时,电阻增加 0.291 0 Ω,0 ℃时的电阻为 70.62 Ω。x 和 y 之间的关系为

$$y = 70.62 + 0.291 \ 0x$$

1.4.5 逐差法

这里只讨论一次逐差法。

对于线性关系式 $y = b_0 + bx$,且 x 为等间距变化,在求其截距 b_0 和斜率 b 时,可以采用分组逐差法进行处理,现举例说明。

图 1.4.7 为测量某一弹簧弹性系数的实验简图。设未加砝码时,弹簧底部指针所指的刻度固定为 n_0,以后每加 1 kg 砝码(即 9.8 N)时,指针刻度分别为 $n_1, n_2, \cdots, n_8$。显然,每增加 1 kg 砝码时,弹簧的伸长量为(不计 n_0):

$$\Delta n_1 = n_2 - n_1, \Delta n_2 = n_3 - n_2$$
$$\Delta n_3 = n_4 - n_3, \Delta n_4 = n_5 - n_4$$
$$\Delta n_5 = n_6 - n_5, \Delta n_6 = n_7 - n_6$$
$$\Delta n_7 = n_8 - n_7$$

每增加 1 kg 砝码弹簧的平均伸长量为

$$\overline{\Delta n} = \frac{1}{7}(\Delta n_1 + \Delta n_2 + \cdots + \Delta n_7)$$
$$= \frac{1}{7}[(n_2 - n_1) + (n_3 - n_2) + \cdots + (n_8 - n_7)]$$
$$= \frac{1}{7}(n_8 - n_1)$$

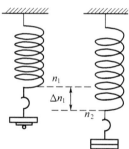

图 1.4.7 测量某一弹簧弹性系数的实验简图

可以发现,上面结果中的 n_2 至 n_7 各个被测量互相消去,只剩首尾两个被测量 n_1 和 n_8 起作用。也就是说,采用上述的方法进行数据处理所得的平均值,只与第一个被测量和最后一个被测量有关,中间的一系列测量白白地浪费了,多次测量也就失去了意义,因而此法不可取。采用逐差法能够克服这一缺陷,下边介绍逐差法。

将测量数据分成下面两组:

$$n_1, n_2, n_3, n_4$$
$$n_5, n_6, n_7, n_8$$

求对应两项之差:

$$\Delta n_i = n_{i+4} - n_i \quad (i = 1,2,3,4)$$

然后计算平均值：

$$\Delta \bar{n} = \frac{1}{4} \sum_{i=1}^{4} \Delta n_i \quad (i = 1,2,3,4)$$

$$= \frac{1}{4} [(n_5 - n_1) + (n_6 - n_2) + (n_7 - n_3) + (n_8 - n_4)]$$

可见，逐差法可以有效地利用所有的测量数据，体现了多次测量的优越性，而且计算比较简单，多用在自变量等间距且不确定度可忽略的情况。

当然，上述的测量数据亦可用一元线性最小二乘法进行处理。

1.5 习　题

1. 根据不确定度评定的知识及有效位数的概念，判断以下各题的对错并将错误之处改正过来。

(1) 0.010 060 的有效位数为 2 位，2.030×10^6 的有效位数为 6 位，408.00 的有效位数为 3 位。

(2) $X = (20.010 \pm 0.160)$ mm

$N = (35.60 \times 10^2 \pm 0.10)$ m

$M = (8\,069 \pm 86)$ mm^3

(3) 5.6 m = 560 cm = 5 600 mm

2. 按照确定有效位数的运算规则计算下列各式。

(1) $35.7 + 1.288$

(2) $10\,650 - 6.00$

(3) $20\,348 \times 10.0$

(4) $0.005\,0 \div 10.00$

(5) $\dfrac{3.0 \times 200}{17.1 - 7.10}$

(6) $\dfrac{200.00 \times (57.8 - 7.800)}{(24.0 - 4) + (18.0 + 12.00)}$

(7) $108.6 + \dfrac{30.00 \times (3.720\,0 + 6.28)}{(124.0 - 24.00) \div 50.0}$

3. 用秒表测量某物体在一定的距离内运动所用的时间，测量数据如表 1.5.1 所示。

表 1.5.1　测量某物体在一定距离内运动所用时间的数据表

测量次序	1	2	3	4	5	6	7
时间/s	18.12	18.21	18.19	18.10	18.18	18.14	18.11

已知秒表的扩展不确定度 $U_e = 0.01$ s，包含因子 $K = 2$，求这个物体运动所用的时间并表示测量结果。

4. 一个实心圆柱体，用千分尺测量其直径 d（仪器的扩展不确定度 $U_e(d) =$

0.004 mm),用游标卡尺测量其长度 L(仪器的扩展不确定度 $U_e(L) = 0.02$ mm),取包含因子 $K=2$,测量数据如表 1.5.2 所示。

表 1.5.2　测量一个实心圆柱体直径及长度的数据表

d/mm	6.145	6.139	6.148	6.129	6.151	6.140	6.126
L/mm	55.46	55.28	55.50	55.40	55.32	55.58	55.26

用天平称量的质量为 (14.56 ± 0.03) g,取包含因子 $K=2$,求这个圆柱体的密度,并表示测量结果。

5. 用一块多量程的电流表测量某一支路的电流 I。已知电流表的表盘共分成 150 格,电流表的准确度等级为 1.0 级,现选用 3 A 挡测量,若指针指在 40.6 格,试表示测量结果。

6. 已知折射率 n 与 α, β 两个角有关系:$n = \dfrac{\sin \dfrac{1}{2}(\alpha + \beta)}{\sin \dfrac{\alpha}{2}}$。测量值 α 和 β 分别为 $\alpha = 59°58' \pm 2', \beta = 60°2' \pm 3'$。包含因子 $K=2$,求折射率 n 及其扩展不确定度,并表示测量结果。

7. 在"频率、电压、相移的测量"实验中,可利用李萨如图形计算未知频率 f_y。测量数据如表 1.5.3 所示。

表 1.5.3　利用李萨如图形计算未知频率的测量数据表

$\dfrac{n_y}{n_x}$	$\dfrac{1}{2}$	1	$\dfrac{3}{2}$	2	$\dfrac{5}{2}$	3
f_x/Hz	24.2	49.6	75.5	100.9	124.0	149.6

若 n_x 和 n_y 分别代表沿 x 轴和 y 轴的切线与李萨如图形相切的切点数,则有 $\dfrac{f_x}{f_y} = \dfrac{n_y}{n_x}$,其中 f_x 为由稳定的李萨如图形及频率计测出的频率。若忽略 $\dfrac{n_y}{n_x}$ 的不确定度,f_x 的 B 类标准不确定度为 $u_e = 0.5$ Hz,用最小二乘法计算未知频率 f_y 及其不确定度,并将测量结果表示出来。

8. 利用牛顿环测量平凸透镜的曲率半径,各个量之间的函数关系式为 $D_m^2 - D_n^2 = 4(m-n)R\lambda$,其中,$D_m, D_n$ 分别为第 m, n 级牛顿环的直径,钠光的波长 $\lambda = 589.3$ nm,R 为待测凸透镜的曲率半径。仪器的扩展不确定度传递至 y 的不确定度为 $u_e(y) = 0.14$ mm。测量数据如表 1.5.4 所示。

表 1.5.4　测量牛顿环直径的数据表

环数	50	49	48	47	46	45	44	43	42	41
直径/mm	15.987	15.823	15.654	15.493	15.329	15.155	14.985	14.817	14.637	14.453

用最小二乘法计算平凸透镜的曲率半径 R,并表示测量结果。

提示:令 $y = D_m^2 - D_n^2, x = m - n, b = 4R\lambda$,则有 $y = b_0 + bx$,y 与 x 呈线性关系。x 的取值为 $50-41=9, 49-42=7, 48-43=5, 47-44=3, 46-45=1$,取对应的 y 值。从实测的数据中可以证明,这种取法的精度近似相等。

第 2 章　常用的物理实验方法

2.1　基本的物理实验方法

2.1.1　概述

实验方法是以实验理论为基础,以实验技术、实验装置为主要手段进行科学研究,并取得所需结果的方法,是理论联系实际的桥梁和纽带。它凝聚了许多科学家和实验工作者的奇思妙想,是一代人甚至几代人智慧的结晶。学习、掌握实验方法的过程是我们认识事物从感性到理性的发展过程,也是我们提高科学素质和增强实验能力的过程。在大学物理实验课程的学习中,应该注意理论联系实际,重点掌握实验方法与测量方法并在实践中学会运用,特别是学会综合应用各种实验方法解决实际问题。

就大学物理实验课程所涉及的实验而言,实验方法包括以下三类。

1. 科学实验的通用方法

科学实验的通用方法是科学思维方法在物理测量中的具体体现,具有广泛的应用范围。例如,比较法、放大法、平衡法等,它们适用于任何学科专业,也是物理实验的基本方法,这是本节将要重点介绍的实验方法。

2. 物理实验的专用方法

物理实验的专用方法是针对某一具体的物理实验内容而采用的测量方法,如力学实验中用到的"光杠杆法";电学实验中用到的"伏安法""电桥法";光学实验中用到的"自准法""干涉法""衍射法";等等。为了消除实验中的各种系统效应而采用的实验方法也属于此类方法。这些方法虽有一定的专用性,但在大学物理实验中具有重要的推广应用价值。这些内容将在本书后面的各个具体实验中予以介绍,此处仅简单介绍"光杠杆法""干涉法""衍射法"。

3. 数据处理方法

数据处理是处理实验数据、评定被测量的不确定度、给出测量结果的基本方法。但是由于某种需要,它常常也是指导实验设计与测量的重要方法。这一方法往往可以帮助我们绕过不能测定或很难测准的物理量,使测量过程简化和优化。例如,在"光电效应的研究与应用"实验中,利用先测出几种入射光频率 ν 下不同的电压对应的电流值,再用作图法得到这几种入射光频率 ν 下的各个截止电压 U_s,作 U_s-ν 关系曲线是直线,因而可用一元线性最小二乘法求出普朗克常数。用这样的方法绕过了不能测定的"与阴极表面化学纯度等有关的系数"及"阴极的有效发面积",从而避免直接求金属表面的电子逸出功,使得实验简化,并得到较高的实验准确度。

关于物理实验数据处理的内容参见本书第 1 章的相应部分,在第 4~7 章的各个定量的物理实验中,应用了第 1 章所述的数据处理方法。

测量的分类有许多种,相应的实验方法也因使用目的、学科专业的不同而不同。按测量方法来划分,可分为直接测量法、间接测量法;按测量次数来划分,可分为单次测量和多次测量;按测量过程是否随时间变化来划分,可分为静态测量法和动态测量法;按测量技术来分,可分为比较法、转换法、放大法、平衡法、补偿法、模拟法、干涉法、衍射法;等等。关于测量分类的其他内容参见本书第 1 章第 1 节,本节针对按测量技术分类的几种方法做简要的介绍。

2.1.2 比较测量法

比较测量法是物理测量中最普遍、最基本、最常用的实验方法。它是将被测量与标准量进行比较而得到被测量值的一种实验方法。所有的测量广义上来讲都属于比较测量。比较测量法分为直接比较法和间接比较法。

1. 直接比较法

直接比较法是指将被测量与已知的同类物理量或标准量直接进行比较、测量的方法,主要是指以实物量具复现的同类量直接比较而获得被测量之值的方法。用游标卡尺测量长度、用量杯测量液体体积、用砝码在等臂天平上测量质量等均属于直接比较测量法。此方法具有以下特点。

(1) 同量纲

被测量与标准量的量纲相同。

(2) 同时性

被测量与标准量是同时发生的,没有时间的超前或滞后。

(3) 直接可比性

被测量与标准量直接比较而得到被测量之值。

直接比较法的测量不确定度受到标准量具、测量仪器或量具自身测量不确定度等的制约。因此,标准量具和测量仪器一定要定期校准,还要按照规定的条件使用,否则将产生很大的系统误差。

2. 间接比较法

多数物理量难以用制成的标准量具通过直接比较法来测量。但是可以利用物理量之间的函数关系,先制成与被测量有关的仪器或装置,再利用这些仪器或装置与被测量进行比较,这种借助于一些中间量或将被测量进行某种变换来间接实现比较测量的方法称为间接比较法。

例如,在测量待测电阻时,用万用电表可以直接给出电阻值,可视为直接测量法。也可用图 2.1.1 所示的测量方法间接给出待测电阻的阻值。在图 2.1.1 中,保持稳压电源输出电压 U 不变,调节标准电阻 R_s 的阻值,使得开关 K 在 "1" "2" 位置时电流表的指示不变,可得到 $R_X = R_s \dfrac{U}{I}$。

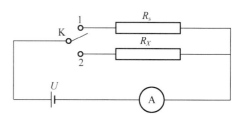

图 2.1.1 间接比较法测量电阻的阻值

又例如,对简谐变化的交流信号的频率测量有许多种实现方式,如用频谱仪、示波器等仪器均可直接测量。也可以间接测量信号的频率,如将待测信号与可调的标准信号同时输入示波器进行合成,通过观察合成信号的李萨如图形,由标准信号得到被测信号的频率。

2.1.3 转换测量法

转换法就是依据物理学中的能量守恒及相互转换规律,将某些因条件所限无法或不易直接测量的物理量转换成能测或易测的物理量,或者为了提高被测量的准确度,将被测量转换成为另一种形式的物理量的测量方法。例如,我们很难直接测量出不规则物体的体积,但是根据阿基米德定律,可将其转换为液体的体积进行测量。它实际上是间接比较法的具体应用。转换法一般分为参量转换法和能量转换法两大类。

1. 参量转换法

参量转换法是利用参量变换的函数关系进行的间接测量,前面讲到的间接比较法大部分属于此类。

2. 能量转换法

能量转换法是利用一种运动形式转换为另一种运动形式时物理量之间的对应关系进行的间接测量方法。这种方法在物理实验中大量存在。例如,在"介质吸收光谱的测量"实验中,利用光电传感器将光强转换成电信号;在"距离与转速的光电检测"实验中,利用光纤或光电传感器的特性将位移量转换成电压量。由此派生出的非电量的电测法、非光量的光测法,以及各种类型的传感器已经发展成多个专门学科,在科研、生产等各个领域获得了极为广泛的应用。

转换法具有灵敏度高、反应快、控制方便并能进行自动记录和动态测量等优点,它与其他方法结合,使过去认为难以解决甚至无法解决的技术难题迎刃而解。

2.1.4 放大测量法

在测量中有些被测量很小,甚至无法被实验者或仪器直接感觉和反映,如果直接用给定的某种仪器进行测量就会使测量结果的不确定度变得很大。此时可以借助一些方法将被测量线性放大后再进行测量。放大法就是将被测量进行线性放大的原理和方法。常用的放大法有累积放大法、力学(机械)放大法、电学放大法和光学放大法等。

1. 累积放大法

在物理实验中经常会遇到这样的问题:对某些物理量单次测量可能会使测量结果产生较大的不确定度,如在"用超声驻波像测定声速"实验中,测量超声光栅的多条条纹的间隔,此时可将这些物理量累积,以减小随机效应和系统效应引起的不确定度在被测量中所占的比例,即提高了被测量的相对不确定度,从而提高了测量的准确度。

在使用累积放大法时应注意:①累积放大法通常以增加测量时间来提高测量结果的相对不确定度,这要求在测量过程中被测量不随时间变化;②在累积测量中要避免引入新的随机效应和系统效应。

2. 力学(机械)放大法

力学放大法是利用力学量之间的几何关系进行转换放大的。例如,螺旋测微器(即千分尺)就是将沿着螺杆的移动转换成沿着周长的移动。将套在螺杆上的微分筒分成50格,微分筒每转动一圈,螺杆移动 $L = 0.5$ mm;微分筒每转动一格,螺杆移动 0.01 mm。如果微分筒的周长为 50 mm(即微分筒外径 D 约为 16 mm),微分筒上每一格的弧长相当于 1 mm,

这相当于螺杆移动 0.01 mm 时,在微分筒上却变化了 1 mm,即放大了 $M = \dfrac{\pi D}{L} \approx 100$ 倍。

机械放大法的另一个典型例子是机械天平。用等臂天平称量物理质量时,如果靠眼睛判断天平的横梁是否水平,很难发现天平横梁的微小倾斜。通过一个固定于横梁且与横梁垂直的长指针,就可以将横梁微小的倾斜放大为较大的距离(或弧长)量。

3. 电学放大法

电信号的放大是物理实验中最常用的技术之一,包括电压放大、电流放大、功率放大等。示波器中就包含了电压放大电路。

因为电信号放大技术成熟且易于实现,所以也常将其他非电量转换为电量,经线性放大后再进行测量。例如,在"距离与转速的光电检测"实验中,将较弱的光信号转换为电信号,再经线性放大测量电压值。但是,对电信号放大通常会伴随着对噪声的等效放大,这对信噪比没有改善甚至会使其下降,因此电信号放大技术通常是与提高信号的信噪比技术结合使用。

4. 光学放大法

在光学中,利用透镜和透镜组的放大构成各种光学仪器,既可"望远",又可"显微",这已成为精密测量中必不可少的工具。常见的放大仪器有放大镜、显微镜和望远镜等。光学放大法一般有两种情况:一种是被测物通过光学仪器形成放大的像,以增加现实的视角,便于观察,例如常用的测微目镜、读数显微镜等;另一种是仪器利用光学原理进行转换放大,再测量放大后的物理量,在"用拉伸法测量金属材料的杨氏弹性模量"实验中的光杠杆就是一种典型的例子,对于微小的长度变化量 ΔL,通过光杠杆转换为对一个放大了的量 ΔX 的测量,$\Delta X = \dfrac{2D}{b}\Delta L$(具体原理参见"用拉伸法测量金属材料的杨氏弹性模量"实验),$\dfrac{2D}{b}$ 越大,则对 ΔL 的放大倍数就越大,其中 $\dfrac{2D}{b}$ 为光杠杆的放大倍数,通常为 25~100 倍。

2.1.5 平衡测量法

平衡法是利用物理学中平衡态的概念,将处于比较的物理量之间的差异逐步减小到零的状态,通过判断测量系统是否达到平衡态来实现测量。在平衡法中,将被测量与一个已知物理量或相对参考量进行比较,当这两个物理量的差值为零时,用已知量或相对参考量来描述被测量。利用平衡法,可将许多复杂的物理现象用简单的形式描述,使一些复杂的物理关系简明化。平衡法可分为以下几种情况。

1. 力学平衡法

力学平衡是一种最简单、最直观的平衡,天平就是根据平衡原理设计的。利用等臂机械天平称量物体质量,当天平指针处在刻度零位或在零位左右等幅度摆动时,天平达到力矩平衡,此时待测物体的质量和砝码的质量(作为参考量)相等。

2. 电学平衡法

电学平衡是指电压、电流等电学量之间的平衡。在"单臂电桥的设计与应用"实验中,利用惠斯通单臂电桥测电阻就是一个应用平衡法测量的典型例子,属于桥式电路的一种。桥式电路是根据电流、电压等电学量之间的平衡原理而专门设计出的电路,可用来测量电阻、电感、介电常量、磁导率等电磁学参数。

3. 稳态测量法

当物理测量系统处于静态或处于动态平衡时，系统内的各项参数不随时间变化。利用这一状态进行测量就是稳态测量。它为准确测量提供了极大的方便，是物理实验中经常采用的测量方法。如在"设计用集成温度传感器测量温度"实验中，测量温度时应在设定温度下稳定一段时间后再读数。

2.1.6 补偿测量法

补偿测量法就是在测量中，通过一个标准的物理量对被测量产生等量或相同的效应，用于补偿（或抵消）该被测量的作用，使测量系统处于平衡状态，从而得到被测量与标准量之间的确定关系。补偿法通常与平衡法、比较法结合使用。根据作用来划分，补偿法分为补偿法测量和补偿法校正系统效应两个方面。

1. 补偿法用于测量

补偿法用于测量实质上就是平衡法。弹簧秤被认为是一个简单的补偿测量装置。补偿测量系统通常包含补偿装置和指零装置两部分。补偿装置产生补偿效应，并获得设计规定的测量准确度。指零装置是一个比较系统，用于显示被测量与补偿量的比较结果。

2. 补偿法用于修正系统效应

在测量中，由于各种因素的制约，往往存在着无法消除的系统效应，利用补偿法引入相同的效应来补偿那些无法消除的系统效应，是补偿法最主要的作用。例如在"用分光计测量三棱镜的折射率"实验中，采用双孔读数来消除因偏心而引起的周期性系统效应等，这是"补偿"思想的具体体现。

2.1.7 模拟测量法

模拟法是依据相似性原理，对一些特殊的研究对象（如过于庞大或微小，十分危险或缓慢）人为地制造一个类似的模型来进行实验。模拟法能方便地使自然现象重现，可将抽象的理论具体化，可进行单因素或多因素的交叉实验，可加速或减缓物理过程。利用模拟法可以节省时间和物力，提高实验效率。

模拟法可分为物理模拟和类比模拟两种方法。

1. 物理模拟

物理模拟是在模拟的过程中保持物理本质不变的方法。在物理模拟中，应满足几何相似或动力学相似的条件。所谓几何相似条件是指按原型的几何尺寸成比例地缩小或放大，在形状上模型与原型完全相似，如对河流、水坝、建筑群体的模拟。动力学相似是指模型与原型遵从同样的物理规律，同样的动力学特性。有时在满足几何相似的情况下，反而不能满足动力学相似的条件，此时要首先考虑动力学相似性。例如，在研制飞机时，为模拟风速对机翼的压力而构建的模型飞机，其外形往往与真正的飞机有很大的不同。

2. 类比模拟

类比模拟是指两个完全不同性质的物理现象或过程，利用物质的相似性或数学方程形式的相似性类比进行实验模拟。它既不满足几何相似条件，也不满足物理相似条件，而是用别的物质、材料或者别的物理过程来模拟所研究的材料或物理过程。

更进一步的物理量之间的代替，就导致了原型实验和工作方式都改变了的特殊的模拟方法。例如,质量为 m 的物体在弹性力为 $-kx$、阻尼力为 $-a\dfrac{dx}{dt}$ 和驱动力为 $F_0\sin\omega t$ 的作用下,其振动方程为

$$m\dfrac{d^2x}{dt^2} + a\dfrac{dx}{dt} + kx = F_0\sin\omega t \tag{2.1.1}$$

而对 RLC 串联电路,在交流电压 $U_0\sin\omega t$ 的作用下,电荷 Q 的运动方程为

$$L\dfrac{d^2Q}{dt^2} + R\dfrac{dQ}{dt} + \dfrac{1}{C}Q = U_0\sin\omega t \tag{2.1.2}$$

上面两个方程是形式上完全相同的二阶常系数微分方程,选择两方程中系数的对应关系,就可以用电学振动系统模拟力学振动系统。

2.1.8 干涉法、衍射法

1. 干涉法

无论是声波、水波和光波,只要满足相干条件,相邻干涉条纹的光程差均等于相干波的波长。因此,通过计量干涉条纹的数目或条纹的改变量,可实现对一些相关物理量的测量。如,物体的长度、位移与角度,薄膜的厚度,透镜的曲率半径,气体或液体的折射率等。当选用相干光波时,对以上物理量可实现微米量级甚至亚微米量级的准确测量。

在著名的牛顿环实验中,通过对牛顿环等厚干涉条纹的测量可求出平凸透镜的曲率半径。

2. 衍射法

光的衍射法是通过先测量衍射条纹的间距,再根据衍射条纹的间距与缝宽之间的关系测出微小长度或位移变化量的。例如,当激光束照射到单缝上时发生衍射,待测物体长度发生变化时将推动单缝缝宽改变,衍射条纹间距也就跟着发生改变。条纹的间距 Δx 与缝宽 d 的关系为 $\Delta x = \dfrac{D}{d}\lambda$,则微小长度变化量 $\Delta L = d_2 - d_2 = \left(\dfrac{1}{\Delta x_2} - \dfrac{1}{\Delta x_1}\right)D\lambda$,式中,$D$ 为单缝到屏的距离。

衍射法被广泛地应用于对微小物体位移和晶体常数的测量,如 X 射线衍射技术、透射电镜等。

本节介绍了几种基本的实验方法,每一种方法都不是孤立的,要特别注意它们之间的联系,学会综合运用。例如在"用拉伸法测量金属材料的杨氏弹性模量"实验中,应用的"光杠杆法"是将很难测准的金属丝的微小长度变化量转换为光杠杆上小镜子的仰角变化,再通过光路转化为较易测定的镜中标尺读数的变化(变化量可达到几厘米)。这种间接比较法是将比较法、转换法、放大法综合起来运用的,不仅减小了测量的难度,而且还提高了测量的准确度。

2.2 计算机在物理实验中的应用

在科学研究和实际工作中有很多的物理问题,利用计算机解决这些物理问题可大大提

高工作效率,达到事半功倍的效果。计算机在物理实际问题中的应用十分广泛,应用实例不胜枚举,无论是力学、电磁学、光学、热学问题,还是近代物理学的各种问题,基本上只要通过传感器可以转变成电学量的各种物理量,都可以通过传感器和 A/D(Analog/Digital)、D/A(Digital/Analog)转换器等接口电路与计算机相连接,从而对物理量进行实时的检测,并对其进行结果判断和分析。因此,计算机在物理实验教学中发挥着越来越重要的作用,也越来越受到重视。计算机在物理实验中的应用主要包括以下几个方面。

1. 计算机实时数据采集

利用计算机作终端,通过接口电路的传感器和常规仪器共同完成对物理量的测量,实时地采集数据,克服了人工记录数据的读数偏差,提高了测量的准确度。

2. 计算机进行实验数据处理

物理实验要测量大量的原始数据,用人工进行数据处理是相当烦琐和复杂的,且易发生错误。发生错误之后,又很难判断是计算中的错误还是测量中的错误。计算机的快速、准确性,可以使人们从繁重的工作中解放出来,还有助于人们经常保存重要的数据信息,便于随时使用。有时候,人们需要将数次实验的结果进行综合分析和比较,计算机可以使这项工作变得便捷和轻松。用一些尚不完全的数据或模拟的数据对实验的结果进行预测,便于及早发现实验方法和实验设计的问题,避免走弯路。此外,可以利用计算机的可绘图性,在处理数据时同步地把实验曲线绘制出来,便于直观分析物理量之间的关系。

3. 利用计算机对实验过程进行实时控制

用程序可以安排和控制全部实验过程自动进行,这在现代科学技术中受到普遍重视,同时还可以对实验所需保证的条件进行自动调节,准确控制。

4. 利用计算机模拟物理过程,进行物理仿真实验

在培养学生探索与创新开拓能力方面,实验研究技能的锻炼是课堂理论教学所不可替代的,但实验教学质量的提高长期受各种物质、经济条件的困扰,很多实验由于耗资过大,一些学校无法开设。仿真实验利用计算机对实验的整个过程进行模拟,包括实验目的、原理、仪器操作、课后的实验报告等,具有图文并茂、可操作的特点,设有动态原理图,使实验内容变得生动、易于理解和接受,还可加深人们对物质运动规律的理解,运用计算机形象、生动的演示,使人们破除对一些抽象概念的迷惑。

在实验教学中,计算机的地位不断提高,我们应灵活地使用计算机,为以后应用计算机进行科学实验奠定良好的基础。本书着重介绍计算机在实时数据采集和实验数据处理方面的应用。

2.2.1 利用计算机实时采集数据

物理实验中测量的数据包括各种各样的电学量和非电学量。凡是能够转变成电学量的各种非电量,都可以利用电测技术进行测量,如热电转换、力电转换、光电转换等。

由于电测方法具有控制方便、灵敏度高、准确度高、反应速度快、测量范围广,以及可以进行动态测量和自动记录、遥测、遥控等优点,促使人们去研究如何运用物理原理以电测方法来测量非电学量。对一些非电量,例如温度、压力、流速、流量、物位等可采用相应的传感器将非电学量转换成电信号进行传输和测量(图 2.2.1)。

图 2.2.1 被测量之值的分散性示意图

传感器输出的电量信号为模拟信号,还需经过 A/D 转换器转换成数字信号才能被计算机接收和处理。计算机处理后的信号也可以通过 D/A 转换器转换成模拟电量输出。

1. 常用传感器简介

传感器也称换能器、探测器或变换器,是非电量电测技术的核心,它可以分为参量变换器和发电变换器两种,有很多传感器不需要单独的电源供电。它是利用物理量之间存在的各种效应与关系,将被测的非电学量转换成电学量,从而获得被测量的信息,并把获得的有关电信号输入到测量电路中去,经过放大、检波、传输、比较和记录等,再以模拟、数字或图像等形式显示出结果,它是以电子、电路技术或网络技术来实现的,如力电效应、热电效应、磁电效应和光电效应等。传感器种类很多,本书内容主要涉及以下几种传感器。

(1) 光学传感器及光学组件

如光电二极管、光电三极管、光敏电阻、红外发光二极管、红外接收二极管等。另外,还有光栅组件、衍射光栅组件、超声光栅组件、光杠杆组件等。

它们可用于研究光电效应、光强分布、光的干涉、光的衍射分布,波长、微小位移或微小长度测量、报警器、遥控器、计数器等,例如,"光电效应的研究与应用"实验中的光电管,"距离与转速的光电检测"实验中的光电二极管等。

(2) 压力传感器

如压力传感器、压敏电阻等,用于压电转换、压力测量、质量测量等方面的应用,例如,微小压力实验、重力测量实验等。

(3) 电磁传感器

如霍尔元件、霍尔开关集成电路、微波换能器等,可用于研究霍尔效应、测量磁场强度分布、布拉格衍射强度分布;计数器、速度表、里程表等,例如,"地磁场的测量"实验中的磁阻传感器等。

(4) 温度传感器

如热敏电阻、热敏二极管、热敏三极管、热电偶等,用于温度、热量等方面的测量、监测、开关控制或报警等,例如,"设计用集成温度传感器测量温度"实验等。

(5) 压电陶瓷及超声传感器

压电陶瓷及超声传感器,也即超声换能器,用于声电转换、遥控器、计数器、报警器等方面的应用,例如"用超声驻波像测定声速"实验。另外,还有流量、流速传感器等传感器,如水表、电表、气表、输油表等。

2. A/D、D/A 转换器技术简介

自然界产生的信号都是模拟信号(Analog Signals),自然界能够接收的也是模拟信号;而目前人类通信、计算所使用的是数字信号(Digital Signals)。将模拟信号转换成数字信号进行处理,就需要 A/D(Analog/Digital)转换器;而将数字信号转换成模拟信号,则需要 D/A(Digital/Analog)转换器。21 世纪是信息的时代,A/D、D/A 在信息收集和处理系统中起着非常关键的作用,因此,A/D、D/A 转换器技术的水平在一定程度上也代表了模拟集成电路方面的地位和水平。随着信息技术的高速发展,对 A/D、D/A 转换器的要求也越来越高,现代通信、导航和军事电子系统要求新一代 A/D、D/A 转换器必须具有高速、高频、高保真的特性,其频率也越来越高。因此,A/D、D/A 转换器技术一直是非常具有活力和市场前景的一项综合技术。随着数字信息的发展,A/D、D/A 转换器品种越来越多,从最初单纯的 2 位发展到现在的 4~26 位(A/D 转换器)、6~24 位(D/A 转换器),有数万种产品。由于转换器结构和工艺技术的限制以及应用的需要,高速 A/D、D/A 转换器产品主要集中在 8~16 位。

在国内,单片 8 位 A/D 转换器的采样率可达 500 MHz,10 位可达 210 MHz,12 位可达 210 MHz,14 位可达 40 MHz,16 位可达 5 MHz。而国外 8 位 A/D 转换器的采样率可达 1.2 GHz,其他产品的水平也远比国内产品成熟、先进、采样率更高。高速、高精度 D/A 转换器已广泛用于宽带通信发射通道的直接中频、基站、无线局域网、数字无线电链接、直接数字合成和仪器等领域。随着集成电路的深亚微米制造、设计技术的迅速发展,集成电路已进入系统芯片(System On Chip,简称 SOC)时代。作为 SOC 发展初期,需解决系列工艺兼容、关键 IP 核设计技术和设计方法、测试方法及可测性技术等技术课题。目前的 SOC 芯片有以下三种主要类型:

(1)以 MPU 为核心,集成各种存储器,A/D、D/A 转换器,时钟电路,控制电路等功能于一体的单芯片。

(2)以 DSP 为核心,集成了多功能的 SOC 芯片。

(3)上述两种的混合或者把系统算法与芯片结构有机集成为芯片。作为 SOC 关键 IP 核之一的 A/D、D/A 转换器 IP 核,为改善 SOC 的数字处理技术的性能,增强 SOC 功能发挥了重要作用,这在现代军事和民用数字通信系统的应用中尤其重要。

2.2.2 用计算机进行实验数据处理

应用计算机进行数据处理的优点是速度快、精度高,将实验数据输入相应软件中进行数据处理能快速显示出数据处理的结果,直观性强,减轻了人们处理数据的工作量。目前在大学物理实验的数据处理中,如平均值、相对误差、绝对误差、标准误差、线性回归、数据统计等的数值计算、常用函数计算、定积分计算、拟合曲线等方面都可以考虑使用计算机来处理。在具体问题中可以应用现有的软件,也可以结合具体实验要求使用高级语言编写程序进行数据处理。

目前比较流行的数据处理软件有 Excel、Origin、C 语言、Visual Basic、Advanced Grapher 和 MATLAB 等,由于这些软件都是 Windows 环境下的编程语言,设计界面与 Windows 完全一致,能达到可视化的良好效果。此外,实验中的结果和数据,也可以作为数据库来保存。在数据库方面,比较流行的工具软件是 Access 和 Sqlserver 等。本书简要介绍 Excel、Origin、Advanced Grapher 在实验数据处理中的应用。

1. 用 Excel 处理实验数据

Microsoft 公司的 Excel 软件,作为一种电子数据表程序,凭借自身携带的函数和格式化操作、图表自动生成、宏语言、数据管理诸项功能,以其简便易学、容易掌握,又不失对数据处理、误差分析方法的了解与掌握的特点,逐渐在实验数据处理领域发挥着越来越重要的作用。

(1)利用公式及函数快捷、准确地处理实验数据在 Excel 中，用户可在表格中定义运算公式，引用单元格利用公式自动进行计算，也可利用 Excel 提供的函数功能，进行复杂的数学分析和统计，从而提高工作效率。

函数实际就是预先建立好的公式，通过使用一些称为参数的特定数值来按特定的顺序或结构执行计算，用于执行简单或复杂的计算。Excel 提供了几百个内置的函数，但在物理实验数据处理中最常用的函数是求和函数(SUM)、算术平均值函数(AVERAGE)、标准偏差函数(STDEV)、计数函数(COUNT、COUNTIF)、线性回归拟合方程的斜率函数(SLOPE)、线性回归拟合方程的截距函数(INTERCEPT)、线性回归拟合方程的预测值函数(FORECAST)、相关系数函数(CORREL)、t 分布函数(TINV)、最大值函数(MAX)、最小值函数(MIN)、近似函数(ROUND、ROUNDDOWN、ROUNDUP、INT)和一些数学函数(SIN、COS、TAN、LN、LOG10、EXP、PI、SQRT、POWER)等，各函数的具体应用格式可在 Excel 帮助菜单里予以查询。

函数以等号(=)开始，后面紧跟函数名称和左括号，然后以逗号分隔输入参数，最后是右括号。

可见，利用 Excel 处理数据，方法简便易行，结果精确度高，同时避免了烦琐的中间计算过程，由此降低了人为出错的可能性。而且在有些实验数据处理过程中，可通过单元格引用快捷、准确地完成实验数据的批量处理，大大节省实验数据处理耗费的时间。

(2) 利用图表功能轻松地绘制实验图形

在数据处理中，有时要求我们将数据用坐标纸描绘出来，并根据数据点描绘出表示物理量之间函数关系的图线，进而由图线寻找相应的经验公式。对于这样的要求，利用 Excel 提供的图表功能可轻松地进行处理。

用 Excel 图表功能处理数据时，先把数据按列表法的要求列出因变量 y 和自变量 x 相对应的 y_i 与 x_i 数据表格，然后在"插入"菜单中点击"图表"选项，调出"图表向导"对话框，按提示步骤进行操作即可轻松地获得反映数据规律的图表。对于物理实验数据处理，选择图表类型时一般采取 XY 散点图。XY 散点图用来展示成对的数和它们所代表的趋势之间的关系，可以用来绘制函数曲线，从简单的三角函数、指数函数、对数函数到更复杂的混合性函数，都可以利用它快速、准确地完成绘制。

图表绘制完成后仍可对图表标题、坐标、网格、数据标志等进行精心设置，确保坐标系及坐标分度选择合理，避免因作图而引进额外的误差。如果图线未占满所选用的整个图纸，应双击相应坐标轴，正确设置坐标分度值的起始数据。

在 XY 散点图绘制的基础上，还可用"图标"菜单栏选项中"添加趋势线"选项，在图表中添加显示数据趋势的趋势线，若数据点与某种趋势线完全重合，则说明两变量之间的关系符合该类的拟合方程。如果在"添加趋势线"对话框的选项中选择"显示公式""显示 R 平方值"，Excel 还将把满足所设定的拟合类型的方程及相关系数显示于图表中。

2. Origin 7.0 处理实验数据

Origin 是美国 Microcal 公司推出的基于 Windows 平台的数据分析和绘图软件，它功能强大，在各国科技工作者中使用较为普遍。该软件不仅包括计算、统计、直线和曲线拟合等各种完善的数据分析功能，而且提供了几十种二维和三维绘图模板，它采用直观的、图形化的、面向对象的窗口菜单和工具栏操作。用 Origin 处理物理实验数据不用编程，只要输入测量数据，然后再选择相应的菜单命令，点击相应的工具按钮即可。Origin 7.0 的使用方法如下。

(1) 打开 Origin 7.0

双击桌面上 Origin 7.0 的图标,或从开始→程序→Origin 7.0→Origin 7.0 打开。打开 Origin 7.0 的页面如图 2.2.2 所示。

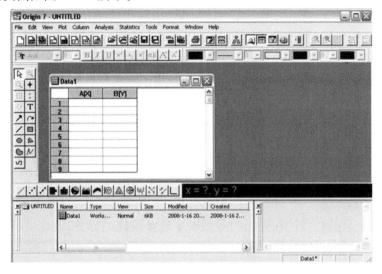

图 2.2.2　Origin 7.0 的操作界面

页面顶部是菜单栏,一般来说可以实现大部分功能;菜单栏下面是工具栏,一般最常用的功能都可以通过此处实现;中部是绘图区,所有工作表、绘图子窗口等都在此处显示;下部是项目管理器,类似资源管理器,双击即可方便切换各个窗口;底部是状态栏,标出当前的工作内容,以及鼠标指到某些菜单按钮时的说明。

(2) 输入数据

在工作表单元格中直接输入数据即可,如图 2.2.3 所示。

(3) 设置数据列的名称

为了简单、明了地表述某一数据列的意义,可以给数据列命名。将鼠标指向 A(X),单击右键,在下拉菜单中选择 Properties,单击鼠标左键,出现如图 2.2.4 所示的页面。

将鼠标移至最下面的空栏中,单击,输入想要输入的文字,例如(wavelength/nm)。设置好之后在工作表中便会有显示。其他数据列的名称设置可参照 A(X)数据列。

(4) 添加新的数据列

单击工具栏上的 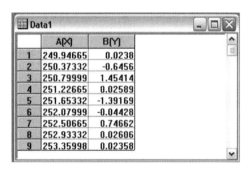 图标,即可添加新的数据列。

图 2.2.3　数据输入

(5) 设置数据列的属性(数据的计算)

关于在 Origin 7.0 中的数据计算,可以将鼠标移至列首(例如 C(Y)处),单击右键,选择 Set column values,单击。在弹出窗口中单击窗口左

图 2.2.4　数据列的意义

上角的 Add function、Add column 两个按钮来进行数据计算。

(6) 画图表

选中任意一列或几列数据,单击绘图区下部工具栏中的任意一个图标(图 2.2.5),即可做出不同类型的图。用此方法画出的图默认以第一列数据为 X 轴。

图 2.2.5　绘图工具栏(部分)

若想自己随意设置 X 轴和 Y 轴,则先不选数据列,先点击图 2.2.5 中的任意图标,在弹出的窗口中可以设置任意数据列为 X 轴或 Y 轴。

(7) 设置图表的细节

①设置坐标轴样式

用鼠标双击坐标轴,即可在弹出的对话框中选择不同的标签,改变坐标轴的样式。常用的是改变数据范围,设定数值间隔。

②设置数据点、线的样式

同样用鼠标双击数据点,在弹出的对话框中也可以选择不同的标签分别对数据点的样式、颜色和线的颜色进行设置等。

(8) 设置图表的细节

在左边一列的工具栏中,单击 ✚ 或 ⊞ 后,将光标移到曲线上,对准数据点击鼠标左键,即可在右下角的黑底绿字的小屏幕上看到所索取数据点的坐标。

(9) 线性拟合

将鼠标移至菜单栏中的 Analysis,单击,在下拉菜单中选择 Fit linear,用鼠标左键单击即可。拟合直线为红色,拟合的方程、标准误差等一般都可在右下角的新窗口中看到。

第3章 常用实验仪器及其使用简介

3.1 长度测量的常用仪器

3.1.1 米的定义

长度是一维空间的量度,是一个基本物理量,长度单位是国际单位制(SI)七个基本单位之一。在国际单位制中,长度的单位是米(m)。

国际单位制的长度单位"米"(meter)起源于法国。1791年法国国会批准以通过巴黎的地球子午线全长的四千万分之一作为长度单位(米),1799年制成一根铂质米原器"档案米"并由法国档案局保管,这就是最早的米的定义。之后米的定义几经更改。1983年10月在巴黎召开的第十七届国际计量大会上通过了米的新定义:"米是光在真空中1/299 792 458秒的时间间隔内所经路程的长度",这是目前国际单位制(SI)中长度单位米的定义。

3.1.2 长度测量的主要器具

物理学中长度的测量是最基本的测量过程,长度测量的工具种类很多,最早使用的是机械式长度测量工具,例如米尺等。19世纪中叶以后,先后出现了类似于现代千分尺和游标卡尺的测量工具。机械测量长度技术迄今仍是工业测量中的基本测量技术之一,继机械测量长度工具出现的是光学测量长度工具,如20世纪20年代应用投影仪、显微镜、光学测微仪、干涉仪等进行长度测量。电学测量长度工具是20世纪30年代出现的,最初出现的是利用电感原理制成的测微仪。20世纪50年代后期出现了以数字显示测量结果的长度测量。至20世纪70年代初,出现计算机数字控制的长度测量仪器,测量工具进入应用电子计算机的阶段。

3.1.3 物理实验中常用的长度测量器具

物理实验过程中常用的长度测量工具有米尺、游标卡尺、螺旋测微计(千分尺)和读数显微镜等。测量10^{-3} mm以下的微小长度时,需要用更精密的测量仪器(如阿贝比长仪)或采用其他的测量方法(如采用光的干涉或衍射法)。在实际测量中,应根据需要选择合适的实验方法和测量仪器。下面主要介绍游标卡尺、螺旋测微计和读数显微镜的使用,其他测量长度的方法将在以后的实验中陆续学到。

1. 游标卡尺的构造及使用方法

游标卡尺可以用来测量物体的长、宽、高、深和圆环的内、外直径。它的构造及其读数如图 3.1.1 所示。

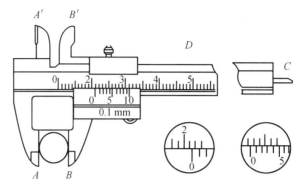

图 3.1.1 游标卡尺构造及其读数示意图

主尺是一根钢板制成的毫米分度尺,主尺头上有钳口 A 和刀口 A'。主尺上套有游标的滑框,游标尺头上装有钳口 B 及刀口 B',尾部还有尾尺 C。当滑框(游标尺)的钳口 B 与钳口 A 贴合时,刀口 A' 和 B' 相互对齐,且尾尺末端向主尺末端对齐,这时游标的零线刚好与主尺零线对齐,读数为零。测量物体外部尺寸时,将待测物放在钳口 A,B 之间,并轻轻夹住,可读出被测件的长度。同样可用刀口 A',B' 及尾尺 C 测内径以及小孔的深度等。

掌握游标卡尺的读数原理是十分必要的。除了常用的各类游标卡尺之外,许多较精密的仪器(如分光计读数盘)亦有游标装置,它们的原理和读数方法大同小异。下面简述游标卡尺的读数原理及读数方法。

为测某一球的直径,钳口夹住待测的球,钳口 AB 所张距离(刀口 $A'B'$ 的距离以及尾尺 C 伸出的长度)为 L,如图 3.1.2 所示,游标的零点从主尺的零位线也移动同样的距离 L。L 等于主尺上毫米以上的 x 与毫米以下的 Δx 相加,即 $L = x + \Delta x$,x 直接从主尺上读取,在图 3.1.2 中为 12 mm,而 Δx 应从游标中读取。

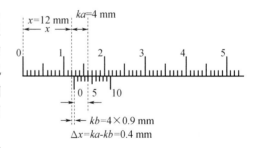

图 3.1.2 一种游标卡尺读数示意图

设主尺最小刻度间距为 a,游标最小刻度间距为 b,且制作时游标的分度数(格数)为 n,则 n 个游标最小刻度的总长等于主尺上的 $(n-1)$ 个最小刻度长,即

$$nb = (n-1)a \tag{3.1.1}$$

$$b = \frac{n-1}{n}a \tag{3.1.2}$$

在游标和主尺重叠的区域中,仔细观察可找到游标的第 k 条刻线与主尺的刻线对齐,因 n 条游标刻度数长与 $(n-1)$ 条主尺刻度数长度相同,主尺 x 之后的刻度到游标和主尺刻度对齐的主尺刻度数也是 k 条,所以

$$\Delta x = ka - kb \tag{3.1.3}$$

将式(3.1.2)代入式(3.1.3),有

$$\Delta x = ka\left(1 - \frac{n-1}{n}\right) = k\frac{a}{n} \qquad (3.1.4)$$

由式(3.1.4)可知,对于任何一种游标,只要弄清它们的分度数(游标的刻度数 n)与主尺最小刻度的长度 a,就可读出 Δx。在图 3.1.2 中,$n = 10, a = 1 \text{ mm}$,而 $k = 4$,所以,$\Delta x = 4 \times \frac{1}{10} = 0.4 \text{ mm}$,球的直径为

$$L = x + \Delta x = 12 + 0.4 = 12.4 \text{ mm}$$

我们称 $\frac{a}{n}$ 为游标的分度值(分度示值)。分度值的大小反映仪器的精密程度,分度值越小,仪器越精密。例如本实验课提供的游标卡尺,$n = 50, a = 1 \text{ mm}$,则其游标的分度值为 $\frac{a}{n} = \frac{1}{50} = 0.02 \text{ mm}$。它比上一例中 $\frac{a}{n} = \frac{1}{10} = 0.1 \text{ mm}$ 更精密。

一般为了读数方便,游标刻度的标记都按实际读数分度值标记。如实验室所提供的 $n = 50, a = 1 \text{ mm}$,分度值为 0.02 mm 的游标卡尺,每一最小刻度的标记为 0.02 mm。若游标卡尺上第 23 个刻度值(k 值)与主尺某刻度对齐,则毫米以下的值应为 $0.02 \times 23 = 0.46 \text{ mm}$。这一值可直接从游标的分度标记中读出,即游标中标记 4 的大刻度线后,第 3 个最小刻度值(最小刻度示值为 0.02 mm),可直接读出 0.46 mm。

游标卡尺的读法简述如下:毫米以上的整数部分,从游标零位所对应的主尺上读取,毫米以下的小数部分 Δx 应从游标和主尺对齐处的游标上读取。在读取游标(毫米以下数)时必须注意,游标的标记为分度值,可按一般尺子的读法直接从游标中读取,不必数 k 后乘 $\frac{a}{n}$ 计算而得。

2. 千分尺的构造及使用方法

螺旋测微器(简称千分尺,结构如图 3.1.3 所示),由一根精密的测微螺杆 5 和螺母套管 10(其螺距为 0.5 mm)组成,测微螺杆带一个具有 50 个分度的微分筒 8。当微分筒转过一周时,测微螺杆前进或后退 0.5 mm,所以微分筒分度值为 $\frac{1}{50} \times 0.5 = 0.01 \text{ mm}$。在固定套管 7 毫米分度标尺中读出测微螺杆移动的毫米数。在微分筒分度值中可靠地读出百分位的毫米,再在最小刻度中估读一位,可读出千分之几毫米。然后与固定套管毫米分度标尺中

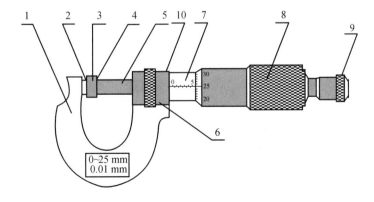

图 3.1.3 千分尺结构图

1—尺架;2—尺砧;3—待测物;4—螺杆测量面;5—测微螺杆;
6—锁紧装置;7—固定套管;8—微分筒 9—测力装置;10—螺母套管

读出的毫米数(或再加 0.5)相加,得到最后结果。由于微分筒分度值为 0.01 mm,50 格刻度,螺距为 0.5 mm,故微分筒转两圈才走固定套管准线上刻有的 1 mm。为辨认是否已过了固定套管最小刻线一半(即已转了一圈,过了 0.5 mm),在固定套管准线下方标有每 0.5 mm 的刻度值。尽管这样,如何从固定套管标尺和微分筒的数据中正确辨认数据是否已过 0.5 mm 刻度线是螺旋测微器读取数据中必须注意的问题。

当千分尺读数为 0 的状态如图 3.1.4(a)所示时;图 3.1.4(b)中的示值,因为没过一半应读为 5.386 mm;而图 3.1.4(c)中的示值,已过一半应读为 5.886 mm。

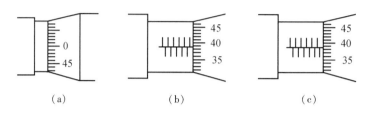

图 3.1.4　千分尺读数是否过半

如图 3.1.3 所示,测力装置 9(即棘轮)靠摩擦力转动测微螺杆,这是为了控制每次的力矩互相接近而采用的。每次测量时旋动棘轮听到"喀喀"的响声,螺杆不再前进,就开始读数。

使用千分尺应注意以下事项：

(1)测量前,要检查零点读数(注意正、负值的读取),以便对测量数据做零点修正。参见本节的知识拓展。

(2)千分尺的测微螺杆与尺砧相接触或夹持工件的力按规定应为 6~10 N。因此,在逐渐推进测微螺杆,端面快要接触到物体时,只能旋转测力装置(棘轮),当听到转动小棘轮发出"喀喀"的响声时,即要停止旋进,不能再用手直接转动微分套筒。

(3)注意主尺上半毫米的刻度线的位置,判断是否需要加上 0.5 mm,防止误读。

(4)手持千分尺时要握在绝热板上,以减少体温对测量仪器的影响。

(5)使用完毕后,测微螺杆与尺砧间要稍留些距离。

3. 读数显微镜的构造及使用方法

读数显微镜的结构如图 3.1.5 所示,主要操作步骤如下：

(1)使读数显微镜物镜对准待测物。

(2)调整 45°镜,45°半反射镜对准钠光灯,并转动 45°镜,使望远镜的视野足够宽。

(3)调节目镜,以看清十字叉丝。

(4)调焦(改变物到物镜间的距离),使目镜中能清晰地看到待测物体的像,并做到"当眼睛上下、左右移动时,所看到的十字叉丝与待测物像之间无相对移动",即消除视差。

所谓视差是指当两个物体静止不动时,改变观察者的位置,出现一个物体相对于另一物体有明显位移的现象。光学仪器的视差则是指当人眼

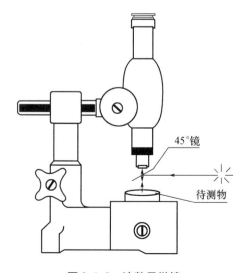

图 3.1.5　读数显微镜

移动时,出现物体的像相对于十字叉丝有明显位移的现象。只有当像与叉丝不在同一平面上时才会出现视差。消除光学仪器中存在的视差只需要仔细调焦(望远镜调节物镜与目镜间的距离,显微镜则改变物到物镜间的距离),使物体通过物镜所成的像恰好与叉丝所在的平面重合。

(5)先旋转测微螺旋将十字叉丝对准待测物体上的某点(或某条线)A,记录读数 X_A,继续沿着同一方向转动测微螺旋,将十字叉丝对准待测物体上的另一点 B,记录读数 X_B,两次读数之差 $|X_A - X_B|$ 即为 AB 间的距离。在这两次读数时要注意:测微螺旋只能向同一个方向移动,以消除空回误差。

所谓空回误差是指当测微螺旋正转途中突然反转,可滑动的显微镜或载物台不能立即在支架上随之移动的现象。它是由丝杆与测微螺旋间存在的间隙引起的。

知识拓展　定值系统效应的修正

这里主要介绍如何修正因零点对不齐而带来的定值系统效应。

零点对不齐带来的定值系统效应,指的是处于使用状态的仪器,当未加入被测量的信息时,其指示不指零的情况,一般可通过调整来解决。但因某种原因未能解决,这种含有系统效应的数据已知其大小,可通过修正的方法消除。如前面所用游标卡尺刀口 AB 对齐及千分尺尺砧与测微螺杆互相接触时的零点有读数等。此零点修正值可能为正,也可能为负,或者等于零,应记录下来。测量完毕,从测量值中(更简单地,在平均值中)进行修正,即求测量值与零点修正值的代数差。

3.2　质量测量的常用仪器

物质的质量是一个基本物理量,在国际单位制中质量的单位是千克(kg),是国际单位制中七个基本单位之一。质量是一个标量,具有相加性。对物体质量的测定是标定物体性质的重要过程,要对物体质量进行测定首先要知道测量标准。通用的质量标准是"国际千克原器",其质量单位是在1889年第一届国际计量大会上确定的,由直径和高均为39 mm的铂铱合金(含铂90%、含铱10%)圆柱体构成,在温度为293.15 K时体积为46.396 cm³。该"国际千克原器"的质量为1 kg,其他物体的质量是以该"国际千克原器"为标准来测量的。该"国际千克原器"被保存在巴黎国际计量局的原器库里。中国也有国家千克基准,成分、形状与"国际千克原器"相同,在0 ℃时,其体积为46.386 7 cm³,质量为$(1.000 + 0.271 \times 10^{-3})$ kg。该"国际千克原器"由伦敦 Stanton 仪器公司加工调整,1965年由国际计量局检定,作为我国质量单位标准。

测量物质质量的仪器是天平,按天平结构可分为单盘不等臂机械天平、双盘等臂机械天平、扭力天平、电子天平等;按天平的用途可分为标准天平、分析天平、物理天平、工业天平、专业天平、托盘天平等;按天平的分度值可分为超微量天平、微量天平、半微量天平、普通天平等。

在物理实验中通常应用的是物理天平、电子天平和托盘天平,分别介绍如下。

3.2.1 物理天平

物理天平是一种双盘等臂机械天平,其构造如图3.2.1所示,它具有一个能调节水平的金属底座,中柱固定在其中央部位。横梁的中间和两边镶有钢制刀口,为天平的支点与受力点,两端有平衡螺母和吊耳,秤盘挂在两边的吊耳上。横梁支撑在中央刀口上,而中央刀口支撑在升降杆上端的玛瑙刀垫上。当旋转止动螺栓时,升降杆能随之上下移动,带动横梁上升或下降。横梁下降时制动架托住横梁,使刀口脱离支柱上端的玛瑙刀垫,避免刀口的磨损,该状态称为止动状态。反之,旋转止动螺栓使升降杆带动横梁上升,在平衡状态下比较左右两盘质量的状态为称量状态。

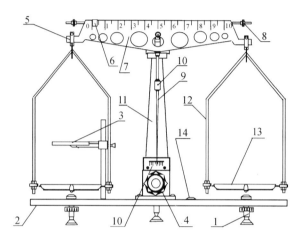

图 3.2.1 物理天平构造图

1—水平调节螺栓;2—底板;3—杯托盘;4—止动螺栓;5—吊耳;6—游码;7—横梁;8—平衡调节螺栓;
9—指针;10—感量调节器;11—中柱;12—盘梁;13—秤盘;14—水平仪

在立柱的后面装有水平仪,调节底座下的两个水平调节螺栓,使气泡在圆圈刻线中间位置,即为天平的工作位置。

指针固定在横梁的下端,其末端在刻度盘前摆动,指针上装有可上下调整的感量调节器,调节其位置可使天平灵敏度改变,一般产品出厂前已把位置调好,不要擅自改变。

在立柱座左边有支杆,杯托盘固定在它的上面;当把杯托盘转至砝码盘中央位置时,可在它上面放置实验器具(如烧杯等)。放入器具内的物体可用线捆着挂在挂钩上,这与用两盘称量时的作用完全相同。如把杯托盘转到砝码盘外,则可作一般称量用。

1. 天平的两个重要物理量

(1)感量:在天平已调整好的状态下,使指针偏离一个刻度所需的质量称为感量。感量越小,天平越灵敏。对于有游码的天平,其感量为游码的最小刻度值,取感量的一半作为天平的仪器扩展不确定度。例如,感量为 0.05 g 的天平,将 ±0.025 g 作为该天平的仪器扩展不确定度(刻度的一半),一般取 ±0.03 g。对于无游码的天平,若感量为 10 mg,则天平的仪器扩展不确定度取 ±10 mg(最小步进值)。

(2)最大称量:天平允许称量的最大质量称为最大称量。

2. 天平的调整

(1)调水平:调节底脚螺钉,使底座上的水平仪的气泡位于中心。

(2)调平衡:调节横梁两端平衡螺母,使左、右力矩相同(即指针左右偏转幅度相同)。

(3)常止动:指在调平衡、调水平的过程中拧动螺栓或者取放砝码及待测件等时,均应在"止动"的情况下进行。任何仪器在使用过程中,由于人员错误的操作,造成仪器的损坏、严重降低仪器的准确度或危及人身安全等情况都被认为不具备使用该仪器的条件(即认为不会使用)。

常止动就是为保护仪器的准确度而采用的措施,在使用天平时必须注意。

3. 天平的使用

天平称量时,先旋转止动螺栓,使横梁"止动",一般将待测物体放在左盘,砝码放在右盘,再旋转止动螺栓,缓慢地使横梁升起,观察指针是否指在中间。若不在中间,则放下横梁增减砝码,然后再升起横梁,观察指针的摆动情况,直到平衡为止。这时所放砝码的总质量就是被称量物体的质量。

4. 天平使用时的注意事项

(1)被称量物体的质量绝对不能超过天平规定的最大称量。

(2)放入或取下物体和砝码时,应在天平横梁被"止动"时进行。

(3)被称物体和砝码应放在秤盘的中央,如果同时放上大小砝码,应将大砝码放在盘的中央。

(4)不能用手直接拿取砝码,应该用镊子夹持砝码。对于微量砝码,应轻轻地夹持它翘起的一角,不能用力乱夹,以免损坏砝码。若有质量较大的砝码用镊子夹持不便,则应该用干净的软纸垫着用手拿取。从盘中取出砝码后应立即放回盒中原位。要防止砝码沾着酸、碱或油脂。砝码上有灰尘或污点时,应用软毛刷清除或用软纸擦拭,切勿用手擦抹,以免手上的汗渍腐蚀表面。

(5)不要把化学药品、湿的物体以及过冷、过热的物体直接放在秤盘上。

3.2.2 电子天平

电子天平是传感技术、电子技术和微处理器技术发展的综合产物,具有自动校准、自动显示、自动数据输出、自动故障寻迹、超载保护等多种功能,如图3.2.2所示。电子天平实际上是测量物体重力的仪器,它是利用电磁力平衡的原理进行设计的。天平空载时,电磁传感器处于平衡状态,加载(托盘上放置待测物)后,感应线圈的位置发生改变,其输出电流也改变,该变化量经微处理器处理后,控制电磁线圈的电流大小,使电磁传感器重新处于平衡状态,同时微处理器将电磁线圈的电流变化量转变为数字信号,在显示屏上显示出来。电子天平的操作规程如下。

图3.2.2 电子天平

(1)调节水平:调节底脚螺钉,使水平仪的气泡位于中心。

(2)接通电源,预热;校准天平并清零。

(3)置被测物于托盘中间位置,待天平稳定,所显示的值为被测物的质量。

(4)称量完毕后,取出待测物,天平清零。全部称量结束后,关闭显示器,并拔出电源插头。在使用过程中,电子天平应该平稳地放置在工作台上,要求在防尘、防潮、防气流、防腐蚀的环境下工作。使用前要详细阅读使用说明书,查清天平的最大称量和感量,不能称量超过最大称量的待测物。另外,电子天平还要按规定进行周期检定。

3.2.3 托盘天平

托盘天平灵敏度较低,但因使用方便,常用于某些简单的实验中,如图 3.2.3 所示是它的结构图。这种天平的最大称量一般是 200 g,感量为 0.1 g。它没有 1 g 以下的微量砝码,但装有游码。

托盘天平称量时,应将天平放在平整的桌面上,使用方法、注意事项和物理天平类似。

图 3.2.3 托盘天平

知识拓展 定值系统效应的修正

下边介绍一种发现、分离、补偿在测量质量时定值系统效应带来的不确定度的实验方法——交换法。

假设用天平称量某一待测物(质量为 Q),把待测物放在臂长为 L_1 处的托盘上,在另一臂长为 L_2 处托盘上放砝码,示值为 p,此时应有

$$QL_1 = pL_2 \tag{3.2.1}$$

若 $L_1 \neq L_2$,则 $Q \neq p$,因天平臂长不等而产生恒定的系统效应。现在把 Q 和 p 交换位置,使其平衡,要放砝码 p' 才能使其平衡,此时有

$$p'L_1 = QL_2 \tag{3.2.2}$$

由式(3.2.1)、式(3.2.2),可得

$$Q^2 = pp' \tag{3.2.3}$$

即有

$$Q = \sqrt{pp'} \tag{3.2.4}$$

从 p 与 p' 的不等可发现天平臂不等而引起的系统效应。把所称出的 p 和 p' 代入式(3.2.4),可补偿因天平臂长的不等而产生的系统效应。若 $\sqrt{pp'}$ 展开取前两项可有 $Q = \frac{1}{2}(p+p')$,这样可简单地求得其近似值,这种方法称为交换法。交换法的实质是交换待测量与标准量的位置而不改变其他条件。这种方法也可以用在其他类似的测量中。

3.3 时间测量的常用仪器

3.3.1 时间及其计量单位

时间是物理宇宙的尺度,它给出了一个非空间的连续统一体内事物发生的次序,这表现为时刻和日期,即回答"事物什么时候发生"的问题;同时,时间也是由这样的次序所确定

的瞬间,它表现为时间间隔,即回答"事物持续多久"的问题。时刻是衡量物质运动过程事件先后顺序的物理量。如果用一根带箭头的直线表示时间轴,那么轴上的任意一点就表示不同的时刻。时间间隔是两个时刻之间的间隔长短的物理量。时间具有连续性、单向性和序列性,而且总是不断逝去。

时间的量度一般以稳定的周期性运动为基础,以选定标准的周期运动的周期的某一倍数或分数为时间单位。一般来说,时间是一种能用周期性的物理现象来观察和测量的物理量。

在国际单位制(SI)中,时间的主单位为秒。用字母 s 表示。秒的最新定义是:"在零磁场下,铯-133 原子基态的两个超精细能级之间的跃迁所对应的辐射的 9 192 631 770 个周期的持续时间"。在宏观测量中,往往需要用到比秒大的单位;而在微观领域中,又常常用到比秒小的单位。所以,我们经常用秒的倍数或分数来表示时间。表 3.3.1 给出了表示时间的计量单位及其与秒的换算关系。

表 3.3.1 表示时间的计量单位及其与秒的换算

中文名称	国际代号	换算成秒	中文名称	国际代号	换算成秒	中文名称	国际代号	换算成秒
1 艾秒	Es	10^{18}	1 百秒	hs	10^{2}	1 纳秒	ns	10^{-9}
1 拍秒	Ps	10^{15}	1 十秒	das	10^{1}	1 皮秒	ps	10^{-12}
1 太秒	Ts	10^{12}	1 分秒	ds	10^{-1}	1 飞秒	fs	10^{-15}
1 吉秒	Gs	10^{9}	1 厘秒	cs	10^{-2}	1 阿秒	as	10^{-18}
1 兆秒	Ms	10^{6}	1 毫秒	ms	10^{-3}	1 秒	s	10^{0}
1 千秒	ks	10^{3}	1 微秒	μs	10^{-6}			

3.3.2 几种常见的测时仪器

时间的测量仪器很多,如古代的圭表,近代的机械秒钟、石英钟,现在的原子钟,等等。在古代,张衡发明的水运浑天仪被称为最古老的日历钟,它是利用漏水推动齿轮显示时间,被后人誉为世界最早的自动化机械,是现代天文钟的雏形。近代发明的摆钟(伽利略在教堂发现摆的周期性,荷兰的惠更斯发现了擒纵机构保持摆的摆动,并于 1695 年发明了第一个摆钟——自鸣钟)大大加快了测时仪的发展,下面简单介绍几种常见计时仪器的使用方法。

1. 机械式秒表

机械式秒表分为单秒针和双秒针两种,是最常用的机械计时器。该秒表是由频率较低的机械振荡系统、锚式擒纵调速器、齿轮传动装置、有分度的表盘和指针系统组成,具有操纵秒表的启动、制动和指针回零等控制功能。它是利用摆轮游丝系统的振动来计算时间的。现在常见的秒表分度值有 0.1 s,0.2 s,0.01 s,0.02 s 等。要注意是,因为机械式秒表的指针是跳跃式工作的,所以最小刻度以下的估计值无意义。对于短时间(几十秒内)的测量,其误差主要来源于按表和读数的误差,其值约为 0.2 s。对于长时间的测量(大于 1 min),其误差主要是秒表自身存在的快慢误差,即秒表走时快慢与标准时间之差。需要长时间测量时,应用标准钟对秒表进行校准。使用完毕,要让秒表继续走动,使发条处于完放松状态。

2. 数字毫秒计

数字毫秒计是用数字显示的电子计时仪器。它用石英晶体振荡分频作为时基脉冲,能产生稳定在 10 kHz 的电脉冲,即每秒钟内准确产生一万个脉冲,然后通过这些脉冲在开始计数和停止计数的时间间隔去推动计数器计数。一个脉冲计一个数,任何两个相邻脉冲时间间隔为万分之一秒,即 0.1 ms。所以通过计数器所计的数,就很容易测出从"计"到"停"的这段时间的长短,并在数码显示器上直接显示出来。

数字毫秒计使用的机件、机芯结构及外观都与上面提到的机械式秒表不同,其精度得到很大提高。用数字式毫秒表计时,实际上是用标准的时间单位使被测时间整数化,并把它以数字形式显示出来。它是通过传感器(如光电门)将被测时间间隔变成电脉冲信号,经放大、整形成为主控门的启动脉冲,由石英晶体振荡器产生并经过分频而得到标准时基脉冲,加到主控门的输入端直至停止脉冲使主控门关闭为止。显然,计数器的读数与被测的时间间隔成正比。显示器上的小数点和单位,可通过按转换钮(一般有 0.1 ms, 1 ms 和 10 ms 三个键)调整,不必换算成可读出的时间值。数字毫秒计还可将自动记录的时间值保存在机器内。测量准确度主要决定于作为时基信号的频率准确度及开关门时的触发误差,不难得到 10^{-9} 的准确度。若采用多周期同步和内插技术,测量精度可优于 10^{-10}。

3. 数字电子秒表

数字电子秒表具有精度高、功能多、功耗低、简单结构和易维修的优点。它主要由电路基板、导电橡胶、显示器和电子外壳等部分构成。数字电子秒表由石英谐振器和反相器组成,通过它们产生 32 768 Hz 的振荡信号,然后被分频电路分成 0.01 s 的脉冲信号,经过计数、译码和驱动电路去带动显示器显示出需要测量的时间值。石英晶体振荡器频率范围很宽,频率稳定度在 $10^{-12} \sim 10^{-4}$,经校准一年内可保持 10^{-9} 的准确度。高质量的石英晶体振荡器,在经常校准时,频率准确度可达 10^{-11}。数字电子秒表在时间频率精确测量中获得广泛应用。频率稳定度与选用的石英材料及恒温条件关系密切。

4. 原子钟

原子钟是利用微观粒子超精结构能级之间的跃迁产生高准确度和高稳定度的周期振荡现象制作的。由石英振荡器输出一定的频率,经过受控振荡器得到稳定性高的信号,再经放大、分频、门控电路和液晶显示器,显示所测时间,用作时间标准。原子钟按工作原理方式可分为自激型和非自激型两种,如图 3.3.1 所示。

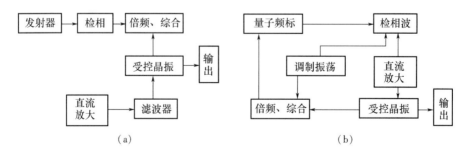

图 3.3.1 原子钟工作原理示意图

(a)自激型;(b)非自激型

此外,常用的计时方法还有示波器、高压脉冲发生器、频闪装置等,可根据测量要求的精确度选用合适的计时仪器。

3.4 电磁量测量的常用仪器

本节介绍电磁学实验中常用到的基本实验仪器及预备知识,如电源、电流测量仪器、电压测量仪器、万用表、示波器、信号发生器、磁学量测量仪器、电阻器、开关等,还将讲到电磁学实验中一般应遵循的操作规则。

3.4.1 电源

电源是能够产生和维持一定的电动势并能够提供一定电流的设备,电源分为交流电源和直流电源两类。

1. 交流电源

用符号"AC"或"∽"表示交流电。常用的交流电有 380 V 和 220 V 两种,频率为 50 Hz,交流电源用符号"—⊙—"表示。

(1) 调压变压器

交流电路的电压和电流,可通过加接变阻器控制变压器,从而获得连续可调的交流电源,调压变压器如图 3.4.1 所示。

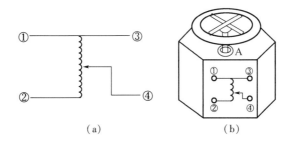

图 3.4.1　调压变压器

(2) 信号源

如果需要其他频率或其他波形时可以使用专用的信号源(信号发生器)。实验室备有各种信号发生器,它们可以输出良好的波形。

2. 直流电源

电路中以符号"DC"或"—"表示直流电。直流电源用符号"—┤├—"表示。

常用的直流电源有晶体管直流稳压电源、直流恒流源、蓄电池和干电池等。

(1) 晶体管直流稳压电源

直流稳压电源的符号为

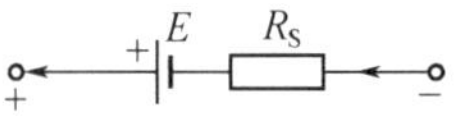

其中，R_S 为电源的内阻。

直流稳压电源的正极流出电流，经过外电路，由负极流入电流。这种电源的稳定性好、内阻小、输出连续可调、功率也比较大，使用时要注意它能输出的最大电流和电压。

（2）直流恒流源

直流恒流源的符号为

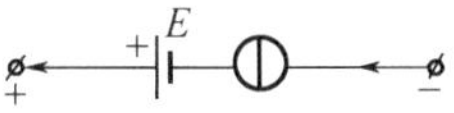

或者

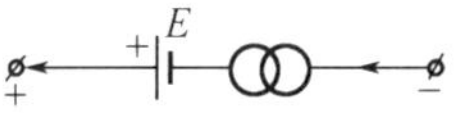

理想的恒流源其内阻为无穷大，或者其内阻远远大于外电路的电阻，这种电源有输出恒定电流的功能。注意，当外电路的阻值变化时，在一定的范围内，直流恒流源输出的电流值保持不变。

（3）蓄电池

有铅蓄电池和铁镍电池两大类。铅蓄电池的电动势为 2 V，额定电流 2 A，输出电压比较稳定。铁镍电池的电动势为 1.4 V，额定电流 10 A，输出电压的稳定性较差，要经常充电，维护较麻烦，但坚固耐用，适用于大电流下工作。

（4）干电池

电动势为 1.5 V，常用干电池的有关数据如表 3.4.1 所示。

表 3.4.1　常用干电池的有关数据

型号	容量/(A·h)	额定电流/mA
1	2	<300
2	0.5	100
5	0.2	50

（5）直流电源使用注意事项

①电源电压超过 30 V，人会麻电，电压更高且容量更大时更需要谨慎，注意安全。

②直流电源一般用"＋"或红色表示正极；用"－"或黑色、与仪器同色表示负极。但干电池中央为正，边缘为负。

③稳压电源的接地端不是电源的负极。

④使用任何电源时都要注意负载的大小，电流超过其额定值时会损坏电源。特别要防止电源两极短接，除具有自动保护的稳压电源外，否则会烧断保险丝，或烧毁导线的绝缘物，或报废电池。一般稳压电源具有自动保护电路，过载时会自动切断电路；欲再启动电源时，可以按稳压电源的"启动"按钮。

⑤干电池使用后，内阻会不断升高，所提供的端电压不断降低。装有干电池的仪器应注意及时更换电池。仪器若长时间不用，应及时取出干电池，以免电池中的电解液漏出，腐蚀仪器。

使用电源时，必须检查电路正确无误后才可接上；实验结束后，应先拆除电源，再拆电路。要严防电源短路，短路时电路电阻极小，以致电流极大，使电路烧毁，电源损坏。使用高压电时,要防止触电,注意用电安全。

3.4.2 电流测量仪器

电流是物理学的基本物理量之一,在国际单位制中,电流的基本单位是安培(A),其定义如下:"安培是电流的单位。在真空中,横截面积可忽略的两根相距 1 米的无限长平行圆直导线内通以等量恒定电流时,如导线间相互作用力在每米长度上为 2×10^{-7} 牛,则每根导线中的电流定义为 1 安。"这样的定义与规定真空磁导率 $4\pi\times10^{-7}$ 亨/米等效。电流的测量也是电学其他物理量测量的基础。电流有直流、交流之分,交流电流的测量常常转换为电压后进行测量。作为物理学的基本物理量之一,电流测量需遵从国际计量大会的规定,用于电流测量的基本器具及实现原理有电流天平、由质子磁旋比 γ_p 来复现电流单位、利用欧姆定律 $I=\dfrac{U}{R}$ 来实现电流测量、直流标准电流发生器等。测量电流的方法和仪器是多种多样的,这些仪器以电流的各种效应(如热效应、磁效应和电磁感应)为基础。最常见的仪器是以被测电流的磁场与仪器中的永久磁铁的磁场的相互作用为基础的磁电式电流表。

1. 磁电式仪表

磁电式仪表在电参量指示仪表中占有极其重要的地位,它可以直接测量直流电压和电流。平常物理实验中所用的电流表、电压表和万用表都是直接磁电式电表。磁电式测量机构加上整流器时,可用于多种非电量的测量,如温度、压力等;当采用特殊结构时还可以制成灵敏度高的检流计,用来测量极其微小的电流。

动圈式磁电系仪表的结构特征为载流线圈在永久磁铁磁场中发生偏转,如图 3.4.2 所示。这类仪表准确度高、灵敏度高、功耗小、刻度均匀,但过载能力差。磁电式直流电流表(即表头)可以直接作为直流电流表使用,使用时应与被测电路相串联。表头允许通过的电流很小,一般为几十微安,最多也不过几十毫安,电流过大将损坏表头。它通常用作检流计、微安表和小量程毫安表。

磁电式电流表(表头)的工作原理:磁电式测量机构是利用永久磁铁和载流线圈的相互作用的原理制成的,如图 3.4.3 所示。

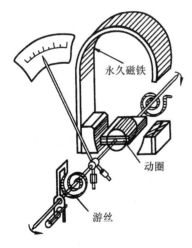

图 3.4.2 动圈式磁电系仪表

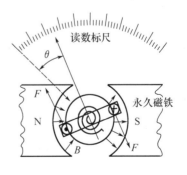

图 3.4.3 磁电式电流表工作原理图

2. 检流计

对于微弱的电流或电压,用一般的磁电式仪表很难测出。为了适应这种需要,特别设计了高灵敏度的指针式检流计。它的动圈用扭力矩较小的张丝为转轴,并适当增加线圈的匝数。微弱电流产生的电磁力矩就可以使动圈偏转,提高了电表的灵敏度。检流计的特征是标尺零点在标尺的中央,便于检测不同方向的电流,因此,它常作为电桥和电位差计的指零仪器。

(1) 检流计常数

检流计指针偏转一小格时所对应的电流值称为检流计常数。实验室常用的指针式检流计一般为 10^{-6} A/DIV。

(2) 内阻

内阻是指检流计两接线端的电阻值,从几十欧姆到几千欧姆不等。

图3.4.4(a)是实验室常用检流计的面板图,图3.4.4(b)为它的内部结构电路,其使用方法和注意事项如下:

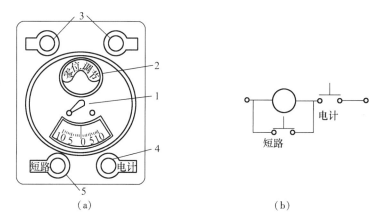

图 3.4.4 检流计

1—安全制动旋钮;2—零位调节旋钮;3—接线柱;
4—电计按钮;5—短路按钮

(1) 使用时先将检流计接线柱端钮3按其"＋""－"标记接入电路。

(2) 将安全制动旋钮1移向白点位置(此时仪表处于测量状态,指针可以自由偏转),并用零位调节旋钮2调整指针指在零位。

(3) 按下电计按钮4(按钮开关),检流计即被接入电路。如需将检流计长时间接入电路时,可以将电计按钮按下,并转一个角度即可。

(4) 使用中检流计指针若是不停地摆动,待指针摆至零点附近时,迅速按下短路按钮5(实际为一个阻尼电键),然后松开,这样可以迅速止动。

(5) 检流计使用完毕后,必须将安全制动旋钮1移向红色圆点位置(此时指针被锁住,可以防止检流计在搬动时损坏检流计的机械结构),电计和短路按钮必须放松。

3. 直流电流表

直流电流表表头动圈的线径很细,而且电流还要通过游丝,所以允许通过的电流很小(约在几十微安到几十毫安之间),无分流器的磁电式电流表只有微安表或毫安表,仅能测直流。若进行较大电流的测量,必须在测量电路上采取措施,使被测量通过测量线路,变成测量机构所能接受的小电流。一般采用分流器扩大电流测量量程。图 3.4.5 是电流表扩大量程的原理图。

实验室中常用到的直流电流表,可根据其量程不同分为安培表、毫安表、微安表等。

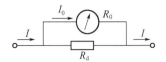

图 3.4.5　电流表扩大量程的原理图

4. 数字电流表

数字式仪表与模拟式指示仪表相比具有很多优点,如数字式仪表的准确度高、灵敏度高、输入阻抗高、操作简单、测量速度快等。数字式电流表是利用欧姆定律的电流电压转换器将电流转换为电压,经数字电压表显示电流值,量程为 $10^{-8} \sim 10^{1}$ A,分辨率可小于 10^{-10} A。数字电流表和数字电压表往往集成在一台仪器上。

5. 电表的使用和注意事项

(1) 量程的选择

根据待测电流或电压的大小,选择合适的电表量程。一般情况下,测量读数在电表量程 $\frac{2}{3}$ 以上比较准确。

(2) 电流方向

直流电表的指针偏转方向与所通过的电流方向有关,所以接线时必须注意电表上接线柱的"+""-"标记,"+"表示电流的流入端,"-"表示电流的流出端,切不可接错极性,以免损坏电表的指针。对于检流计而言,其指针在中央,可以向两边偏转,"+"和"-"的矛盾并不突出,但它允许通过的电流极小,使用时应注意不要有较大的电流长期通过检流计。电流表应串联在待测电路中;电压表应以并联方式接入待测电路中。对于各种交流电表和仪器(如示波器及各种信号源等)的两个接线端中有一端标有接地符号"⏚",称为"接地端"。实际上它表示这一端与仪器、仪表的金属外壳相连。在测试工作中,应该正确设计,使得它们的"接地端"能够在屏蔽外来干扰信号后恰当地(如直接或仅通过无感电阻)接在一起,否则由于外界交流信号干扰,将影响测量结果,甚至使测量无法进行。

(3) 电表的性能标志

对于不同的电表而言,它们具有不同的性能。例如,是直流电表还是交流电表,耐压值是多少,使用时是平放还是竖放,电表的级别等。这一类性能标志,一般而言,在电表的右下角或左下角标出,在使用前应对照电表性能标志表(表 3.4.2 至表 3.4.9)及电表上的标志做进一步了解。

表 3.4.2　仪表名称的符号

名称	符号	名称	符号	名称	符号
指示仪表一般名称	O	微安表	μA	欧姆表	Ω
检流计	G	电压表	V	兆欧表	MΩ
电流表	A	毫伏表	mV		
毫安表	mA	千伏表	kV		

表 3.4.3 仪表工作原理的图形符号

名称	符号	名称	符号	名称	符号
磁电型仪表	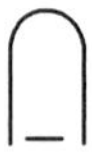	铁磁电动型仪表		磁电型比率表	
铁磁电动型比率表		电磁型仪表		感应型仪表	
电磁型比率表	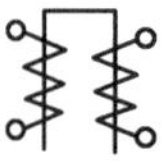	静电型仪表		电动型仪表	
整流型仪表		电动型比率表		热电型仪表	

表 3.4.4 电流种类的符号

名称	符号	名称	符号
直流	——	直流和交流	≂
交流	∼	具有单元件的三相平衡负载交流	≋

表 3.4.5 准确度等级的符号

名称	符号	名称	符号	名称	符号
以标度尺量程百分数表示的准确度等级，例如1.5级	1.5	以标度尺长度百分数表示的准确度等级，例如1.5级	⩗1.5	以指示值的百分数表示的准确度等级，例如1.5级	 (1.5)

表 3.4.6 工作位置的符号

名称	符号	名称	符号	名称	符号
标度尺位置垂直放置	⊥	标度尺位置水平放置	 ⊓	标度尺位置与水平面倾斜成一角度,例如60°	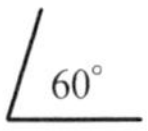 ∠60°

表 3.4.7 绝缘强度的符号

名称	符号	名称	符号
不进行绝缘强度测试	 ☆0	绝缘强度试验电压为 2 kV	 ☆2

表 3.4.8　端钮、调零器的符号

名称	符号	名称	符号	名称	符号
负端钮	—	正端钮	+	公共端钮	✳
接地用的端钮	⏚	与外壳相连接的端钮	⏛	与屏蔽相连接的端钮	◯
调零器	⌒				

表 3.4.9　按外界条件分组的符号

名称	符号	名称	符号	名称	符号
Ⅰ级防外磁场（例如磁电型）	⌂	Ⅰ级防外磁场（例如静电型）	▯	Ⅱ级防外磁场及电场	Ⅱ
Ⅲ级防外磁场及电场	Ⅲ	Ⅳ级防外磁场及电场	Ⅳ		

(4) 视差问题

读数时应正确判断指针的位置。为了减少视差,必须在视线垂直刻度表面后才能读数。精密电表的刻度尺旁附有镜面,当指针在镜中的像与指针重合时,所对准的刻度才是电表的正确读数。

(5) 读数问题

使用前应检查电表指针是否与零刻度线重合,若不重合可以调节电表外壳上的零点调整螺丝,使指针指零。对于多量程电表,由于其表面刻度一般只可能为 1~2 种,所以一般读数时要进行换算,换算方法如下:

① 确定所用电表的量程 I_g(或 V_g)。

② 根据电表面板上总的格数计算出换算系数,即

$$k = \frac{I_g}{N_0} \left(\text{或 } k = \frac{V_g}{N_0} \right) \tag{3.4.1}$$

③ 电表的读数。读出电表指针在表面的位置格数 N_1(必须进行估读,测量结果的可疑位主要由估计的格数决定),则有

$$I(\text{或 } V) = kN_1 \tag{3.4.2}$$

如图 3.4.6 所示,毫安表面板刻度为 50 格,量程分别为 1 mA 和 50 mA,则换算系数为

$$k_1 = \frac{1}{50} = 0.02 \text{ mA/格}, k_2 = \frac{50}{50} = 1 \text{ mA/格}$$

测量时,指针的位置为 $N_1 = 42.3$ 格,毫安表不同量程的读数分别为

$$I_1 = k_1 N_1 = 0.02 \times 42.3 = 0.846 \text{ mA}$$

$$I_2 = k_2 N_1 = 1 \times 42.3 = 42.3 \text{ mA}$$

仪表格数的换算应以最小刻度的估计数来定位,换算后的读数与该精度相对应。如上例中最小刻度估计数为 0.1 格,则有

0.1 格 × 0.02 mA/格 = 0.002 mA

0.1 格 × 1 mA/格 = 0.1 mA

当量程为 1 mA 时,其可疑位应取到小数点后第三位;当量程为 50 mA 时,其可疑位应取到小数点后第一位。

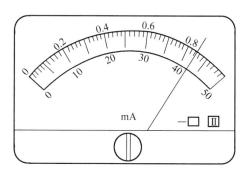

图 3.4.6　毫安表读数示例

(6) 电表等级

根据中华人民共和国国家标准 GB/T 776—76《电气测量指示仪表通用技术条件》规定,仪表的准确度等级 S 分为 0.1,0.2,0.5,1.0,1.5,2.5 和 5.0 共七个等级,旧的仪表还会出现 4.0 的级别,其中数字越小的准确度就越高。仪表出厂时一般已将级别标在表盘上,由仪表的准确度等级与所用量程可以计算出其仪器误差限为

$$\Delta_e = \pm(B_m \cdot S\%) \tag{3.4.3}$$

式中,B_m 为量程;S 为仪表的准确度等级。

3.4.3　电压测量仪器

电压也称电位差、电势差。在 SI 的单位中电压的单位是伏特(Volt),记作 V,是电磁学的重要导出单位。它的定义是:在载有 1 A 恒定电流导线的两点间消耗的功率为 1 W 时,这两点间的电压为 1 V。许多实验和工程技术测量中都会遇到电压的测量。

实验中常用来测量电压的仪表有磁电式电压表、数字式电压表和电位差计等。

1. 磁电式电压表

在电流测量仪器中我们已经介绍了磁电系测量机构,并用磁电系测量机构构造了电流表,磁电系测量机构同时也是一个简单的电压表。磁电系电压表准确度高,功率小,但过载能力低,内阻一般为 $10^3 \sim 10^4 \ \Omega \cdot V^{-1}$ 量级,量程一般小于 10^3 V。

磁电系表头的内阻是不变的。若在表头两端施加一允许电压,表头将有与施加电压成正比的电流流过引起指针偏转。如果在标尺上用电压单位来刻度,就变成了电压表,指针偏转角与被测电压成正比。因表头允许通过的电流很小,容许加在表头两端的电压也很小,所以一般只能做成毫伏表。为了扩大其电压量程,必须与表头串联一较大的电阻,称为附加电阻,如图 3.4.7 所示。电压表的使用详见本书 3.4.2 中电表的使用和注意事项。

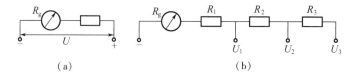

图 3.4.7　直流电压表

2. 数字式电压表

电子技术的进步与发展,使数字式仪表和数字测量技术进入了一个蓬勃发展的新时

期。将被测量对象作离散化数据处理后以数字形式显示的仪表称为"数字式仪表"。

物理实验室常用的有数字式电表和数字式频率计或电子计数器。图3.4.8是直流数字式电压表(DVM)的基本结构图。

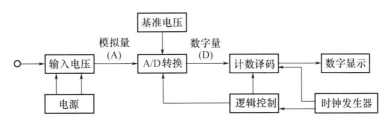

图 3.4.8　直流数字式电压表的基本结构图

数字式仪表的显示位数一般分为3～8位,具体有3位、$3\frac{1}{2}$位、$3\frac{2}{3}$位、$3\frac{3}{4}$位、$5\frac{1}{2}$位、$6\frac{1}{2}$位、$7\frac{1}{2}$位、$8\frac{1}{2}$位,共8种。按以下原则定义:整数值为能够显示0～9所有数字的位的个数;分数值的分子是最大显示值的最高位值,分母为满度值的最高位值。例如,最大显示值1 999,满度值为2 000的数字式仪表是$3\frac{1}{2}$位,其最高位只能显示0或1。

3. 电位差计

电位差计是利用其内部的电压与待测电压相互比较的方法来测量电压的较精密的仪器。它基本不消耗(或扰动)待测源,在微弱电压和电动势的精密测量中具有较重要的应用。用电位差计可以直接测量电动势(电压),还可间接测量电阻、电流,校正电表,在非电量的电测法中具有广泛的应用。

3.4.4　万用电表

万用电表又称"三用表",或"多用表"。它用来测量电学中最常遇到的三个基本量——电流、电压和电阻。万用表可分为模拟式和数字式两大类。

1. 模拟式万用表

模拟式万用表主要由磁电型测量机构(亦称表头)和转换开关控制的测量电路组成。如图3.4.9所示,测量时可通过转换开关实现对不同测量线路的选择,以适应各种测量的需要。

使用万用表时应注意以下几点:

(1)首先要搞清楚需要测量什么物理量,切勿用电流挡、电阻挡测量电压。

(2)正确选择量程。如果被测量的大小无法估计,应选择量程最大的一挡,以防仪表过载,若偏转过小,则将量程调小,根据已测量的大致值,选择指针偏转$\frac{1}{3}$～$\frac{2}{3}$满偏的量程为宜。

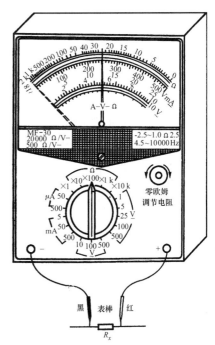

图 3.4.9　MF-30型万用电表外形图

(3)测量电路中的电阻时,应将被测电路的电源切断。

(4)用万用电表测量电阻时,应在测量前先校正电阻挡的零点,在换量程后也需重新调零,否则读数不准确。

(5)万用电表用毕,应将旋钮调到交流电压最大一挡或调到空挡(有的万用表旋钮调至空挡"·"处),以免下次使用时不慎损坏。特别注意不要停在电阻各挡,以免表棒两端短路,致使电池长时间通电。

常用万用电表检查电路故障。检查电路的故障,就是找出故障的原因,首先应检查电路设计图有否错误,其次检查电路是否有接错、漏接和多接的情况。有时电路接线正确,单电路还存在故障,如电表或元件损坏而导致断路或短路,又如导线断路或焊接点假焊、开关的接触不良均会造成断路,这些故障往往无法从外观发现,排除这种故障往往要借助于仪器进行检查,通常是用万用电表。

2. 数字式万用表

数字式万用表由于它的测量准确度较高,使用方便、直观、功能多等优点,而被广泛使用。数字式万用表的使用和模拟式万用表基本相同,一般来说比模拟式万用表更容易、方便些,如图 3.4.10 所示。

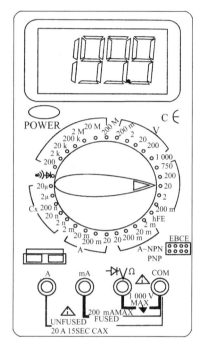

图 3.4.10　数字式万用表

↪ 3.4.5　示波器

示波器是以图像形式在阴极射线管荧光屏上显示两个或两个以上参数间的函数关系的电子测量仪器。示波器根据对不同时域测量的要求分为通用示波器、存储示波器和取样示波器三类。

1. 通用示波器

通用示波器通常采用 80 mm × 100 mm 矩形荧光屏(带内刻度和后加速电极)的示波管。时基发生器产生一电压随时间做线性变化的锯齿波,其重复频率在很大范围内可变,起始扫描时间受来自触发电路的触发脉冲控制。

2. 存储示波器

存储示波器又称记忆示波器,它能将波形记忆下来,显示在荧光屏上。存储示波器采用特殊的阴极射线管,有栅网型和双稳态型荧光膜两类。存储示波管和普通示波管不同,它有写入电子枪和读出电子枪(见示波器)。数字型存储示波器是集数字记录装置和普通示波器于一体,将集成组件的记忆存储器内容由示波器显示,其优点是可进行数据处理,示波管寿命长,不易烧毁。

3. 取样示波器

取样示波器用抽样法将频率压缩,将快速重复的现象变成低速重复的现象,用普通示波器显示波形。取样示波器适用于观察周期性现象,其上限频率已达 18 GHz。

3.4.6 信号发生器

产生所需参数的电测试信号的仪器称为信号发生器。按信号波形可分为正弦信号发生器、函数(波形)信号发生器、脉冲信号发生器和随机信号发生器四大类。

1. 正弦信号发生器

正弦信号主要用于测量电路和系统的频率特性、非线性失真、增益及灵敏度等。按频率覆盖范围分为低频信号发生器、高频信号发生器和微波信号发生器;按输出电平可调节范围和稳定度分为简易信号发生器(即信号源)、标准信号发生器(输出功率能准确地衰减到 -100 dBm[①] 以下)和功率信号发生器(输出功率达数十毫瓦以上);按频率改变的方式分为调谐式信号发生器、扫频式信号发生器、程控式信号发生器和频率合成式信号发生器等。

2. 函数(波形)信号发生器

函数信号发生器又称波形信号发生器。它能产生某些特定的周期性时间函数波形(主要是正弦波、方波、三角波、锯齿波和脉冲波等)信号。频率范围可从几毫赫兹甚至几微赫兹的超低频直到几十兆赫。除供通信、仪表和自动控制系统测试用外,还广泛用于其他非电测量领域。

3. 脉冲信号发生器

脉冲信号发生器是能够产生宽度、幅度和重复频率可调的矩形脉冲的发生器,可用以测试线性系统的瞬态响应,或用模拟信号来测试雷达、多路通信和其他脉冲数字系统的性能。

4. 随机信号发生器

随机信号发生器分为噪声信号发生器和伪随机信号发生器两类。

3.4.7 磁测量仪器及磁学量测量

1. 磁测量仪器

磁测量仪器是指对宏观磁场和磁性材料进行磁学量测量的仪器,通常按测量对象不同分为以下两大类。

第一类仪器用于测量磁场强度、磁通密度、磁通量、磁矩等表征磁场特征的物理量。典型的仪器有磁通计、磁强计(如特斯拉计)、磁位计等。这类仪器的工作原理可分为三种:第一种是利用磁的力效应,用于测量地磁场强度和检验磁性材料;第二种根据法拉第的电磁感应定律,由感应电动势求出磁通的变化,再导出各种待求的磁场量;第三种利用磁致物理效应(如霍尔效应等)来测量磁通密度,对静止的或变动的磁场量均适用,这类仪器的准确度可达 $10^{-3} \sim 10^{-4}$ 量级。

第二类仪器用于测量磁导率、磁化强度、磁化曲线、磁滞回线、交流损耗等磁性材料的特性,例如磁导计、爱波斯坦仪等。这类仪器所依据的原理与第一类相似,但所能达到的准确度受到材料样品的几何尺寸及磁特性的一致性等因素的影响,为 $10^{-2} \sim 10^{-3}$ 量级。由于磁性材料的应用极为广泛,第二类仪器的使用比第一类更为普遍。

2. 磁场测量

空间或磁性材料中磁通、磁通密度、磁通势、磁场强度等的测量,是磁学量测量的内容之一。空间的磁通密度与磁场强度成比例关系,空间磁场强度的测量,实质上也是磁通密

[①] dBm 分贝毫瓦的简写,用 dB 表示测量功率 P 与 1 mW 的比值,计算公式为 $x = 10\lg(P/1 \text{ mW})$。

度的测量,因而实际上用磁强计测量的是磁通密度。

磁场测量主要利用磁测量仪器进行,按照被测磁场的性质,磁场测量分为恒定磁场测量和变化磁场测量。

3.4.8 电阻器

电阻器可以分为固定电阻、可变电阻和标准电阻器。电阻器的主要技术指标有阻值、准确度及额定功率等。实验中常用可变电阻——电阻箱和滑线变阻器等来改变电路中的电阻、电流和电压。

1. 固定电阻

根据准确度、功率、材料等不同,可有不同种类、不同系列的电阻,实验室常用的是碳膜电阻和金属膜电阻,表3.4.10给出了常用固定电阻器的结构和特点。

表 3.4.10 常用固定电阻器

名称	线绕电阻	薄膜电阻	实心电阻
品种与符号	被釉(RXY) 被漆(RX)	碳膜(RT) 金属膜(RJ) 硅碳膜(RU) 合成膜(RH) 氧化膜(RY)	碳质(RS) 金刚石(RG)
构造	镍铬或康铜线绕在瓷管上,外涂保护层。其阻值由电阻丝的粗细、长短和电阻率数值大小来决定	磁棒外面覆盖一层薄膜(如碳膜、硅碳膜、合成膜或氧化膜),刻上槽纹。其阻值决定于薄膜的电阻系数、厚度及槽纹的多少	由炭黑、石墨、黏土、石棉等按比例混合压成的,其阻值由各种成分比例及几何形状来决定
阻值	较小,一般在几万欧姆以下	较大,从几欧到几十兆欧	较大,从几十欧到几十兆欧
额定功率	较大,可以从几分之一瓦到几百瓦	较小,一般在几瓦以下	更小,一般在两瓦以下
准确性稳定性	较高,可达 ±0.001% ~ ±0.1%	较好,可达 ±10%	较差,一般在 ±5% ~ ±20%

2. 可变电阻

可变电阻也有各式各样的,在实验室常用的有滑线式变阻器和旋转式电阻箱。

(1)滑线式变阻器

滑线式变阻器可以连续改变电阻值,其外形和结构如图3.4.11所示。电阻丝绕在瓷筒上,两端分别与接线柱 A,B 相接,在瓷筒上方有铜质的滑块 C 可在粗铜棒上移动,铜棒的两端装有接线柱 C' 和 C'',用来代替 C 连线。滑块 C 位置的改变,使 AC 间、BC 间的阻值改变,而 AB 间总电阻不会变化。滑线变阻器在电路中的连接方法主要有以下两种:

①限流器

用来改变电路中电流的大小,其接法为限流接法。任选固定端 A,B 中的一个(例如 A)和滑动端 C 串联于电路中,如图3.4.12所示,移动 C 的位置就相应地改变了串联于电路部

分的电阻 R_{AC},从而达到了改变电路中电流的作用。但应注意,在接通电源前应将滑动端 C 滑至本电路的 B 端,使 R_{AC} 最大,这样接通电源后,电流最小。

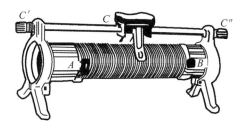

图 3.4.11 滑线变阻器

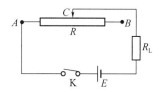

图 3.4.12 滑线变阻器限流接法

② 分压器

用来改变电路中电压的大小,其接法为分压接法。将变阻器两端 A,B 分别与电源两极相接,如图 3.4.13 所示。从滑动端 C 和一个固定端(图中为 A)输出至负载 R_L 上,输出电压 U_{AC} 在 $0 \leqslant U_{AC} \leqslant U_{AB}$ 范围内连续变化。应注意,在接通电源前,须将滑动端 C 移至 A 端处,这样接通电源后,$U_{AC}=0$。

欲用变阻器控制电路,变阻器的选择除了要考虑其阻值与额定电流外,还要考虑其阻值与负载 R_L 的配比,以及控制要求等技术指标。

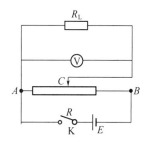

图 3.4.13 滑线变阻器分压接法

(2) 旋转式电阻箱

旋转式电阻箱是由几个准确度很高的固定电阻按照一定组合接在变换开关上构成的。图 3.4.14 是其电路图,图 3.4.15 是面板示意图。电阻箱实际上是一种可以读数的可变电阻,根据实际需要,可以选择 $0 \sim 0.9\ \Omega$,$0 \sim 9.9\ \Omega$ 和 $0 \sim 99\ 999.9\ \Omega$ 挡位,通过调整旋钮的倍率选择所需要的电阻,其优点是可直接读出所选的电阻值。

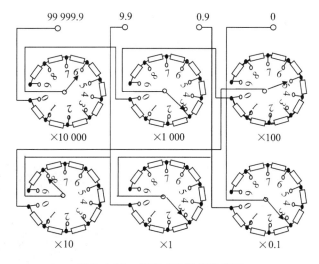

图 3.4.14 旋转式电阻箱电路图

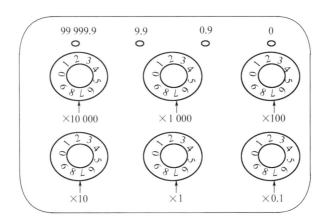

图 3.4.15　旋转式电阻箱面板示意图

电阻箱的主要参数有如下几个。
① 总电阻
电阻箱所能够提供的最大电阻称为总电阻。ZX21 型直流电阻箱有 4 个接线柱,6 个旋钮,每个旋钮周围都标有数字 0,1,…,9,并标有倍率 ×0.1,×1,×10,×100,×1 000,×10 000。4 个接线柱标有数字 0,0.9 Ω,9.9 Ω,99 999.9 Ω,如果用 0 与 0.9 Ω 两接线柱,表示阻值调整范围为 0.1~9×0.1 Ω,如果用 0 与 9.9 Ω 两接线柱,同样不论各个旋钮如何调整,阻值变化的范围为 0.1~9×(0.1+1) Ω;同理 0 与 99 999.9 Ω 两接线柱表示阻值调整范围为 0.1~9×(0.1+1+10+100+1 000+10 000) Ω。在使用时,根据所需电阻阻值选择合适的接线柱,尤其在使用低电阻时,这样做可以避免把电阻箱的其他部分连接进去,增加接触电阻和导线电阻对低阻值的影响。

② 额定电流
电阻箱所允许通过的最大电流称为额定电流。电阻箱的各个挡电阻允许通过的电流是不同的,现以 ZX21 型电阻箱为例,如表 3.4.11 所示。

表 3.4.11　电阻箱各个挡的电阻允许通过的电流

旋钮倍率	×0.1	×1	×10	×100	×1 000	×10 000
允许负载电流/A	1.5	0.5	0.15	0.015	0.015	0.005

③ 准确度等级
准确度等级是依据其标称阻值的允许误差百分数来划分的。一般分为 0.01,0.02,0.05,0.1,0.2,0.5,1.0 等几个级别。

3. 标准电阻器
用于保存电磁单位制中电阻单位(欧姆)量值的标准量具。其特点是电阻值非常准确和稳定,常用作计量标准,或装在电测量仪器内作为标准电阻元件。

标准电阻器通常为十进制。其阻值范围一般为 1 mΩ 至 100 kΩ,特殊情况下也可做成更小或更大的量值,或非十进制量值。标准电阻器如图 3.4.16 所示。

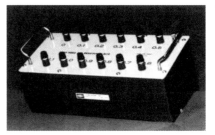

图 3.4.16　标准电阻器

3.4.9 开关

电路中常用开关接通和切断电源,或变换电路。实验中常用的开关有单刀单向、单刀双向、双刀双向、双刀换向等各种开关。在电路中分别用图3.4.17所示的各种符号表示。

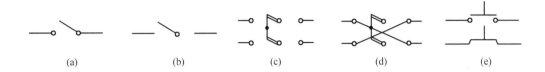

图 3.4.17　各种开关符号

(a)单刀单向;(b)单刀双向;(c)双刀双向;(d)双刀换向;(e)按钮开关

双刀双向开关在电路中的作用可由图3.4.18(a)来说明。开关的双刀CC'拨向AA'时,电源E_1向负载R_L供电;CC'拨向BB'处时,电源E_2向负载R_L供电。双刀换向开关在电路中的作用,可由图3.4.18(b)来说明。开关的双刀CC'拨向AA'时,电流沿$CAB'NMBA'C'$流动,R_L中电流方向为从N到M;双刀CC'拨向BB'时,电流沿$CBMNB'C'$流动,R_L中电流方向变成从M到N。

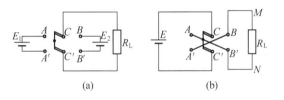

图 3.4.18　双刀双向和双刀换向开关在电路中的作用

常用电器元件的符号如表3.4.12所示。

表 3.4.12　常用电器元件符号

名称	符号	名称	符号	名称	符号
直流电源		电解电容器		220 V 交流电源	~220 V
可变电容器		可变电阻		单刀开关	
固定电阻		双刀双向开关		滑线式变阻器	
双刀换向开关		电容		按钮开关	
二极管		电感线圈		稳压管	
有铁芯电感线圈		导线交叉联结		变压器	
导线交叉不联结		调压变压器			

3.4.10 电磁学实验操作规程

1. 注意安全

电磁学实验使用的电源通常是220 V的交流电和0~24 V直流电,但有的实验电压高达10^4 V以上。一般人体接触36 V以上的电压时就有危险,所以在做电磁学实验的过程中要特别注意人身安全,谨防触电事故发生。实验者要做到以下几点:

(1) 接、拆线路,必须在断电状态下进行;
(2) 操作时,人体不能接触仪器的高压带电部位;
(3) 高压部分的接线柱或导线,一般要用红色标志,以示危险。

2. 接线正确,布局合理

(1) 仪器布局要合理

实验仪器和装置可以基本参照实验电路图的次序摆放,以便对照电路图接线,同时要将需要经常控制和读数的仪器置于操作者前面,开关一定要放在最易操作的地方。

(2) 接线

在理解实验电路图的基础上,根据电路图的顺序按回路接线。一般从电源的一个电极开始,按照电路图的顺序,一个仪器接着一个仪器接线,直至电源的另一个极。电路如有分支回路,可先接完主回路,再连接分支回路。查线时也要这样按回路查线。接线时电源电键应断开,接线柱要拧得松紧适中,以保证良好的电气接触。此外,在接线时还应注意利用不同颜色的导线,一般以红色接电源正极或高电势,黑色接电源负极或低电势,这样便于检查。

(3) 电路中各器件要处于正确使用状态

电路接好后,应对照电路图逐一认真检查。电源的电键是否断开,电表和电源的正负极是否正确无误,电表的量程选择是否合适,电阻箱的电阻是否符合实验的要求,滑线变阻器的滑动端是否已经置于安全位置(就是使电路中电流最小、电压最低的位置),等等。

3. 检查线路,通电

电路接完后,要仔细自查,确保无误后,经教师复查同意,方能接通电源进行操作,合上电源开关时,要密切注意各仪表是否正常工作,若有反常,立即切断电源,排除故障,并报告指导教师。电路调整正常后才能接通电源,进行实验。

实验过程中如需暂停,应断开有关的电源电键。若需要更换电池,应将电路中的各个仪器调到安全位置后,断开电源电键,才能更换电池。电池更换后,仍需认真检查,确认无误后方可接通电源继续实验。

4. 实验完毕,须归整实验仪器

实验完毕,先切断电源,实验结果经教师认可后,方可拆除线路,最后应将所有实验仪器归整好,按要求放置,导线扎齐。

3.5 温度测量的常用仪器

温度是表示物体(系统)冷热程度的物理量,微观上是物体(系统)内部分子无规则热运动的剧烈程度。任何一种与温度有关的物理效应,如热胀冷缩、电阻变化、焰色变化等,都可用来测量温度变化。温度的数值表示法称为温标,它规定了温度的读数起点(零点)和测量温度的基本单位。目前国际上用得较多的温标有华氏温标(°F)、摄氏温标(℃)、热力学温标(K)。温度在国际单位制(SI)中是七个基本单位之一,单位是开尔文(K)。

1927年第七届国际计量大会决议采用铂电阻温度计等作为温标的内插仪器,并规定在氧的凝固点(-182.97 ℃)到金凝固点(1 063 ℃)之间确定一系列可重复的温度或固定点。1988年第77届国际计量委员会做出决议:从1990年1月1日起开始在全世界范围内采用重新修订的国际温标,取名为1990年国际温标,代号为ITS—90,其中规定标准状态(1个大气压)下水的沸点是99.974 ℃。

温度的测量根据测温方式不同可分为接触式测量和非接触式测量,接触式测温根据测温原理可分为膨胀式(如玻璃液体温度计、压力式温度计、双金属温度计)、热阻式(铂热电阻、铜热电阻、热敏电阻)、热电式(热电偶)、半导体温度传感器(集成温度传感器)等。接触式测温的特点是测温精度相对较高、直观可靠、仪器价格相对较低。本学科中涉及的温度测量以接触式温度测量为主。非接触式测温是感温元件不与被测对象直接接触,而是通过接收被测物体的热辐射并据此测出被测对象温度的测温方式。非接触式温度测量具有不改变被测对象温度分布、响应速度快、测温上限高等优点。

本节简要介绍水银温度计、热电偶、集成温度传感器等的使用。

3.5.1 水银温度计

玻璃液体温度计简称玻璃温度计,是一种直读仪器,水银是玻璃温度计最常用的液体,其凝固点为-38.9 ℃,沸点为356.7 ℃,测温上限为538 ℃。

实验室中常用的水银温度计,是由一个盛有水银的玻璃泡、毛细管、刻度和温标组成的。水银温度计的使用方法如下:

(1)使用前应进行校验;
(2)水银温度计应与被测工质流动方向相垂直,温度计的液泡应与被测物体充分接触;
(3)温度计有热惯性,应在温度计达到稳定状态后读数;
(4)读数时应在温度凸形弯月面的最高切线方向读取,目光直视,读取数据应读到最小分度值的后一位,即估读一位有效数字。

【注意事项】

(1)使用温度计时,首先要看清它的量程和最小分度值。要选择适当的温度计测量被测物体的温度。不允许出现测量过程中温度超过温度计的最大刻度值的现象。

(2)测量时温度计的液泡应与被测物体充分接触,如果被测物是液体时玻璃泡不能碰到盛装被测物体容器的侧壁或底部。

(3)读数时,温度计不要离开被测物体,且眼睛的视线应与温度计内的液面相平。

(4)水银温度计常常发生水银柱断裂的情况,有如下几个消除方法。

①冷修法

将温度计的液泡插入干冰和酒精混合液中(温度不得低于-38 ℃)进行冷缩,使毛细管中的水银全部收缩到液泡中。

②热修法

将温度计缓慢插入温度略高于测量上限的恒温槽中,使水银断裂部分与整个水银柱连接起来,再缓慢取出温度计,在空气中逐渐冷至室温。

3.5.2 热电偶

热电偶是工业上最常用的温度检测元件之一,热电偶的工作原理是基于热电效应:将两种不同成分的金属导体(称为热电偶丝材或热电极)两端分别焊接到一起,构成闭合回路,当两个接点处的温度不同时,在回路中就会产生电动势,这种现象称为热电效应,这种电动势称为热电势。由于这种热电效应现象是1821年塞贝克最先发现的,所以这种热电效应也称塞贝克效应。热电偶就是利用这种原理进行温度测量的,其中直接用作测量待测对象温度的一端叫作工作端(也称为测量端),另一端叫作冷端(也称为补偿端);冷端与显示仪表或配套仪表连接,显示仪表会指出热电偶所产生的热电势。

热电偶按结构可以分为普通型热电偶和铠装型热电偶两种。普通型热电偶一般由热电极、绝缘管、保护套管和接线盒等部分组成;铠装型热电偶则是将热电偶丝、绝缘材料和金属保护套管三者组合装配后,经过加工而成的一种坚实的组合体。热电偶的基本结构如图3.5.1所示。

工业上应用热电偶测量温度具有结构简单、制造方便、测量范围广、精度高、惯性小和输出信号便于远距离传输等许多优点,所以近一个世纪以来,各国先后生产的热电偶种类达几百种,应用广泛的有几十种。目前国际电工委员会(IEC)推荐的工业用标准热电偶有八种(我国的国家标准已与国际标准统一),其分度号为 B,R,S,K,N,E,J 和 T,其测量温度范围最低为零下270 ℃,最高可达1 800 ℃,其中 B,R,S 属于铂系列的热电偶,由于铂属于贵重金属,所以它们被称为贵金属热电偶,其余则称为廉价金属热电偶,这八种热电偶的测温范围如表3.5.1所示。

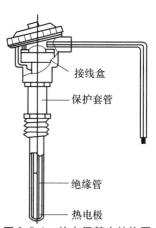

图3.5.1 热电偶基本结构图

表3.5.1 工业用标准热电偶测温范围

名称	分度号	测温范围/℃	适用气氛	说明
铂铑$_{10}$-铂	S	-40~1 600	O,N	<1 400 ℃,优
铂铑$_{13}$-铂	R	-40~1 600	O,N	<1 400 ℃,优
铂铑$_{30}$-铂铑$_6$	B	200~1 800	O,N	<1 500 ℃,优
镍铬-镍硅	K	-270~1 300	O,N	中等
铜-铜镍	T	-270~350	O,N,R,V	-170~200 ℃,优
铁-铜镍	J	-40~750	O,N,R,V	<500 ℃,良
镍铬-铜镍	E	0~900	O,N	中等
镍铬硅-镍硅	N	-270~1 260	O,N,R	良

注:O 为氧化气氛,N 为中性气氛,R 为还原气氛,V 为真空。

热电偶的使用方法具体如下:

(1)正确安装热电偶测量端,使热电偶测量端温度能够与待测对象温度保持一致;

(2)按照说明书接线图连接接线盒导线;
(3)按照说明书接线图连接对应的显示仪表;
(4)按照说明书校正仪器读数;
(5)读取数据,记录或计算待测对象温度。

【注意事项】

(1)按照使用环境、用途和温度测量范围选用适当的热电偶。
(2)应防止热电偶引线间发生短路,最好于两金属接点间安装绝缘附件。
(3)安装使用时应考虑热电偶抗热、耐蚀、抗震性、抗干扰等因素,以选择适当的保护套管。
(4)热电偶接线(包括补偿导线)的正负极要连接正确,不能接反。
(5)热电偶使用过程中要按说明书定期校正。

3.5.3 集成温度传感器

集成温度传感器是采用硅半导体集成工艺制成的,因此也称硅传感器或单片集成温度传感器。模拟集成温度传感器是在20世纪80年代问世的,它将温度传感器集成在一个芯片上,是一种可完成温度测量及模拟信号输出功能的专用集成电路。这类集成电路测温器件有以下几个优点:

(1)温度变化引起输出量的变化呈现良好的线性关系;
(2)不像热电偶那样需要参考点;
(3)抗干扰能力强;
(4)互换性好,使用简单方便。

因此,这类传感器已在科学研究、工业和家用电器等方面被广泛用于温度的精确测量及控制。

集成温度传感器根据输出形式可以分为模拟输出型、逻辑输出型和数字输出型。模拟输出型温度传感器根据输出电压或电流随温度变化呈线性变化关系又分为电流型和电压型集成温度传感器。模拟输出型温度传感器可很好地取代热电偶类温度传感器,常用于温度测量、温度补偿等系统,例如液晶显示器(LCD)的对比度通常随温度的变化而改变,为保持恒定的对比度,可采用温度传感器的测量值对LCD的偏置电压加以调整,另外,在数码相机中常用模拟输出温度传感器补偿自动聚焦参数随温度的变化量。逻辑输出型温度传感器结构比较简单,且成本较低,主要用于温度控制系统,如风扇控制、电源监视、温度报警等。数字输出型温度传感器一般带有串行接口(I2CSPI/QSPI或SMBUS),可以与微处理器或其他数字系统直接进行数据交换,用于CPU智能电池的监测和其他温度测量系统。本课程中用到集成温度传感器AD590。

集成温度传感器是利用晶体管PN结的正向电压随温度升高而降低的原理制成的,美国AD公司于20世纪70年代末率先推出集成化半导体温度传感器AD590。集成温度传感器AD590是利用晶体管PN结的电压与温度有关的原理制成的,利用集成温度传感器AD590的特性,可以制成各种用途的温度计。采用非平衡电桥线路,可以制作一台数字式摄氏温度计,即AD590器件在0℃时,数字电压显示值为"0",而当AD590器件处于θ℃时,数字电压表显示值为"θ"。

AD590 为两端式集成电路温度传感器,它的管脚引出端有两个,如图 3.5.2 所示,序号 1 接电源正端(红色引线),序号 2 接电源负端(黑色引线),序号 3 连接外壳,它可以接地,有时也可以不用。AD590 的工作电压为 4~30 V,通常工作在 6~15 V,但不能小于 4 V,当小于 4 V 时,输出电流与温度呈现非线性关系。

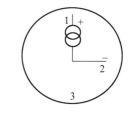

图 3.5.2 AD590 各管脚接线图

集成温度传感器 AD590 具有如下特点:
(1)外接线简单(两根);
(2)内有稳压和恒流电路,对外接电压要求低(4~30 V);
(3)非线性误差小(小于2%);
(4)具有良好的互换性。

【注意事项】

(1)AD590 集成温度传感器的正负极性不能接错。
(2)AD590 集成温度传感器不能放入水等导电液体中直接测量温度,以防止短路,可以插到加有少量油的玻璃管内,再插入水中或其他导电液体中。

3.6 光学量测量的常用仪器

3.6.1 光学量的计量单位

辐射量度学是对红外光、紫外光、X 光以及其他电磁辐射能量的计量研究。光度学是对可见光能量的计量研究,在光度学中把光看作是沿光线进行的能量流,并且遵从能量守恒定律,即光束的任一截面在单位时间内所通过的能量为一常数。通常,用下列一些基本参量来描述光源的辐射特性。

1. 辐射通量(辐射功率)ε

① 面元 dS 的辐射通量

在单位时间内通过某一面积元 dS 辐射的所有波长的光能量。

② 分布函数(光谱辐射通量密度)

在单位时间内通过光源面积元的某一波长附近的单位波长间隔内的光能量。用 $e(\lambda)$ 表示,是波长的函数。

③ 总辐射通量

因为从光源面积元 dS 辐射出来的波长在 $\lambda \sim \lambda + d\lambda$ 间的辐射通量为

$$d\varepsilon_{\lambda,\lambda+d\lambda} = e(\lambda)d\lambda \tag{3.6.1}$$

所以从光源面积元 dS 发出的各种波长光的总辐射通量为

$$\varepsilon = \int_0^\infty e(\lambda)\mathrm{d}\lambda \tag{3.6.2}$$

2. 光度量

(1) 视见函数(光见度函数)$v(\lambda)$

为了表示人眼对不同波长辐射的敏感度差别,定义了一个描述人眼对于各种波长光的相对敏感度的函数,即视见函数$v(\lambda)$。

设任何一种波长为λ的光与$\lambda = 555$ nm的黄绿光产生同样明、暗感觉所需的辐射通量分别为Φ_λ和Φ_{555},其比值$v(\lambda) = \dfrac{\Phi_{555}}{\Phi_\lambda}$,$v(\lambda)$就称为人眼的视见函数。$v(\lambda)$值的大小与照度条件有关,人眼对波长为555 nm的黄绿色光最为灵敏,$v(\lambda) = 1$;对于不可见光,$v(\lambda) = 0$;对于其他波长,$0 < v(\lambda) < 1$。

(2) 光通量(Φ)

光通量表示光源表面的客观辐射通量对人眼所引起的视觉强度,它正比于辐射通量和视觉函数。

在某一波长附近对于波长间隔为$\mathrm{d}\lambda$的单色光来讲,其光通量为

$$\mathrm{d}\Phi_\lambda \propto v(\lambda)\mathrm{d}\varepsilon \tag{3.6.3}$$

$$\mathrm{d}\Phi_\lambda = k_m v(\lambda)\mathrm{d}\varepsilon_\lambda = k_m e(\lambda)\mathrm{d}\lambda = k(\lambda)e(\lambda)\mathrm{d}\lambda \tag{3.6.4}$$

式中,$k(\lambda)$称为光谱光视效能,且$k(\lambda) = k_m v(\lambda)$;$k_m$为最大光视效能,也称为最大光效率。

光通量的单位是流明(lumen),简称流,符号为lm。

流明定义为:绝对黑体在铂的凝固温度下,从5.305×10^3 cm^2 面积上辐射出来的光通量为1 lm。为表明发光强度和光通量的关系,发光强度为1坎德拉的点光源在单位立体角(1球面度)内发出的光通量为1 lm。

另外,$k(\lambda) = \dfrac{\mathrm{d}\Phi}{\mathrm{d}\varepsilon_\lambda}$,称为光谱光能效率,表示波长为$\lambda$的辐射的功光当量,即波长为$\lambda$的1 W辐射通量($\mathrm{d}\varepsilon_\lambda = 1$ W)相当于$k(\lambda)$的光通量。k_m是波长为555 nm的功光当量,即最大功光当量。在SI制中,$k_m = 683$ lm/W,所以单色光光通量的表示式为

$$\mathrm{d}\Phi_\lambda = 683 v(\lambda)\mathrm{d}\varepsilon_\lambda \tag{3.6.5}$$

复色光光通量的表示式为

$$\Phi = \int \mathrm{d}\Phi_\lambda = 683\int_0^\infty v(\lambda)e(\lambda)\mathrm{d}\lambda \tag{3.6.6}$$

(3) 发光强度(I)

发光强度是表征光源在一定方向范围内发出的光通量的空间分布的物理量,在数值上等于点光源在单位立体角中发出的光通量,即

$$I = \frac{\mathrm{d}\Phi}{\mathrm{d}\Omega} \tag{3.6.7}$$

式中,$\mathrm{d}\Omega$是点光源在某一方向上所张开的立体角元。

如图3.6.1所示,在球坐标系中,因为$\mathrm{d}\Omega = \sin\theta\mathrm{d}\theta\mathrm{d}\varphi$,得

$$\mathrm{d}\Phi = I_{\theta,\varphi}\mathrm{d}\Phi = I_{\theta,\varphi}\mathrm{d}\Omega = I_{\theta,\varphi}\sin\theta\mathrm{d}\theta\mathrm{d}\varphi$$

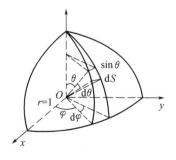

图3.6.1 立体角元示意图

所以由点光源所发出的总光通量为

$$\Phi = \int d\Phi = \int_0^{2\pi} d\varphi \int_0^{\pi} I_{\theta,\varphi} \sin\theta d\theta \tag{3.6.8}$$

对于均匀发光体，I 不随 θ, φ 而变化，则有

$$\Phi = \int d\Phi = I \int_0^{2\pi} d\varphi \int_0^{\pi} \sin\theta d\theta = I \cdot 2\pi \cdot 2 = 4\pi I \tag{3.6.9}$$

总光通量 Φ 表征光源的特性，对于指定的发光体，光具组是不能增加光通量的，它只能起到把光通量重新分配的作用。

发光强度的单位是坎德拉（candela），是国际单位制中七个基本单位之一，代号是坎（cd）。1979 年第 16 届国际计量大会规定坎德拉的定义为：坎德拉是一光源在给定方向上的发光强度，该光源发出频率为 5.40×10^{14} Hz 的单色辐射，而且在此方向上的辐射强度为 $\frac{1}{683}$ W/sr（即瓦特每球面度，sr 为球面度）。因此，1 cd = 1 lm/sr。

（4）光照度（E）

照度是表征受照面被照明程度的物理量，它可用落在受照物体单位面积上的光通量的数值来量度，即

$$E = \frac{d\Phi}{d\sigma} \quad (d\sigma \text{ 是受照物体的面元})$$

照度的单位为勒克斯（lux），代号为勒（lx）；辐透（phot），代号为辐透（ph）。以上各个量的关系为

$$1 \text{ lx} = 1 \text{ lm/m}^2; \quad 1 \text{ ph} = 1 \text{ lm/cm}^2; \quad 1 \text{ ph} = 10^4 \text{ lx}$$

3.6.2 常用的光学元件及其作用

1. 透镜

透镜是光学成像系统和光学信息处理系统中最基本的元件，其作用是改变光线的聚散度或波前的曲率；在几何光学范畴，它能使光聚集于某一位置，具有成像作用；在波动光学范围内，在一定条件下，它具有傅里叶变换作用，是光信息处理技术的理论基础。

透镜是根据光的折射规律，由透明物质（如玻璃、水晶等）制成的一种光学元件。透镜是折射镜，其折射面是两个球面（球面一部分），或一个球面（球面一部分）、一个平面的透明体。透镜一般可以分为凸透镜和凹透镜两大类。

（1）凸透镜

凸透镜具有会聚光线的作用，亦称为"会聚透镜""正透镜"。

凸透镜成像规律是将物体放在焦点之外，在凸透镜另一侧成倒立的实像，实像有缩小、等大、放大三种。在光学中，由实际光线汇聚成的像，称为实像，能用光屏呈现；反之，则称为虚像，只能由眼睛感觉。另外，只有凸透镜（正透镜）具有傅里叶变换性质。

（2）凹透镜

在透镜中，镜片的中央薄，周边厚，呈凹形，对光有发散作用，亦称为"凹透镜""负球透镜"。光线通过凹透镜后，成正立虚像。平行光线通过凹形球面透镜发生偏折后，光线发散，成为发散光线，不可能形成实性焦点，沿着散开光线的反向延长线，在投射光线的同一侧交于 F 点，形成的是一虚焦点。其两面曲率中心的连线称为主轴，其中央点 O 称为光心。通过光心的光线，无论来自何方均不折射。凹透镜所成的像总小于物体。

2. 扩束镜

扩束镜是能够改变激光光束直径尺寸和发散(收敛)角度的镜头组件,其核心是一片焦距很小的凸透镜,能使入射的平行光会聚,经过焦点后发散成光锥。

(1)伽利略扩束镜

最通用的扩束镜类型起源于伽利略望远镜,通常包括一个输入的凹透镜和一个输出的凸透镜。输入镜将一个虚焦距光束传送给输出镜。一般低倍数的扩束镜都用该原理制造,因为它简单、体积小、价格也低。它的局限性在于不能容纳空间滤波或进行大倍率扩束。

(2)开普勒扩束镜

在需要空间滤波或进行大倍率扩束时,人们一般使用开普勒设计的望远镜。开普勒望远镜一般有一个凸透镜作为输入镜片,把实焦距聚焦的光束发送到输出元件上。另外,可以通过在第一个透镜的焦点上放置小孔来实现空间滤波。

在光学实验中,常把光束扩大或产生点光源来满足具体的实验要求,图3.6.2、图3.6.3表示两种扩束的方法,它们分别提供球面光波和平面光波。

图3.6.2 激光扩束方法一

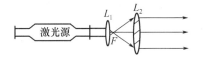

图3.6.3 激光扩束方法二

3. 分束镜

在光学玻璃表面镀上一层或多层薄膜,当一束光投射到镀膜玻璃上后,经反射和折射,光就被分为两束或多束,这种镀膜玻璃称为分束镜。

分束镜有固定分束比和可变分束比两类。可变分束比分束镜又有阶跃和连续渐变之分。分束镜主要用于将入射光束分成具有一定光强比的透射与反射两束光。

4. 平面镜

表面平的、光滑的反射面称为平面镜,平面镜可以反射光线,是镜面反射,还可以用来在光路中改变光的传播方向,并调整光的角度。

平面镜的主要作用是成像。平面镜成的像是来自物体的光经平面镜反射后,由反射光线的反向延长线形成的。平静的水面、抛光的金属表面等都相当于平面镜。

平面镜所成的像是虚像,像与物等大且正立,像、物与镜面的距离相等,像与物的连线与镜面垂直,像与物关于镜面对称。

3.6.3 各类光源

能发光的物体统称为光源。实验室中常用的是将电能转换为光能的光源,称为电光源,常见的有热辐射光源、气体放电光源及激光光源三类。

1. 热辐射光源

常用的热辐射光源是白炽灯。白炽灯有下列几种。

(1)普通灯泡

普通灯泡作为白色光源,可用在光具座、分光仪、读数显微镜等仪器上。应按其额定电压及其要求使用。

(2)标准灯泡

标准灯泡常用的有碘钨灯和溴钨灯,是在灯泡内加入碘或溴元素制成的。碘或溴原子在灯泡内与经蒸发而沉积在泡壳上的钨化合,生成易挥发的碘化钨或溴化钨。这种卤化物扩散到灯丝附近时,因温度高而分解,分解出来的钨重新沉积在钨丝上,形成卤钨循环。因此碘钨灯或溴钨灯的寿命比普通灯长得多,发光效率高,光色也较好。注意:要按其额定电压及其要求使用,以免出现危险或火灾。

2. 气体放电光源

(1)钠灯和汞灯

实验室常用的钠灯和汞灯(又称水银灯)作为单色光源,它们是分别以金属 Na 或 Hg 蒸气在强电场中发生的游离放电现象为基础的弧光放电灯。

钠光在可见光范围内有 589.59 nm 和 588.99 nm 两条波长很接近的特强光谱线,实验室通常取其平均值,以 589.3 nm(D 线)的波长直接当近似单色光使用。此时其他的弱谱线实际上被忽略。充有金属钠和辅助气体氖气的玻璃泡是用抗钠玻璃吹制的,通电后先是氖气放电呈现红光,待金属钠滴受热蒸发产生低压蒸气,很快取代氖气放电,经几分钟后发光稳定,射出强烈的黄光。

汞灯可按其气压的高低,分为低压汞灯、高压汞灯和超高压汞灯。低压汞灯最为常用,其玻璃管胆内的汞蒸气压很低(几十到几百帕),发光效率不高,是小强度的弧光放电光源,其电源电压与管端工作电压分别为 220 V 和 20 V。正常点燃时发出青紫色光,其中主要包括七种可见的单色光,它们的波长分别是 612.35 nm(橙)、579.07 nm(黄)、576.96 nm(黄)、546.07 nm(绿)、491.60 nm(蓝绿)、435.84 nm(蓝紫)和 404.66 nm(紫)。

在使用钠灯和汞灯时,灯管必须与一定规格的镇流器(限流器)串联后才能接到电源上,以稳定工作电流,否则会烧断灯丝。它们在点燃后一般要预热 3~4 min 才能正常工作,熄灭后也需冷却 3~4 min 后,方可重新开启。为了保护眼睛,不要直接注视强光源。

(2)氢放电管(氢灯)

它是一种高压气体放电光源,它的两个玻璃管中间用弯曲的毛细管连通,管内充氢气。在管子两端加上高电压后,氢气放电发出粉红色的光。氢灯的工作电流约为 115 mA,起辉电压约为 8 000 V,当 220 V 交流电输入调压变压器后,调压变压器输出的可变电压接到氢灯变压器的输入端,再由氢灯变压器的输出端向氢灯供电。在可见光范围内,氢灯发射的原子光谱线主要有三条,其波长分别为 656.28 nm(红)、486.13 nm(青)、434.05 nm(蓝紫)。在使用氢灯时,应注意不要超过额定电压,轻拿轻放,谨慎小心,避免受震、碰撞,更要避免跌落地面。

3. 激光光源

各种激光器产生激光的条件是粒子数反转和增益大过损耗,所以装置中必不可少的组成部分有激励(或抽运)源、具有亚稳态能级的工作物质两个部分,常见的组成部分还有谐振腔。

激光工作物质是指用来实现粒子数反转并产生光的受激辐射放大作用的物质体系,它们是具有合适的能级结构和跃迁特性的固体、气体、半导体和液体;激励(泵浦)系统是指使激光工作物质实现并维持粒子数反转而提供能量来源的机构或装置,常见的有光学激励(光泵)、气体放电激励、化学激励、核能激励四种;光学谐振腔是由具有一定几何形状和光学反射特性的两块反射镜按特定的方式组合而成的,其作用一是提供光学反馈能力,使受激辐射光子在腔内形成相干的持续振荡;二是可使腔内的光子有一致的频率、相位和运行方向,从而使激光具有良好的方向性和相干性。

这里列出了在实验中最常用的几种激光器。

(1) 氦-氖(He-Ne)激光器

氦、氖激光器发出的光束方向性和单色性好,可以连续工作,所以这种激光器是当今使用最多的激光器,可用于精密测量、准直、定位等方面。在本书的"全息照相的研究与设计"和"设计测量固体的微小形变量"等实验中,用于准直、等高的调节并作为实验的光源。

(2) 氩离子激光器

氩离子激光器可以发出鲜艳的蓝绿色光,能连续工作,输出功率可达100多瓦。这种激光器是在可见光区域内输出功率最高的一种激光器。

(3) 液体激光器

液体激光器也称染料激光器,激活物质是某些有机染料溶解在乙醇、甲醇或水等液体中形成的溶液。液体激光器一般采用高速闪光灯作为激励源,或者由其他激光器发出很短的光脉冲,通常用于光谱分析、激光化学和其他科学研究。

(4) 固体激光器

固体激光器以固体为工作物质。它的激励方式除了光激励外,还有放电激励、热激励和化学激励等。1960年,T. H. 梅曼发明的红宝石激光器就是一种固体激光器。另外,钇铝石榴石激光器也是一种固体激光器,它的工作物质是氧化铝和氧化钇合成的晶体,并掺有氧化钕。激光由晶体中的钕离子放出,是人眼看不见的红外光,能以连续方式工作,也能以脉冲方式工作。这种激光器的输出功率比较大,可广泛用于科学研究等领域。

(5) 半导体激光器

半导体激光器以一定的半导体材料为工作物质。此种激光器的激励方式主要有三种:电注入式、光泵式和高能电子束激励式。它的体积小、使用寿命长、阈值电流低、易于规模化生产,因而被广泛应用于光通信(如光纤通信)、光存储和读取(即光盘和光驱)、光开关、光逻辑器件等方面。

第4章 探究型基础实验

实验1 频率、电压、相移的测量

示波器是一种具有多种用途的电信号特性测试仪器,可用于观察电信号的波形、幅度、周期、频率和相位,测量脉冲信号的宽度、前、后沿时间,以及观察脉冲的上冲、下冲、阻尼振荡等现象。若配上各种传感器(换能器),示波器还可用来测量温度、压力、张力、振动、速度、加速度等各种非电物理量。示波器是一种应用范围极广的电子测量仪器。

示波器的种类很多,按频率划分,有用于频率很低的超低频示波器,也有用于频率极高、响应速度极快的高速采样示波器;按通道划分,有单通道显示的,也有双通道和多通道显示的示波器;等等。当前配有电脑的智能示波器的应用也日趋广泛。

【实验目的】

1. 了解双通道示波器显示波形的工作原理。
2. 学会利用双通道示波器观测电压信号。
3. 掌握利用双通道示波器观察李萨如图形的方法,并利用其测量正弦信号的频率、电压、相移。

【问题探索】

1. 如果打开示波器电源后,看不到扫描线也看不到光点,有哪些原因?
2. 当Y轴输入端有信号,但屏上只有一条水平线时,是什么原因?应如何调节才能使波形沿Y轴展开?
3. 为何"断续"方式适用于观察低频信号而"交替"方式只适于观察频率较高的信号?
4. 观察李萨如图形时,能否用示波器的"同步"把图形稳定下来?为什么李萨如图形一般会轻微地抖动?主要原因是什么?

【实验原理】

1. 示波器基本原理

电子示波器(简称示波器)能够简便地显示各种电信号的波形,一切可以转化为电压的电学量和非电学量及它们随时间做周期性变化的过程都可以用示波器来观测,示波器是一种用途十分广泛的测量仪器。

示波器的主要部分有示波管、带衰减器的Y轴放大器、带衰减器的X轴放大器、扫描发生器(锯齿波发生器)、触发同步和电源等,其结构如图4.1.1所示。为了适应各种测量的要求,示波器的电路组成是多样而复杂的,这里仅就主要部分加以介绍。

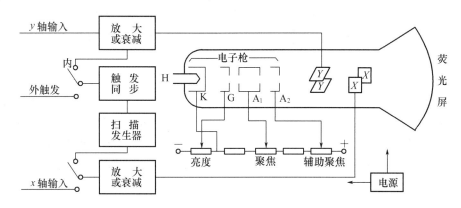

图 4.1.1　示波器的结构方框图

(1) 示波管

如图 4.1.1 所示,示波管主要包括电子枪、偏转系统和荧光屏三部分,全都密封在玻璃外壳内,里面抽成高真空。下面分别说明各部分的作用。

① 荧光屏

它是示波器的显示部分,当加速聚焦后的电子打到荧光屏上时,屏上涂的荧光物质就会发光,从而显示出电子束的位置。当电子停止作用后,荧光剂的发光需经一定时间才会停止,称为余晖效应。

② 电子枪

它由灯丝 H、阴极 K、控制栅极 G、第一阳极 A_1、第二阳极 A_2 五部分组成。灯丝通电后加热阴极,阴极是一个表面涂有氧化物的金属筒,被加热后发射电子。控制栅极是一个顶端有小孔的圆筒,套在阴极外面,它的电位比阴极低,对阴极发射出来的电子起控制作用,只有初速度较大的电子才能穿过栅极顶端的小孔,然后在阳极加速下奔向荧光屏。示波器面板上的"亮度"调整就是通过调节电位以控制射向荧光屏的电子流密度,从而改变了屏上的光斑亮度。阳极电位比阴极电位高很多,电子被它们之间的电场加速形成射线。当控制栅极、第一阳极、第二阳极之间的电位调节合适时,电子枪内的电场对电子射线有聚焦作用,所以第一阳极也称聚焦阳极。第二阳极电位更高,又称加速阳极。面板上的"聚焦"调节,就是调第一阳极电位,使荧光屏上的光斑成为明亮、清晰的小圆点。有的示波器还有"辅助聚焦",实际是调节第二阳极电位。

③ 偏转系统

它由两对相互垂直的偏转板组成,一对垂直偏转板 Y,一对水平偏转板 X。在偏转板上加适当电压,当电子束通过时,其运动方向发生偏转,从而使电子束在荧光屏上的光斑位置也发生改变。

容易证明,光点在荧光屏上偏移的距离与偏转板上所加的电压成正比,因而可将电压的测量转化为屏上光点偏移距离的测量,这就是示波器测量电压的原理。

(2) 信号放大器和衰减器

示波管本身相当于一个多量程电压表,这一作用是靠信号放大器和衰减器来实现的。由于示波管本身的 x 轴及与 y 轴偏转板的灵敏度不高(0.1～1 mm/V),当加在偏转板的信号过小时,要预先将小的信号电压放大后再加到偏转板上,为此设置 x 轴及 y 轴电压放大器。衰减器的作用是使过大的输入信号电压变小以适应放大器的要求,否则放大器不能正常工作,使输入信号发生畸变,甚至使仪器受损。对一般示波器来说,x 轴及 y 轴都设置衰减器,以满足各种测量的需要。

(3) 扫描系统

扫描系统也称时基电路,用来产生一个随时间做线性变化的扫描电压,这种扫描电压随时间变化的关系如同锯齿,故称锯齿波电压,这个电压经 x 轴放大器放大后加到示波管的水平偏转板上,使电子束产生水平扫描。这样,屏上的水平坐标变成时间坐标,y 轴输入的被测信号波形就可以在时间轴上展开。扫描系统是示波器显示被测电压波形必需的重要组成部分。

2. RC 电路

若 U_i 为源电压,U_R 为电阻 R 两端电压,U_o 为电容两端电压,则 U_o 与 U_i 间相位差 φ 满足式(4.1.1),RC 电路图及其电压的相位关系如图 4.1.2 所示。

$$\tan \varphi = \omega CR, \frac{U_o}{U_i} = \cos \varphi \tag{4.1.1}$$

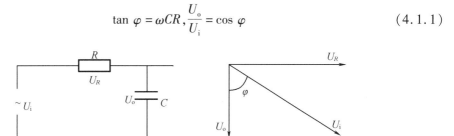

图 4.1.2 RC 电路图及其电压的相位关系

(a) RC 电路图;(b) 电压的相位关系

3. RL 电路

若 U_i 为源电压,U_L 为电感 L 两端电压,U_o 为电阻 R 两端电压,则 U_o 与 U_i 间相位差 φ 满足式(4.1.2),RL 电路图及其电压的相位关系如图 4.1.3 所示。

$$\tan \varphi = \omega L/R, \frac{U_o}{U_i} = \cos \varphi \tag{4.1.2}$$

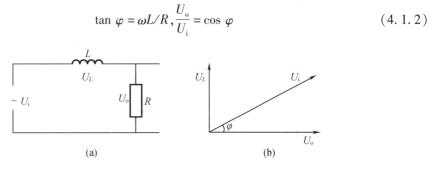

图 4.1.3 RL 电路图及其电压的相位关系

(a) RL 电路图;(b) 电压的相位关系

【实验方案】

1. 用示波器显示波形

如果只在竖直偏转板上加一交变的正弦电压,则电子束的亮点将随电压的变化在竖直方向来回运动,如果电压频率较高,则看到的是一条竖直亮线,如图4.1.4所示。

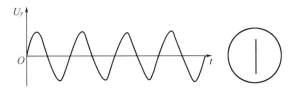

图 4.1.4 正弦波

要能显示波形,必须同时在水平偏转板上加一扫描电压,使电子束的亮点沿水平方向拉开。这种扫描电压的特点是电压随时间呈线性关系增加到最大值,最后突然回到最小值,此后再重复变化,这种扫描电压即前面所说的锯齿波电压,如图4.1.5所示。当只有锯齿波电压加在水平偏转板上时,如果频率足够高,则荧光屏上只显示一条水平亮线。

如果在竖直偏转板上(简称 y 轴)加正弦电压,同时在水平偏转板上(简称 x 轴)加锯齿波电压,电子受竖直、水平两个方向力的作用,电子的运动就是两相互垂直的运动的合成。当锯齿波电压比正弦电压变化周期稍大时,在荧光屏上将能显示出完整周期的所加正弦电压的波形图,如图4.1.6所示。

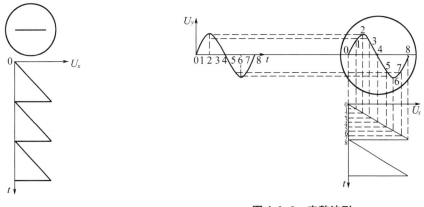

图 4.1.5 锯齿波　　　　图 4.1.6 完整波形

2. 同步的概念

如果正弦波和锯齿波电压的周期稍微不同,屏上出现的是一移动着的不稳定图形,这种情形可用图4.1.7说明。设锯齿波电压的周期 T_x 比正弦波电压周期 T_y 稍小,比方说 $T_x/T_y = 7/8$。在第一扫描周期内,屏上显示正弦信号 0~4 点的曲线段;在第二周期内,显示 4~8 点的曲线段,起点在 4 处;第三周期内,显示 8~11 点的曲线段,起点在 8 处。这样,屏上显示的波形每次都不重叠,好像波形在向右移动。同理,如果 T_x 比 T_y 稍大,则波形好像在向左移动。以上描述的情况在示波器使用过程中经常会出现,其原因是扫描电压的周期与被测信号的周期不相等或不成整数倍,以致每次扫描开始时波形曲线上的起点均不一样。为了使屏上的图形稳定,必须使 $T_x/T_y = n(n=1,2,3,\cdots)$,$n$ 是屏上显示完整波形的个数。

为了获得一定数量的波形,示波器上设有"扫描时间"(或"扫描范围")、"扫描微调"旋钮,用来调节锯齿波电压的周期 T_x(或频率 f_x),使之与被测信号的周期 T_y(或频率 f_y)成合适的关系,从而在示波器屏上得到所需数目的完整的被测波形。输入 y 轴的被测信号与示波器内部的锯齿波电压是互相独立的。由于环境或其他因素的影响,它们的周期(或频率)可能发生微小的改变,这时虽然可通过调节扫描旋钮将周期调到整数倍的关系,但过一会儿又变了,波形又移动起来。在观察高频信号时这种问题尤为突出。为此示波器内装有扫描同步装置,让锯齿波电压的扫描起点自动跟着被测信号改变,这就是整步(或同步)。有的示波器需要让扫描电压与外部某一信号同步,因此设有"触发选择"键,可选择外触发工作状态,相应设有"外触发"信号输入端。

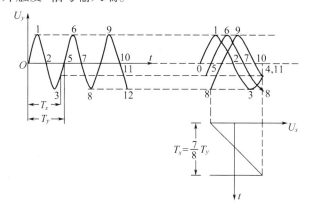

图 4.1.7　不稳定波形

3. 双通道显示

在测量工作中常常希望把两个不同的信号同时显示在一个荧光屏上,以便比较它们之间在波形、幅度、相位(或时间)等方面的差异,为此可采用双通道示波器。

双通道示波器工作原理如图 4.1.8 所示,图 4.1.8(a) 为其组成图,它有 Y_A 和 Y_B 两个前置输入通道。当电子开关 S 接通 Y_A 时,示波管电子束受信号电压 A 控制,描绘信号 A 的波形;当电子开关 S 接通 Y_B 时,示波管电子束受信号电压 B 控制,描绘信号 B 的波形。若电子开关 S 不停地变换接通方向,荧光屏上可同时得到电压 A 和电压 B 的波形。

根据电子开关转换的控制方法不同,双通道显示有以下两种工作方式。

(1)"断续"式

电子开关受自激振荡器控制,转换频率即自激振荡器的频率有固定的数值,描出的波形由一个个间断点组成,如图 4.1.8(b) 右图所示。当开关转换频率远高于被测信号频率时,间断点靠得很近,成为"连续"波形。故"断续"方式适用于观察低频信号。

(2)"交替"式

电子开关受扫描电压控制,每扫描一次,开关转换一次,即 Y_A 输入信号自左至右扫描显示后,在扫描电压回扫时,开关转换至 Y_B,接着 Y_B 输入信号自左至右扫描一次,回扫时,开关又转换至 Y_A,如此形成交替扫描,波形如图 4.1.8(b) 左图所示。此种工作方式在观察低频信号时,由于扫描信号频率很低,以至出现不能同时观察到两个通道的被测信号的情况,故"交替"方式只适于观察频率较高的信号。

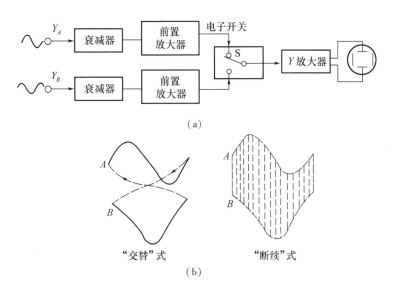

图 4.1.8 双通道显示的两种工作方式
(a)组成图;(b)显示图形

不论是"断续"式还是"交替"式显示,为了提高显示清晰度,在电子开关转换的瞬间,都同时产生一个消隐脉冲加于示波管控制栅,以消除开关转换期间电子束扫出的亮线,如图4.1.8(b)中所示虚线。

4. 用双通道示波器显示李萨如图形

如果在示波器的 y 偏转板加上正弦波,在示波器的 x 偏转板加上另一正弦波,则当两正弦波信号的频率比值为简单整数比时,在荧光屏上将得到李萨如图形。这些李萨如图形是两个相互垂直的简谐振动合成的结果,它们满足 $\dfrac{f_y}{f_x} = \dfrac{n_x}{n_y}$,其中 f_x 代表 x 偏转板上正弦波信号的频率,f_y 代表 y 偏转板上正弦波信号的频率,n_x 代表李萨如图形与假想水平线的切点数目,n_y 代表李萨如图形与假想垂直线的切点数目,如图 4.1.9 所示。

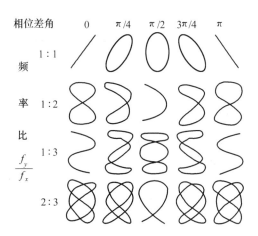

图 4.1.9 李萨如图形

5. 测量 RC 电路、RL 电路的相移

(1)波形比较法

波形比较法测相移的示意图如图 4.1.10 所示,依据的公式为

$$\varphi = 2\pi \frac{A}{B} \tag{4.1.3}$$

(2)椭圆法

椭圆法测相移的示意图如图 4.1.11 所示,依据的公式为

$$\varphi = \arcsin\left(\frac{y_0}{Y_m}\right) \tag{4.1.4}$$

【实验仪器】

双通道示波器、信号发生器、实验电路板、电阻（510 Ω）、电容（0.47 μF）、电感（0.1 H）、导线等。

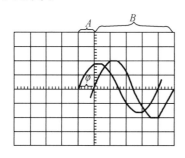

图 4.1.10 波形比较法测相移

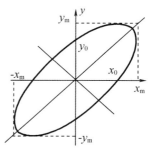

图 4.1.11 椭圆法测相移

【实验内容】

1. 观察信号发生器波形

(1) 将信号发生器的输出端连接到示波器 y 轴输入端上。

(2) 开启信号发生器，调节示波器（注意信号发生器频率与扫描频率），观察正弦波形，并使其稳定。

2. 测量正弦波电压

在示波器上调出大小适中、稳定的正弦波形，选择其中一个完整的波形，先测算出正弦波电压峰–峰值 U_{p-p}，即

$$U_{p-p} = (垂直距离 DIV) \times (挡位 V/DIV) \times (探头衰减率)$$

然后求出正弦波电压有效值 U 为

$$U = \frac{0.71 \times U_{p-p}}{2}$$

3. 测量正弦波周期和频率

在示波器上调节出大小适中、稳定的正弦波形，选择其中一个完整的波形，先测算出正弦波的周期 T，即

$$T = (水平距离 DIV) \times (挡位 t/DIV)$$

然后求出正弦波的频率为

$$f = \frac{1}{T}$$

4. 利用李萨如图形测量频率

(1) 将信号发生器后面板的固定输出端连接到示波器 CH_2 输入端（y 轴输入端），该输出电压的频率约为 50 Hz，作为待测频率的信号。把此信号发生器前面板的输出端连接到示波器 CH_1 输入端（x 轴输入端），作为能够经测量得到的频率信号。

(2) 分别调节与示波器 CH_1 端相连的信号发生器，使输出的正弦波的频率 f_x 约为 25 Hz, 50 Hz, 100 Hz, 150 Hz, 200 Hz 等。观察各种李萨如图形，慢慢地调节信号发生器上的频率微调旋钮，使李萨如图形稳定，记录信号发生器上 f_x 的确切值，再分别读出水平线和垂直线与图形的切点数，记录于表 4.1.1 中。

表 4.1.1　李萨如图形测量频率数据表格

	1	2	3	4	5
李萨如图形（稳定时）					
频率比 $\dfrac{f_y}{f_x} = \dfrac{水平线切点数\ n_x}{垂直线切点数\ n_y}$					
用信号发生器测量所得到的电压频率 f_x 的确切值/Hz					

（3）观察的图形大小不适合时，可调节"V/DIV"、与 y 轴相连的信号发生器输出电压等旋钮。

5. 测量 RC 电路、RL 电路的相移

（1）RC 电路

取 $R = 510\ \Omega, C = 0.47\ \mu F$，利用示波器等仪器，并利用双通道波形和李萨如图形两种方法测量输入交流正弦波电压的频率 $f = 500\ Hz, 2\ 000\ Hz, 10\ kHz$ 时，RC 电路中电容器两端电压与输入电压的相位差，并将其与理论值进行比较。

（2）RL 电路

取 $L = 0.1\ H, R = 3\ 000\ \Omega$，利用示波器等仪器，并利用双通道波形和李萨如图形两种方法测量输入交流正弦波电压的频率 $f = 500\ Hz, 2\ 000\ Hz, 10\ kHz$ 时，RL 电路中电感器两端电压与输入电压的相位差，并将其与理论值进行比较。

【数据处理】

利用李萨如图形测量频率可采用一元线性最小二乘法计算未知频率 f_y，评定 f_y 的不确定度并表示测量结果。由 $f_x/f_y = n_y/n_x$，可设 $y = b_0 + bx$，其中 $x = n_y/n_x, y = f_x, b = f_y$。通过表 4.1.1 测得的 x 和 y 数据，利用最小二乘法公式求得斜率 b，即求得了待测频率 f_y。

知识拓展　YB4328 型示波器面板介绍

YB4328 型示波器的前、后面板如图 4.1.12 和图 4.1.13 所示，面板上各控制件的作用如表 4.1.2 所示。

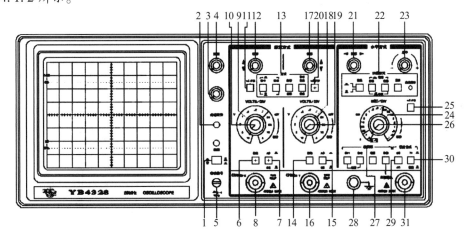

图 4.1.12　YB4328 前面板控制件的位置图

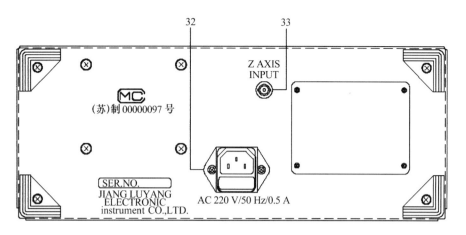

图 4.1.13　YB4328 后面板控制件的位置图

表 4.1.2　面板上各控制件的作用

序号	控制件名称	控制件作用
1	电源开关(POWER)	按入此开关仪器电源接通指示灯亮
2	亮度(INTENSITY)	光迹亮度调节,顺时针旋转光迹增亮
3	聚焦(FOCUS)	用以调节示波管电子束的焦点,使显示的光点成为细而清晰的圆点
4	光迹旋转(TRACE ROTATION)	调节光迹与水平线平行
5	探极校准信号(PROBE ADJUST)	此端口输出幅度为 0.5 V、频率为 1 kHz 的方波信号,用以校准 y 轴偏转系数和扫描时间系数
6	耦合方式(AC GND DC)	垂直通道 1 的输入耦合方式。 AC: 　信号中的直流分量被隔开,用以观察信号的交流成分。 DC: 　信号与仪器通道直接耦合,当需要观察信号的直流分量或被测信号的频率较低时应选用此方式。 GND: 　输入端处于接地状态,用以确定输入端为零电位时光迹所在位置
7	通道扩展开关(PULL ×5)	按入此开关增益扩展 5 倍
8	通道 1 输入插座[CH1(X)]	双功能端口在常规使用时此端口作为垂直通道 1 的输入口,当仪器工作在 x-y 方式时此端口作为水平轴信号输入口
9	通道 1 灵敏度选择开关(VOLTS/DIV)	选择垂直轴的偏转系数从 5 mV/DIV 到 10 V/DIV,分 11 个挡级调整,可根据被测信号的电压幅度选择合适的挡级

表 4.1.2（续）

序号	控制件名称	控制件作用
10	微调(VARIABLE)	用以连续调节垂直轴的偏转系数，调节范围为 1~2.5 倍，该旋钮顺时针旋足时为校准位置，此时可根据 VOLTS DIV 开关度盘位置和屏幕显示幅度读取该信号的电压值
11	极性(SLOPE)	用以选择被测信号在上升沿或下降沿触发扫描
12	垂直位移(POSITION)	用以调节光迹在垂直方向的位置
13	垂直方式(MODE)	选择垂直系统的工作方式。 CH_1： 　　只显示 CH_1 通道的信号 CH_2： 　　只显示 CH_2 通道的信号 交替： 　　用于同时观察两路信号，此时两路信号交替显示，该方式适合于在扫描速率较快时使用。 断续： 　　两路信号断续工作，适合于在扫描速率较慢时同时观察两路信号。 叠加： 　　用于显示两路信号相加的结果，当 CH_2 极性开关被按入时则两信号相减。 CH_2 反相： 　　此按键未按入时 CH_2 的信号为常态显示，按入此键时 CH_2 的信号被反相
14	耦合方式(AC GND DC)	作用于 CH_2，其功能与控制件 6 相同
15	通道 2 扩展(×5)	功能同 7
16	通道 2 输入插座	垂直通道 2 的输入端口，在 $x-y$ 方式时作为 y 轴输入口
17	水平位移(POSITION)	用以调节光迹在水平方向的位置
18	通道 2 灵敏度选择开关	功能同 9
19	微调	功能同 10
20	极性(SLOPE)	用以选择被测信号在上升沿或下降沿触发扫描
21	电平(LEVEL)	用以调节被测信号在变化至某一电平时触发扫描

表 4.1.2(续)

序号	控制件名称	控制件作用
22	扫描方式(SWEEP MODE)	选择产生扫描的方式。 自动(AUTO)： 　　当无触发信号输入时,屏幕上显示扫描光迹,一旦有触发信号输入,电路自动转换为触发扫描状态,调节电平可使波形稳定地显示在屏幕上,此方式适合观察频率在 50 Hz 以上的信号。 常态(NORM)： 　　无信号输入时,屏幕上无光迹显示,有信号输入时,且触发电平旋钮在合适位置上,电路被触发扫描,当被测信号频率低于 50 Hz 时必须选择该方式。 锁定： 　　仪器工作在锁定状态后无须调节电平即可使波形稳定地显示在屏幕上。 单次： 　　用于产生单次扫描,进入单次状态后,按动复位键,电路工作在单次扫描方式,扫描电路处于等待状态,当触发信号输入时,扫描只产生一次,下次扫描需再次按动复位按键
23	触发指示(TRIGD READY)	该指示灯具有两种功能指示,当仪器工作在非单次扫描方式时,该灯亮表示扫描电路工作在被触发状态,当仪器工作在单次扫描方式时,该灯亮表示扫描电路在准备状态,此时若有信号输入将产生一次扫描,指示灯随之熄灭
24	扫描速率(SEC/DIV)	根据被测信号的频率高低,选择合适的挡级,当该旋钮左旋到底时示波器工作在 $x-y$ 方式
25	扫描扩展开关(×5)	按入此按键水平速率扩展 5 倍
26	微调(VARIABLE)	用于连续调节扫描速率,调节范围≥2.5 倍顺时针旋转到底为校准位置。当该旋转钮置于校准位置时,可根据扫描速率旋钮度盘的位置和波形在水平轴的距离读出被测信号的时间参数
27	触发源(TRIGGER SOURCE)	用于选择不同的触发源。 CH_1： 　　在双通道显示时触发信号来自 CH_1 通道,单踪显示时触发信号则来自被显示的通道。 CH_2： 　　在双通道显示时触发信号来自 CH_2 通道,单踪显示时触发信号则来自被显示的通道。 交替： 　　在双通道交替显示时触发信号交替来自两个 y 通道,此方式用于同时观察两路不相关的信号。 电源： 　　触发信号来自市电。 外接： 　　触发信号来自触发输入端口

表 4.1.2(续)

序号	控制件名称	控制件作用
28	接地	机壳接地端
29	AC/DC	外触发信号的耦合方式,当选择"外触发源"且信号频率很低时,应将开关置 DC 位置
30	常态/TV NORM/TV	对于一般测量,此开关置常态位置;当需观察电视信号时,应将此开关置 TV 位置
31	外触发输入(EXT INPUT)	当选择外触发方式时,触发信号由此端口输入
32	带保险丝电源插座	仪器电源进线插口
33	z 轴输入	亮度调制信号输入端口

实验 2　地磁场的测量

地磁场是地球系统的基本物理场,直接影响着该系统中一切运动的带电物体或带磁物体的运动学特性。地磁场的数值比较小,但在直流磁场测量,特别是弱磁场测量中,往往需要知道其数值并设法消除其影响。地磁场作为一种天然磁源,在地球科学、航空航天、资源探测、交通通信、国防建设等方面都有着重要的应用。

【实验目的】

1. 了解利用磁阻效应进行的磁场测量的基本原理。
2. 用亥姆霍兹线圈测量磁阻传感器的灵敏度。
3. 测定所在地的地磁场磁感应强度及磁倾角。

【问题探索】

1. 何谓磁阻效应?
2. 磁阻传感器和霍尔传感器在工作原理和使用方法方面各有什么特点和区别?
3. 在测量磁倾角时,为什么磁倾角 β 在一定角度范围内变化较小?

【实验原理】

地球可视为一个磁偶极,其中一个磁极位于地理北极附近,另一个磁极位于地理南极附近,通过这两个磁极的假想直线(磁轴)与地球的自转轴大约呈 11.3°的倾斜。地磁场数值较小,约为 0.5×10^{-4} T,其强度与方向也随地点而异。作为地球的固有资源和地球系统的基本物理量,地磁场不仅为航空、航海提供了参考系,而且直接影响着该系统中一切运动的带电物体或者磁物体的运动特性。

地磁场是一个向量场,通常用三个参量来表示地磁场的方向和大小:

1. 磁偏角 α,即地球表面任一点的地磁场磁感应强度矢量 **B** 所在的垂直平面(地磁子午面)与地理子午面之间的夹角。

2. 磁倾角 β,即地磁场磁感应强度矢量 **B** 与水平面之间的夹角。

3. 地磁场磁感应强度的水平分量 $B_{/\!/}$,即地磁场磁感应强度矢量 $B_{/\!/}$ 在水平面上的投影。测量了地磁场的这三个参量,就可以确定某一地点的地磁场磁感应强度矢量的大小和方向。

随着信息技术的发展,磁场测量的发展日趋微型化、智能化。作为磁电效应的一个重要分支——磁阻效应已成为磁场测量领域的研究热点。物质在磁场中电阻发生变化的现象称为磁阻效应。对于铁、钴、镍及其合金等强磁性金属,当外加磁场平行于磁体内部磁化方向时,电阻几乎不随外加磁场变化;当外加磁场偏离金属的内磁化方向时,此类金属的电阻值将减小,这就是强磁金属的各向异性磁阻效应。磁阻传感器主要由铁磁材料如镍铁导磁合金制成,这种镍铁合金磁膜的电阻特性随着磁场的变化而变化,通常可组成直流单臂电桥来感应外界磁场。

实验中所选用的磁阻传感器由长而薄的坡莫合金(铁镍合金)制成一维磁阻微电路集成芯片(二维、三维磁阻传感器可以测量二维或三维磁场)。它利用半导体工艺,将铁镍合金薄膜附着在硅片上,如图 4.2.1 所示。薄膜的电阻率 $\rho(\theta)$ 依赖于磁化强度 M 和电流 I 方向间的夹角 θ,具有以下关系式:

$$\rho(\theta) = \rho_\perp + (\rho_{/\!/} - \rho_\perp)\cos^2\theta \tag{4.2.1}$$

式中,$\rho_{/\!/}$,$\rho_\perp$ 分别是电流 I 平行于 M 和垂直于 M 时的电阻率。

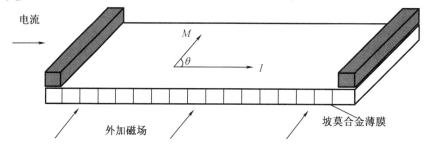

图 4.2.1 磁阻传感器构造示意图

当沿着铁镍合金带的长度方向通以一定的直流电流,而垂直于电流方向施加一个外界磁场时,合金带自身的阻值会发生较大的变化,利用合金带阻值这一变化,可以测量磁场的大小和方向。同时制作时还在硅片上设计了两条铝制电流带,一条是"置位"与"复位"带,该传感器遇到强磁场感应时,将产生磁畴饱和现象,也可以用来置位或复位极性;另一条是偏置磁场带,用于产生一个偏置磁场,补偿环境磁场中的弱磁场部分(当外加磁场较弱时,磁阻相对变化值与磁感应强度成平方关系),使磁阻传感器输出显示线性关系。

所选用的磁阻传感器是一种单边封装的磁场传感器,它能测量与管脚平行方向的磁场。传感器由四条铁镍合金磁电阻组成一个非平衡电桥,非平衡电桥的输出端接集成运算放大器,将信号放大输出。传感器内部结构如图 4.2.2 所示。

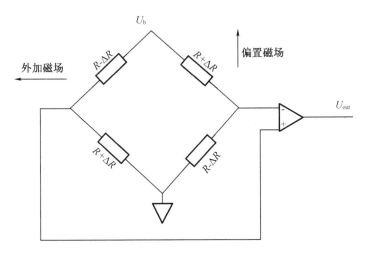

图 4.2.2 磁阻传感器内的惠斯登电桥

如图 4.2.2 所示,由于适当配置的四个磁电阻电流方向不相同,当存在外界磁场时,引起电阻值变化有增有减。因而输出电压 U_o 可表示为

$$U_o = \left(\frac{\Delta R}{R}\right) \cdot U_b \quad (4.2.2)$$

式中,U_b 是电桥的工作电压;$\Delta R/R$ 是外磁场引起的磁电阻阻值的相对变化。

对于一定的工作电压,如 $U_b = 5.00$ V,磁阻传感器输出电压 U_o 与外界磁场的磁感应强度成正比关系,可表示为

$$U_o = U_0 + KB \quad (4.2.3)$$

式中,U_0 为外加磁场为零时传感器的输出量;K 为传感器的灵敏度;B 为待测磁感应强度。

为了确定磁阻传感器的灵敏度,需要由一个标准磁场来进行标定。为此,可以采用亥姆霍兹线圈。由于亥姆霍兹线圈的特点是能在其轴线中心点附近产生较宽范围的均匀磁场区,所以常用作弱磁场的标准磁场。亥姆霍兹线圈公共轴线中心点位置的磁感应强度为

$$B = \frac{8\mu_0 NI}{5^{3/2} R} \quad (4.2.4)$$

式中,μ_0 为真空磁导率;N 为线圈匝数;I 为线圈流过的电流强度;R 为亥姆霍兹线圈的平均半径。

【实验方案】

利用亥姆霍兹线圈产生的磁场作为已知量,改变励磁电流大小,测量传感器的输出电压,用最小二乘法拟合,计算磁阻传感器的灵敏度 K;旋转转盘,找到地磁场磁感应强度的水平分量 $B_{/\!/}$ 的方向,并进行测量,调整转盘平面,测量磁倾角。

【实验仪器】

底座、转轴、带量角器的转盘、磁阻传感器及引线、亥姆霍兹线圈、电源、地磁场测量仪等。

【实验内容】

1. 仪器安装与调零

将亥姆霍兹线圈与测定仪上的直流电源用引线连接,将磁阻传感器与地磁场测定仪的输入端相连,输入电流调零(选择正向或反向,调节一个方向即可)。

2. 测量磁阻传感器的灵敏度 K

(1)将磁阻传感器放置在亥姆霍兹线圈公共轴线中点,并使管脚和磁感应强度方向平行,即传感器的感应面与亥姆霍兹线圈轴线垂直。

(2)用亥姆霍兹线圈所产生磁场作为已知量,每个线圈匝数 $N = 500$ 匝,线圈的半径 $R = 10$ cm,真空磁导率 $\mu_0 = 4\pi \times 10^{-7}$ N/A^2,则亥姆霍兹线圈轴线上中心位置的磁感应强度为(两个线圈串联)

$$B = \frac{8\mu_0 NI}{5^{3/2} R} = \frac{8 \times 4\pi \times 10^{-7} \times 500}{5^{3/2} \times 0.10} \times I = 44.96 \times 10^{-4} I \qquad (4.2.5)$$

式中,B 的单位为 T;I 的单位为 A。

(3)将励磁电流方向调整为正向,调节励磁电流,测量正向输出电压,测量间隔为 10 mA。改变励磁电流方向为反向,测量反向输出电压。将所得数据填入表 4.2.1 中。

表 4.2.1 测量灵敏度的实验数据记录表

励磁电流 I/mA(正)	磁感应强度 $B/10^{-4}$ T	输出电压 U_o/mV	励磁电流 I/mA(反)	磁感应强度 $B/10^{-4}$ T	输出电压 U_o/mV
0			0		
10			10		
20			20		
30			30		
40			40		
50			50		
60			60		

(4)利用最小二乘法求出磁阻传感器的灵敏度 K。

3. 测量地磁场

(1)将亥姆霍兹线圈与直流电源的连接线拆去,把转盘刻度调节为 $\theta = 0°$,将磁阻传感器平行固定在转盘上,调整转盘,使之水平(可用水准器指示)。

(2)水平旋转转盘,找到传感器输出电压最大方向,这个方向就是地磁场磁感应强度的水平分量 $B_{//}$ 的方向。记录此时传感器输出电压 U_1 后,再旋转转盘,记录传感器输出最小电压 U_2,由 $|U_1 - U_2|/2 = KB_{//}$,求得当地地磁场水平分量 $B_{//}$。

(3)将带有磁阻传感器的转盘平面调整为铅直,并使装置沿着地磁场磁感应强度水平分量 $B_{//}$ 方向放置,只是方向转 90°。(思考:如何调节可以满足以上要求?)

(4)转动调节转盘,分别记下传感器输出最大和最小时转盘指示值和水平面之间的夹角 β_1 和 β_2,同时记录此时的最大读数 U'_1 和 U'_2。

(5)由磁倾角 $\beta = (\beta_1 + \beta_2)/2$,计算 β 的值,找到输出电压变化很小时,磁倾角 β 的变化范围。

(6)由 $|U_1' - U_2'|/2 = KB$,计算地磁场磁感应强度 B 的值。并计算地磁场的垂直分量 $B_\perp = B\sin\beta$。

(7)共进行 5 次测量,记录 5 组数据。

【注意事项】

1. 实验过程中,实验仪器周围的一定范围内不应存在铁磁金属物体,以保证测量结果的准确性。

2. 测量磁阻传感器灵敏度时,不能在有励磁电流时直接改变励磁电流方向,需将励磁电流调回零后,再调节电流方向。

【数据处理】

1. 利用最小二乘法,或是利用计算机作图,求出磁阻传感器的灵敏度 K。
2. 在地磁场参量的测量中,采用多次测量取平均值的办法,得出各参量的具体数值。

实验3 用分光计测量三棱镜的折射率

光线在传播过程中,遇到不同介质的分界面时会发生反射和折射,光线将改变传播的方向,在入射光与反射光或折射光之间就形成一定的夹角。通过对某些角度的测量,可以测定折射率、光栅常数、光波波长、色散率等许多物理量,因而精确测量这些角度,在光学实验中显得十分重要。

分光计是一种能够较精确测量上述要求角度的典型光学仪器,经常用来测量材料的折射率、色散率、光波波长和进行光谱观测等。由于该装置比较精密,控制部件较多而且操作复杂,所以使用时必须严格按照一定的规则和程序,方能获得较高精度的测量结果。

分光计的调整思想、方法与技巧在光学仪器中有一定的代表性,学会对它的调节和使用方法,有助于掌握操作更为复杂的光学仪器。初次使用者往往会遇到一些困难,但只要在实验调整观察中,弄清调整要求,注意观察出现的现象,并努力运用已有的理论知识去分析、指导操作,在反复练习之后才开始正式实验,一般也能掌握分光计的使用方法,并顺利完成实验任务。

实验3.1 分光计的调整

【实验目的】

1. 了解分光计的构造。
2. 学会分光计的调整方法。

【问题探索】

1. 分光计的构造是怎样的?分光计在使用前为什么必须调整?

2. 分光计的调整方法是什么？

【实验仪器】

分光计由望远镜、载物台、读数装置及平行光管四个主要部分组成，装置如图 4.3.1 所示。

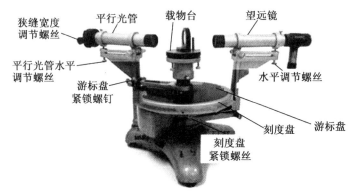

图 4.3.1　分光计装置图

1. 望远镜（名称后的号码为图 4.3.2 中的代号，以下同）

望远镜 4 由物镜、自准目镜和叉丝组成的圆筒构成。自准镜为高斯目镜。小灯泡照射的光自望远镜筒底部小孔射入，通过与镜轴成 45°的全反射镜反射照亮叉丝。叉丝与物镜、目镜间的距离皆可调节。望远镜支架 18 和刻度盘 16 固定在一起，可以绕分光计中心轴旋转，旋转角度可通过游标系统读出。用望远镜固定螺丝 20 固定望远镜后可借助望远镜微调螺丝 19 准确对准狭缝（或像）。望远镜的水平调节可用望远镜水平调节螺丝 14 调节（注意先打开锁紧螺丝 12）。

2. 载物台

载物台 6 是用来放待测件的。台面下装有三个调整台面水平状态的螺丝 5（S_1，S_2，S_3），螺丝 11 是固定载物台的螺丝。

3. 读数装置

读数装置由刻度盘 16 和游标盘 17 组成。刻度圆盘分为 360°，最小刻度为半度，即 30′。游标上刻有 30 个小格，每一格对应 1′。游标读数的方法与游标卡尺类似；游标 0 对应的主尺上读到"度"，游标和主尺对齐处在游标上读到"分"，如图 4.3.3 所示的位置应读为 115°40′。注意：游标的"零"刻度对齐的主尺刻度过了半度，应加 30′。

刻度盘的转轴（望远镜筒的转轴）与分光计中心轴应重合。但由于制造中的加工误差，转动轴与仪器的中心轴偏离。偏心引起的系统效应服从正弦分布。相差 180°处误差大小相等，方向相反。为补偿偏心引起的系统效应在相隔 180°处双游标读数。这是在带有转动系统的仪器，补偿因偏心引起的系统效应的重要措施（可参看本节的知识拓展 2）。

4. 平行光管

在柱形圆筒一端装有一个套筒，套筒末端有一狭缝，柱形圆筒另一端装有消色差透镜组，用鼓轮（有些仪器有固定螺丝，如图 4.3.2 中的 8，应松开，可前后拔插）移动套筒，使狭

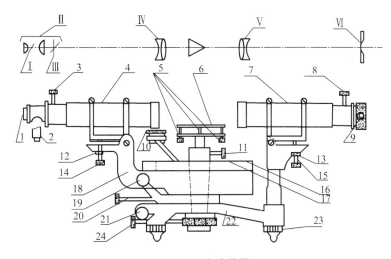

图 4.3.2 分光计装置图

Ⅰ—45°全反射镜;Ⅱ—目镜组;Ⅲ—十字叉丝;Ⅳ—物镜;Ⅴ—透镜;Ⅵ—狭缝
1—目镜;2—小灯;3—固定目镜螺丝;4—望远镜;5—调载物台水平螺丝;6—载物台;7—平行光管;
8—固定狭缝螺丝;9—狭缝;10—放大镜;11—固定载物台螺丝;12—锁紧螺丝;13—锁紧螺丝;
14—望远镜水平调节螺丝;15—平行光管水平调节螺丝;16—刻度盘;17—游标盘;
18—望远镜支架;19—望远镜微调螺丝;20—望远镜固定螺丝;21—游标盘微调螺丝;
22—底座;23—水平调节螺丝;24—游标盘固定螺丝

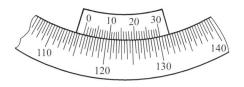

图 4.3.3 读数装置示意图

缝位于透镜的焦平面,平行光管 7 射出平行光束。缝宽可用螺旋 9 调节(注意拧进螺丝,狭缝变宽),平行光管的水平可用平行管水平调节螺丝 15 进行调节(先打开锁紧螺丝 13),使平行光管的光轴和分光计的中心轴垂直。

【实验内容】

使用分光计时必须满足以下两个要求:

(1)入射光和出射光应当是平行光,即平行光管射出的光和望远镜接收的光都应是平行光。

(2)入射线、出射线所在的平面以及反射面(或折射面)的法线所在的平面应当与分光计的刻度圆盘面平行。为此,分光计的中心轴必须与望远镜光轴、平行光管光轴相垂直,且与待测件的光学面相平行。

所以,分光计必须进行调整才可以使用。

通常仪器的调整都要先进行目视粗调。目视粗调,顾名思义,就是直接用眼睛观察仪器,应该水平的就要水平,应该垂直的就要垂直。如分光计中平行光管和望远镜(的光轴)

以及载物台都要水平。

调整分光计要依次调节望远镜、载物台、待测件及平行光管。

1. 望远镜的调节

调节要求：望远镜光轴（望远镜的中心线）与分光计中心轴垂直。为实现这一要求，先将平镜放在载物台上，如图4.3.4所示。平镜的一端对准载物台下面的一个螺丝（图4.3.4中的S_2），平镜的两个面垂直于另外两个螺丝（图4.3.4中的S_1与S_3）的连线。为了后面说明的方便，我们将平镜的任意一个面定义为A面，另一个面为B面。

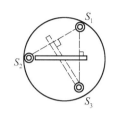

图4.3.4 平镜在载物台上的位置示意图

自准直法：当仪器接通电源，小灯泡发出的光通过望远镜底部小窗口射入望远镜镜筒时，筒内45°镜全反射照亮十字叉丝，调节目镜组的位置，使叉丝位于望远镜物镜的焦平面上，出射的光将成为平行光，该平行光从望远镜射入载物台上的平面镜，若这一平行光与平面镜垂直，据光路的可逆性，反射光将沿原入射线返回、聚焦并成像，在望远镜中看到物与像（叉丝与叉丝像）重合的现象（实际上是轴对称位置）。这种调节光路时，以物与像是否重合为依据调节光轴与镜面垂直的方法称为自准直法。

（1）粗调

按照图4.3.4所示的实线位置放好平镜（S_1，S_3连线垂直于平镜镜面，S_2通过镜面），转动载物台，当平镜的两个面（A面和B面）各自对准望远镜时，在望远镜视野中都能看到反射回来的叉丝像，即可达到粗调的要求。粗调是否顺利，是调节分光计快慢的关键。

一般做好目视粗调后，当转动载物台，平镜的A，B两面各对准望远镜时，其中一面（如A面）能看到反射回来的光斑（叉丝像），而另一面（如B面）往往看不到。若两个面都看不到，可转动载物台和拧动螺丝S_3来实现。

望远镜对准已出现反射叉丝像的面（A面），看着反射的叉丝像：

①拧动S_3，使叉丝像位于望远镜视野上方，如图4.3.5所示。

②拧动望远镜水平调节螺丝14使叉丝像回到视野的中心。

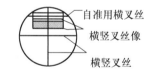

图4.3.5 叉丝像在望远镜视野中的位置示意图

③将载物台转动180°对准B面，查看B面是否已出现叉丝像。按上面①②③的顺序可反复进行实验2～3次，若仍看不到反射的叉丝像，就会发现原来的目视粗调已被严重破坏（如载物台明显倾斜），应沿相反的方向进行调节，即用螺丝14使叉丝像位于上方；用S_3使叉丝像位于望远镜视野中心；转动180°对准B面查看是否出现反射的叉丝像。

注意 在粗调中，始终是对着已出现反射像的面（如A面），看着叉丝像进行调节，而转到B面只是查验是否出现反射叉丝像。在调节过程中，一直保持从A面看到的反射像不丢失，而使B面的反射像相对望远镜，或者徐徐上升或者徐徐下降，总能出现在望远镜视野中，这样就达到了粗调的要求。

（2）细调

平镜的一面（A面）对准望远镜，转动载物台，使竖直叉丝与竖直叉丝像对齐。拧动载物台水平调节螺丝S_3，横叉丝与横叉丝像的距离（图4.3.6中的d）缩小一半（至$d/2$），再拧动望远镜水平调节螺丝14,使横叉丝与横叉丝像完全重合,进行各半调节(用S_3和螺丝14)。对另一面(如B面)重复上面的调节,即用水平调节螺丝S_3和望远镜水平调节螺丝14进行各半调节使叉丝与叉丝像重合。各半调节的物理实质是:对一面(如A面),只要采用各半调节,那么另一面(B面)叉丝像相对于望远镜的位置不变。因此采用各半调节A面时,B面对准望远镜的叉丝像,仍保持粗调后能看到反射叉丝像的原来状态。同样若调节完A面之后再用各半调节

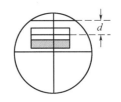

图4.3.6 细调时叉丝像在望远镜视野中的位置示意图

调B面,A面调好的物与像重合的状态应保持不变,但是"各半"只是用眼睛大约估计的,因此调B面,重新观测原来已调好的A面时,重合在一起的叉丝与叉丝像稍有分开,仍须再补充做一两次的各半调节,才会得到非常满意的效果。

2. 载物台的调整

这一步的调整是为了更加顺利地进行下一步待测件的调节而做的。在上一步的调节中,通过S_3(或S_1),使S_1处和S_3处的高度相同,即S_1S_3的连线平行于望远镜轴,但含镜面的S_2没有调。为了调节S_2,将平镜转动一个小角度,放在如图4.3.7所示的虚线位置,使S_1和S_2的连线垂直于平面镜镜面,S_3含在平面镜镜面。只调S_2,使平镜与望远镜自准(叉丝与叉丝像重合)即可。(注意:不是各半调节)。

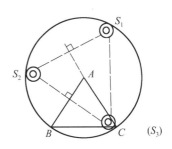

图4.3.7 三棱镜载物台的调整位置示意图

3. 待测件——三棱镜的调节

如图4.3.7放好三棱镜,使三棱镜顶(顶角α处)A位于接近载物台中心,C位于任一载物台水平调节螺丝(S_3)上方。因△ABC与△$S_1S_2S_3$都是正三角形,因此光学面AB垂直于S_2,S_3的连线,另一光学面AC垂直于S_1,S_2连线。也就是说AB面可通过S_2和S_3进行自准(物像重合),AC面通过S_1和S_2进行自准。

值得注意的是,调整载物台水平螺丝S_2,既可调AC面,又可调AB面,这反而限制住了它的使用,成为不准动的螺丝。待测件——三棱镜的调节可简述如下:如图4.3.7放好三棱镜,AB面只用S_3,AC面只用S_1,可使各自达到自准状态。

另外要说明的是,由于不同生产厂家生产的仪器不同,有的仪器在调节时看到的叉丝像与图4.3.5和图4.3.6所示的情况不同,而是如图4.3.8所示的情况,但对应的调节方法及叉丝像的位置相同。

4. 平行光管的调整

打开钠光灯光源,用狭缝调节螺丝9可使狭缝适合(在视野中约0.5 mm左右),转动狭缝90°,使狭缝平行于望远镜横叉丝。调节平行光管水平调节螺丝15,使狭缝与中间横叉丝重合,再把狭缝竖过来。

在测量之前必须使叉丝、叉丝像和狭缝清晰:

(1)转动目镜使叉丝清晰;

(2)移动(或用调焦鼓轮)目镜组相对物镜的位置使反射像清晰;

(3)在做完前两步后,移动(或用调狭缝焦距鼓轮)狭缝使狭缝清晰,这样平行光管射出平行光,望远镜可接受平行光,可重复调节直到满意为止(适当补充进行自准调节)。

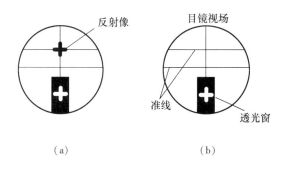

图 4.3.8　三棱镜载物台的调整位置示意图

望远镜的视差可以通过反复旋转自准目镜Ⅱ、调焦鼓轮直至移动眼睛看叉丝和叉丝像都没有相对移动来消除。

5. 三棱镜的补充调节

有的分光计仪器,从三棱镜光面反射回的叉丝像非常模糊,不容易找到叉丝像,特别是打开钠光灯后,由于受外面钠光灯光线的干扰,叉丝像变得更加模糊,在操作中比较难找到叉丝像。此时可以利用外部钠光灯光源的光线调节三棱镜。

前提条件　望远镜和平行光管已经调好,特别是将光线狭缝横置时,狭缝与望远镜中间横叉丝重合。

调节方法　当三棱镜对应图 4.3.7 所示的位置时,转动载物台和望远镜,先找到从三棱镜的 AC 面反射回的狭缝,调节螺丝 S_1 使反射狭缝与望远镜中间横叉丝重合,则 AC 面调好。用同样的方法调节螺丝 S_3 可调好 AB 面。

调节要求　从三棱镜两光面反射回来的狭缝的像与望远镜中间横叉丝重合。

实验 3.2　测量三棱镜的折射率

【实验目的】

1. 学会使用分光计测量角度。
2. 掌握用分光计测量三棱镜折射率的方法。

【问题探索】

1. 怎样用分光计测量角度?
2. 为什么每次测量都采取双游标读数?
3. 如何测量三棱镜的顶角?
4. 怎样找到最小偏向角出射光的位置?

【实验仪器】

分光计和三棱镜。

【实验原理】

三棱镜如图 4.3.9 所示,AB 和 AC 是透光的光学表面,又称折射面,其夹角 α 称为三棱镜的顶角;BC 为毛玻璃面,称为三棱镜的底面。

用反射法测量三棱镜顶角的原理如下:

如图 4.3.10 所示,一束平行光入射于三棱镜,经过 AB 面和 AC 面有两条反射光线,它们分别沿 AB 和 AC 方位射出,两条反射线的夹角记为 φ,由几何学关系可知

$$\alpha = \frac{1}{2}\varphi \tag{4.3.1}$$

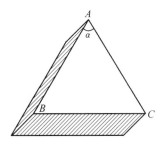

图 4.3.9　三棱镜示意图

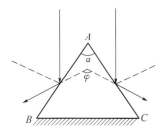

图 4.3.10　反射法测顶角

图 4.3.11 为测三棱镜折射率的光路图。BC 为三棱镜底面,为毛玻璃面,毛玻璃面对应的角 α 为三棱镜的顶角。当一束平行光 L 射入 AB 面,在 AB 面、AC 面两次折射,以 R 的方向射出。入射线 L 与出射线 R 之间的夹角 δ 为偏向角。

随载物台的转动,入射角 i_1 发生变化,继而引起 i_2,i_3 及 i_4 的变化,因此偏向角 δ 也要改变。根据在 AB 面和 AC 面的折射定律,各角的几何关系以及 $\frac{d\delta}{di_1}=0$,

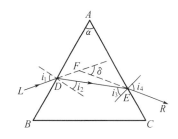

图 4.3.11　测三棱镜折射率的光路图

$\frac{d^2\delta}{di_1^2}>0$ 的极值条件,可以证明(参看本实验的知识拓展1),当 $i_1=i_4$,$i_2=i_3$ 时偏向角 δ 取最小值,称此角为最小偏向角,以 $\delta_{\min}$ 表示,此时有

$$n = \frac{\sin i_1}{\sin i_2} = \frac{\sin\frac{1}{2}(\delta_{\min}+\alpha)}{\sin\frac{\alpha}{2}} \tag{4.3.2}$$

对三棱镜折射率 n 的测量转换成对顶角 α 及最小偏向角 $\delta_{\min}$ 的测量。

【实验方案】

分光计是一种能够较精确测量各种角度的光学仪器,这些角度包括入射角、反射角、折射角和衍射角等。实际上,分光计直接测量的是各种光线,虽然读数得到的是角度。

本实验首先利用自准直法对分光计进行调节,以达到分光计可正确测量的状态;然后根据式(4.3.2),用分光计测量三棱镜顶角两侧的反射线、光源的入射线和对应最小偏向角的折射线,进而求得顶角 α 及最小偏向角 $\delta_{\min}$,最终计算出三棱镜的折射率 n。在测量角度时,采用双孔读数以消除由偏心引起的正弦规律系统效应(参见本实验的知识拓展1)。

【实验内容】

1. 三棱镜顶角的测定

转动载物台,使已调好的三棱镜顶角对准平行光管(图 4.3.10),使平行光管射出来的光束照在棱镜的两个光学表面 AB 和 AC 面,转动望远镜在 AB 面一侧,找出从 AB 面反射的狭缝像并对准竖叉丝,在左右游标中读出 φ_1, φ_1',再转动望远镜至 AC 面一侧,用同样方法在左右游标中读出 φ_2, φ_2'。因而,三棱镜的顶角为

$$\alpha = \frac{\varphi}{2} = \frac{1}{4}(|\varphi_2 - \varphi_1| + |\varphi_2' - \varphi_1'|) \tag{4.3.3}$$

稍微转动载物台再重复测量,共测 5 次,求出顶角并表示测量结果。

在计算望远镜转过的角度时要注意转动望远镜时游标零位是否经过刻度盘的零点。若从 AB 面的反射光线读数是 $\varphi_1 = 175°45'$,$\varphi_1' = 355°45'$,从 AC 面的读数为 $\varphi_2 = 295°43'$,$\varphi_2' = 115°43'$。则左游标读数(φ_1', φ_2)没过零点,故 $\varphi = \varphi_2 - \varphi_1 = 195°58'$。但右游标的读数($\varphi_1', \varphi_2'$)过零点,夹角应为 $\varphi = 360° + \varphi_2' - \varphi_1' = 119°58'$。

由于很难发现游标零位是否经过刻度盘的零点(后面简称是否过零点),所以很难在做实验的过程中发现是否过零点,因此我们需从测量的数据中判断是否过零点。判断的方法和处理准则如下。

判断方法 从实验中依次读取 4 个数据,分别是 $\varphi_1, \varphi_1', \varphi_2$ 和 φ_2'。对于不同的分光计,即使相同的待测件,φ_1 与 φ_1' 之间的大小也不能确定。判断是否过零点需要依据所读数字的大小。当 $\varphi_1 > \varphi_1'$ 时,如果 $\varphi_2 > \varphi_2'$,则没过零点;如果 $\varphi_2 < \varphi_2'$,则过零点。是否过零点的详细判断方法如下:

$$\begin{cases} \varphi_1 > \varphi_1' \begin{cases} \varphi_2 > \varphi_2' \ \text{不过零点} \\ \varphi_2 < \varphi_2' \ \ \ \text{过零点} \end{cases} \\ \varphi_1 < \varphi_1' \begin{cases} \varphi_2 > \varphi_2' \ \ \ \text{过零点} \\ \varphi_2 < \varphi_2' \ \text{不过零点} \end{cases} \end{cases} \text{或} \begin{cases} \varphi_1 > \varphi_2 \begin{cases} \varphi_1' > \varphi_2' \ \text{不过零点} \\ \varphi_1' < \varphi_2' \ \ \ \text{过零点} \end{cases} \\ \varphi_1 < \varphi_2 \begin{cases} \varphi_1' > \varphi_2' \ \ \ \text{过零点} \\ \varphi_1' < \varphi_2' \ \text{不过零点} \end{cases} \end{cases}$$

处理准则 (1)不过零点,全部数据不变,代入式(4.3.3)进行处理。

(2)过零点,将 4 个数据中最小的数据加 360°,其他数据不变,代入式(4.3.3)进行处理。

2. 测量最小偏向角

(1)用望远镜寻找偏向角

光学玻璃制成的三棱镜最小偏向角 δ_{min} 一般为 50°左右,因此应在出射线与入射线的夹角大于 50°处放置望远镜(图 4.3.12 中的 δ_{min}),缓慢来回转动载物台,使光线从 AC 面入射,从望远镜中看到 AB 面出射的狭缝像。

(2)确定最小偏向角的位置

转动载物台,改变入射角,出射线的方位将变化。将出射线向入射线靠拢的方向转动载物台使偏向角 δ 变小,并转动望远镜跟踪狭缝像。当接近最小偏向角的位置时,狭缝像移动缓慢直至停下来,偏向角不能再变小,而向相反的方向(偏向角变大的方向)逆转。此反向逆转处恰好是最小偏向角处。缓慢转动载物台仔细确定最小偏向角的方位。

(3)转动望远镜,使竖直叉丝与狭缝像对齐,读出角度 θ_1 和 θ_1'。

(4)转动望远镜至入射线对齐,读出入射线的方位 θ_0 和 θ_0'。

(5)转动望远镜至入射线的左侧,转动载物台使光线从 AB 面入射,重复步骤(1)、步骤(2),测出另一方向的最小偏向角的方位,读出 θ_2 和 θ_2'。在两面处(即入射面为 AB 和 AC)多次测量,按下式计算最小偏向角并表示测量的结果:

$$\delta_{\min} = \frac{1}{2}(|\theta_i - \theta_0| + |\theta_i' - \theta_0'|) \quad (4.3.4)$$

把顶角及最小偏向角代入计算折射率的式(4.3.2)中,求出折射率 n 及其不确定度,并表示测量结果。

【注意事项】

望远镜调好后,在下面的调整以及整个测量中不要再动望远镜倾斜螺丝。

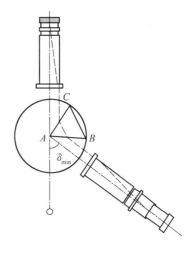

图 4.3.12　测量最小偏向角时平行管、三棱镜、望远镜的位置示意图

【数据处理】

1. 顶角的测量

测量数据如表 4.3.1 所示。

表 4.3.1　测量顶角数据表

测量次数	1	2	3	4	5
φ_1					
φ_1'					
φ_2					
φ_2'					

利用式(4.3.3)求出顶角的 5 次测量值,计算顶角的平均值和 A 类标准不确定度。将两类标准不确定度合成,写出顶角的测量结果。

注意　由于仪器的 B 类标准不确定度是 0.5 分,则顶角的 B 类标准不确定度是 0.25 分。

2. 最小偏向角的测量

测量数据如表 4.3.2 所示。

表 4.3.2 测量最小偏向角的数据表

测量次数	1	2	3	4	5
θ_i					
θ_i'					

再测量入射线的角度 θ_0 和 θ_0'。利用式(4.3.4)算出 5 次最小偏向角的测量值。计算最小偏向角的平均值和 A 类标准不确定度。将两类标准不确定度合成，写出最小偏向角的测量结果。

3. 折射率的计算

利用式(4.3.2)算出折射率的数值，再评定折射率 n 的合成不确定度。计算不确定度的部分公式是 $\dfrac{\partial n}{\partial \alpha} = -\dfrac{\sin\dfrac{\delta_{\min}}{2}}{2\sin^2\dfrac{\alpha}{2}}$，$\dfrac{\partial n}{\partial \delta_{\min}} = \dfrac{\cos\dfrac{\alpha+\delta_{\min}}{2}}{2\sin\dfrac{\alpha}{2}}$，写出折射率的测量结果。

4. 数据处理参考

$$\alpha = \frac{\varphi}{2} = \frac{1}{4}(|\varphi_2 - \varphi_1| + |\varphi_2' - \varphi_1'|)$$

$$\overline{\alpha} = \frac{1}{5}(\alpha_1 + \alpha_2 + \alpha_3 + \alpha_4 + \alpha_5)$$

$$\delta_{\min} = \frac{1}{2}(|\theta_i - \theta_0| + |\theta_i' - \theta_0'|)$$

$$\overline{\delta_{\min}} = \frac{1}{5}(\delta_{\min 1} + \delta_{\min 2} + \delta_{\min 3} + \delta_{\min 4} + \delta_{\min 5})$$

$$\overline{n} = \frac{\sin i_1}{\sin i_2} = \frac{\sin\dfrac{1}{2}(\overline{\delta_{\min}} + \overline{\alpha})}{\sin\dfrac{\overline{\alpha}}{2}}$$

$$u_A(\alpha) = \sqrt{\frac{\sum_{i=1}^{5}(\alpha_i - \overline{\alpha})^2}{5(5-1)}}$$

$$u_B(\alpha) = 0.25'$$

$$u_c(\alpha) = \sqrt{u_A^2(\alpha) + u_B^2(\alpha)}$$

$$u_A(\delta_{\min}) = \sqrt{\frac{\sum_{i=1}^{5}(\delta_{\min i} - \overline{\delta_{\min}})^2}{5(5-1)}}$$

$$u_B(\delta_{\min}) = 0.5'$$

$$u_c(\delta_{\min}) = \sqrt{u_A^2(\delta_{\min}) + u_B^2(\delta_{\min})}$$

$$u_c(n) = \sqrt{\left[\frac{\partial n}{\partial \alpha}u_c(\alpha)\right]^2 + \left[\frac{\partial n}{\partial \delta_{\min}}u_c(\delta_{\min})\right]^2}$$

$$n = \overline{n} \pm 2u_c(n)$$

知识拓展 1 推导三棱镜折射率的表达式

在图 4.3.11 的 △ADE 中,有

$$\alpha + \angle ADE + \angle AED = 180° \tag{4.3.5}$$

$$\angle ADE = 90° - i_2 \tag{4.3.6}$$

$$\angle AED = 90° - i_3 \tag{4.3.7}$$

由式(4.3.5)、式(4.3.6)、式(4.3.7),得

$$\alpha = i_2 + i_3 \tag{4.3.8}$$

△FDE 中外角 δ 可由下式确定:

$$\delta = \angle FDE + \angle FED \tag{4.3.9}$$

$$\angle FDE = i_1 - i_2$$

$$\angle FED = i_4 - i_3 \tag{4.3.10}$$

将式(4.3.10)代入式(4.3.9),有

$$\delta = i_1 + i_4 - \alpha \tag{4.3.11}$$

将式(4.3.11)两边对 i_1 求导数,再求极值,有

$$\frac{\partial \delta}{\partial i_1} = 1 + \frac{\mathrm{d}i_4}{\mathrm{d}i_1} = 0$$

$$\frac{\mathrm{d}i_4}{\mathrm{d}i_1} = -1 \tag{4.3.12}$$

由微分的性质,有

$$\frac{\mathrm{d}i_4}{\mathrm{d}i_1} = \frac{\mathrm{d}i_4}{\mathrm{d}i_3} \cdot \frac{\mathrm{d}i_3}{\mathrm{d}i_2} \cdot \frac{\mathrm{d}i_2}{\mathrm{d}i_1} \tag{4.3.13}$$

由 AB 面和 AC 面折射及反射定律,有

$$\sin i_1 = n \sin i_2 \tag{4.3.14}$$

$$\sin i_4 = n \sin i_3 \tag{4.3.15}$$

在式(4.3.14)、式(4.3.15)中,空气的折射率为 1,玻璃的折射率为 n。

将式(4.3.14)两边对 i_1 求导数,有

$$\cos i_1 = n \cos i_2 \cdot \frac{\mathrm{d}i_2}{\mathrm{d}i_1}$$

$$\frac{\mathrm{d}i_2}{\mathrm{d}i_1} = \frac{\cos i_1}{n \cos i_2} \tag{4.3.16}$$

将式(4.3.15)两边对 i_3 求导数,有

$$\frac{\mathrm{d}i_4}{\mathrm{d}i_3} = \frac{n \cos i_3}{\cos i_4} \tag{4.3.17}$$

将式(4.3.8)两边对 i_2 求导数,有

$$0 = 1 + \frac{\mathrm{d}i_3}{\mathrm{d}i_2}$$

$$\frac{\mathrm{d}i_3}{\mathrm{d}i_2} = -1 \tag{4.3.18}$$

把式(4.3.16)、式(4.3.17)和式(4.3.18)代入式(4.3.13),有

$$\frac{\mathrm{d}i_4}{\mathrm{d}i_1} = \frac{n\cos i_3}{\cos i_4} \cdot (-1) \cdot \frac{\cos i_1}{n\cos i_2} \tag{4.3.19}$$

将式(4.3.14)、式(4.3.15)中的 $\sin i_1$ 和 $\sin i_4$ 代入式(4.3.19),有

$$\frac{\mathrm{d}i_4}{\mathrm{d}i_1} = -\frac{\cos i_3}{\cos i_2} \cdot \frac{\sqrt{1-n^2\sin^2 i_2}}{\sqrt{1-n^2\sin^2 i_3}} = -1$$

整理得

$$i_2 = i_3 \tag{4.3.20}$$

将式(4.3.20)代入式(4.3.15),与式(4.3.16)进行比较,得

$$i_1 = i_4 \tag{4.3.21}$$

进一步可以证明,此时有 $\dfrac{\mathrm{d}^2\delta}{\mathrm{d}i^2} > 0$,$\delta$ 可取最小值,用 $\delta_{\min}$ 表示。

将式(4.3.20)代入式(4.3.8),有

$$\alpha = 2i_2$$

$$i_2 = \frac{\alpha}{2} \tag{4.3.22}$$

将式(4.3.21)代入式(4.3.11),有

$$\delta_{\min} = 2i_1 - \alpha$$

所以

$$i_1 = \frac{1}{2}(\delta_{\min} + \alpha) \tag{4.3.23}$$

由式(4.3.14),得到测量三棱镜折射率的表达式为

$$n = \frac{\sin i_1}{\sin i_2} = \frac{\sin\dfrac{1}{2}(\delta_{\min} + \alpha)}{\sin\dfrac{\alpha}{2}} \tag{4.3.24}$$

知识拓展2 补偿正弦规律系统效应的典型实验方法

分光计双孔读数的目的是消除偏心引起的周期性不确定度,这种周期性不确定度可以归结为正弦规律系统效应。为了易于理解并结合具体的情况,我们分为简单说明和实际读数补偿两种方式来说明。

1. 简单说明

如图4.3.13所示,设望远镜绕 O' 轴转动,而仪器的固定轴为圆心 O。将 OO' 连接作为参考线,根据三角形的外角等于它不相邻的两个内角之和定理,有

$$\varphi_2 = \angle 1 + \alpha, \quad \alpha = \angle 2 + \varphi_1$$

因为 O 是圆心,则 $\angle 1 = \angle 2$,所以

$$\alpha = \frac{1}{2}(\varphi_1 + \varphi_2)$$

由此可见,双孔读数的方法抵消了偏心引起的正弦规律系统效应。

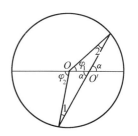

图4.3.13 消除偏心系统不确定度的简单原理图

2. 实际读数的补偿情况

设望远镜绕 O 轴转动,而仪器的固定轴为 O'(为简单起见两轴相互平行且垂直于纸面),在图 4.3.14 中,假设望远镜开始时分光计的读数为 φ_1 和 φ_1',转动角度 α 后读数是 φ_2 和 φ_2',则根据简单说明情况的结论:

$$\beta = \frac{1}{2}(\varphi_1 + \varphi_1' - 180°)$$

$$\alpha + \beta = \frac{1}{2}(\varphi_2 + \varphi_2' - 180°)$$

图 4.3.14 双孔读数补偿详细说明图

上面两个公式中的减去 180°是由于分光计的读数圆盘按照 360°标记,公式中的读数与简单情况的角度比较多出 180°。则望远镜转动的角度是

$$\alpha = \alpha + \beta - \beta = \frac{1}{2}[(\varphi_2 - \varphi_1) + (\varphi_2' - \varphi_1')]$$

上述方法说明,偏心引起的系统效应可用相距 180°处双孔读数的方法来抵消。

实验 4 测定金属材料的杨氏弹性模量

材料受外力作用时必然发生形变,在弹性限度内其应力(单位面积上所受力的大小)和应变(单位长度上的形变)的比值称为杨氏弹性模量。它是衡量材料受力后形变的参数之一,是设计各种工程结构时选用材料的主要依据之一。本实验分别采用拉伸法和动态法测定金属材料的杨氏弹性模量。

静态拉伸法是测定金属材料弹性模量的一种传统方法,这种方法拉伸实验载荷大,加载速度慢,存在弛豫过程,对脆性材料和不同温度条件下的测量难以实现,但作为教学实验,该方法在仪器合理配置、长度的放大测量及测量结果的不确定度评定等方面具有普遍意义。

动态法是测定弹性模量的另一种方法,它可以克服静态拉伸法的不足之处,是目前国际上应用广泛的一种测量方法,也是国家标准中推荐采用的一种测量方法。

↪ 实验 4.1　用拉伸法测量金属材料的杨氏弹性模量

【实验目的】

1. 学会用光杠杆法测量微小变化量,进而测定金属材料的杨氏弹性模量。
2. 熟练掌握螺旋测微器(即千分尺)、游标卡尺等的使用。
3. 掌握用逐差法处理数据的方法。

【问题探索】

1. 本实验用什么方法测量金属材料的微小变化量?除此实验方法外,还能想出哪些测量物体微小变化量的方法?

2. 材料相同,但粗细长度不同的两根钢丝,它们的杨氏弹性模量是否相同?

3. 光杠杆有什么优点?试计算:在钢丝的下端增加 5 kg 砝码时,钢丝的伸长 ΔL 为多少厘米,光杠杆的放大倍数 K 有多大?

4. 试分析:在实验中,哪些测量值对实验结果的影响较大,应如何改进?

【实验原理】

任何物体(或材料)在外力作用下都会发生形变。当形变不超过某一限度时撤走外力则形变随之消失,这是一个可逆过程,这种形变称为弹性形变,这一限度称为弹性极限。超过弹性极限,物体就会产生永久形变(亦称塑性形变),即撤出外力后形变依然存在,永久形变为不可逆过程。当外力进一步增大到某一点时,会突然发生很大的形变,该点称为屈服点。在达到屈服点后不久,材料可能发生断裂,在断裂点被拉断。

杨氏弹性模量是一个表征材料性质的物理量,它仅与材料的结构、化学成分及其加工制造方法有关,而与试样的尺寸、形状和外加的力无关。杨氏模量的大小标志了材料的刚性。

用拉伸法测定金属丝杨氏弹性模量的实验装置如图 4.4.1 所示,将金属丝的上端固定于上夹头 A 处,下端与挂钩连接起来,挂钩上挂有砝码盘。金属丝穿过平台 C 并固定于下夹头 B 上,夹头 B 在平台 C 的孔中能上下自由移动(注意:不应让它扭动)。光杠杆 M 的前足尖放在平台 C 上,后足尖放在夹头 B 上。光杠杆前方一定距离处有尺读望远镜 T 和标尺 R。

当砝码盘上的砝码增加或减少时,钢丝就会被伸长或缩短,夹在钢丝上的夹头 B 便随之下降或上升,光杠杆 M 的平面镜也随之发生偏转,从望远镜 T 中可以观察到标尺刻度值的变化。根据光杠杆原理,可以求出钢丝伸长量 ΔL。

设一根粗细均匀的金属丝的长度为 L,截面积为 S,将其上端固定于上夹头 A 处,下端悬挂砝码。于是金属丝受外力 F(砝码的重力)的作用发生形变,伸长了 ΔL。根据胡克定律,在弹性限度内,弹性体的应力和应变成正比,即

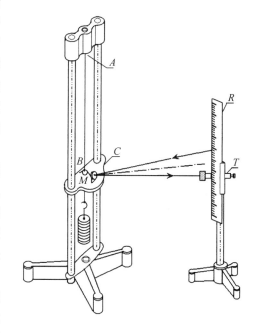

图 4.4.1 实验装置图

$$\frac{F}{S} = E \frac{\Delta L}{L}$$

$$E = \frac{\dfrac{F}{S}}{\dfrac{\Delta L}{L}} \qquad (4.4.1)$$

式中,比例系数 E 称为该材料的杨氏弹性模量,单位是 N/m^2。加于金属丝的外力 F,金属丝的长度 L 和面积 S 都可以用一般方法测量,而伸长量 ΔL 是很小的。如何测定微小长度的变化是实验的关键。

本实验中利用光杠杆放大原理来测量这一微小的长度变化量。如图 4.4.2 所示,设未加砝码时,光杠杆镜面的法线为 OU,从望远镜中读得标尺的读数为 n_0。增加一个砝码时,金属丝伸长 ΔL,光杠杆的后足尖随夹头 B 下降,反射镜就偏转一个 α 角。若 $\angle \alpha$ 很小,O 点的位移可忽略,即图中的 O 点与 O' 点可以看成一点,此时镜面的法线是 OV。从望远镜中读得标尺读数为 n_1。若光杠杆的长度为 b,从光杠杆镜面到标尺的垂直距离为 D,可以证明,在 $\Delta L \ll b$ 的情况下,因为

$$\alpha = \frac{\Delta L}{b}, \qquad \frac{\Delta n}{D} = 2(i_2 - i_1) = 2\alpha$$

所以

$$\frac{2\Delta L}{b} = \frac{\Delta n}{D}$$

于是有

$$\Delta L = \frac{b \Delta n}{2D} \tag{4.4.2}$$

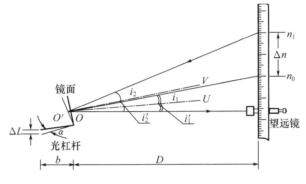

图 4.4.2 光杠杆原理示意图

由式(4.4.2)可知,由于 D 远大于 b,所以 Δn 必然远大于 ΔL。这样,光杠杆就把一个原来数值较小的变化量 ΔL 转变成一个数值较大的标尺读数的变化量 Δn。由此可明显看到光杠杆装置对测量标尺读数具有放大作用,比值 $\frac{\Delta n}{\Delta L}$ 就是光杠杆的放大倍数。由式(4.4.2)可得放大倍数 K 为

$$K = \frac{2D}{b} \tag{4.4.3}$$

将式(4.4.2)代入式(4.4.1),且 $S = \frac{1}{4}\pi d^2$(d 为金属丝直径),则杨氏弹性模量为

$$E = \frac{8FLD}{\pi d^2 b \cdot \Delta n} \tag{4.4.4}$$

【实验方案】

本实验采用的实验方法为光学放大法。通过调整望远镜及光杠杆系统,使金属丝的伸长量 ΔL 放大成为标尺读数差 Δn,并利用逐差法进行数据处理,计算出金属丝的杨氏弹性模量 E。

【实验仪器】

杨氏弹性模量仪(包括光杠杆、砝码、尺读望远镜、标尺)、螺旋测微器(即千分尺)、游标卡尺、米尺等。

【实验内容】

1. 仪器调整

调整目的:在望远镜中看到清晰的标尺像。

(1) 调整杨氏模量测定仪三脚架的底脚螺丝,使两支柱垂直于地面,并检查夹头 B 是否可在平台圆孔中自由上下滑动。

(2) 将光杠杆的前足尖放在平台 C 的沟槽内,后足尖平稳地放在夹头 B 的水平面上,并注意不要碰到金属丝,光杠杆的镜面大致垂直于平台 C。

(3) 将望远镜和标尺放置于光杠杆镜面前方 1.5~2 m 处,望远镜与镜面位于同一高度并对准镜面,标尺与镜面平行。

(4) 调节望远镜的目镜,看清其中的叉丝。

(5) 用望远镜直接看光杠杆的镜面,用从镜中看到的像来调整光杠杆镜面的角度,使之能够反射与它等高的物体。再沿着镜筒上方的视准星向光杠杆的镜面上看,观察镜中是否有标尺的像。若没有,左右移动望远镜直至看到为止。(调节原理:光杠杆的镜面中心的法线位于望远镜与标尺的中间)

(6) 调节物镜调焦螺旋,先从望远镜中看到光杠杆镜面的像,调节望远镜的上下仰角和左右偏向(注意:此时不要移动望远镜的镜架),使镜子的像"居中"。再继续调节物镜调焦螺旋,便可以看到标尺的刻线,并将它调整清晰。注意消除标尺刻线与叉丝之间的视差。

2. 实验步骤

(1) 在砝码盘上加 1 kg 砝码,记下与望远镜中间一条横叉丝相重合的标尺读数 n_1'。以后每增加 1 kg 砝码,记下相应的标尺读数,一直加到 8 kg 为止,分别记作 $n_2', n_3', \cdots, n_8'$。再逐次减少 1 kg 砝码,记下相应的标尺读数,分别记作 $n_8'', n_7'', \cdots, n_1''$。用对应的数据求平均值,即 $n_i = \frac{1}{2}(n_i' + n_i''), i = 1, 2, \cdots, 8$。

(2) 用米尺测量上夹头 A 与下夹头 B 之间的金属丝长度 L,用米尺测量光杠杆镜面到标尺的垂直距离 D。

(3) 将光杠杆放在纸上,印出足尖位置,测量出从后足尖至前足尖连线的垂直距离 b。

(4) 测量不加负荷时金属丝的直径 d,在不同位置进行多次测量。

关于螺旋测微器和游标卡尺的使用详见"第 3 章第 1 节长度测量的常用仪器"的相关内容。将以上实验数据记入表 4.4.1 中。

【注意事项】

1. 光杠杆、望远镜、标尺一经调好后,在实验过程中不可再移动。否则,所测量的实验数据无效,应重新记录数据。

2. 在增减砝码时,动作要轻,不要碰动光杠杆,并注意安全。

【数据处理】

1. 列表记录测量数据

列出表 4.4.1 所示的表格记录实验数据。

表 4.4.1　实验数据记录表　　　　　　　　　　　　　　单位：mm

1 kg 砝码数/个	1	2	3	4	5	6	7	8
增加砝码时对应的标尺读数 n_i'								
减少砝码时对应的标尺读数 n_i''								
标尺读数的平均值 n_i								
金属丝长度 L				光杠杆镜面到标尺的垂直距离 D				
光杠杆的长度 b								
金属丝的直径 d								

2. 用逐差法处理标尺读数(请参见第 1 章第 4 节 1.4.5 逐差法)

(1) 求增减砝码所对应数据的平均值,即

$$n_i = \frac{1}{2}(n_i' + n_i'') \quad (i = 1, 2, \cdots, 8)$$

(2) 将 $n_1 \sim n_8$ 分成两组,求出每增加 4 kg 的伸长量,即

$$\Delta n_i = n_{i+4} - n_i \quad (i = 1, 2, 3, 4)$$

(3) 计算平均值:

$$\overline{\Delta n} = \frac{1}{4}\sum_{i=1}^{4}\Delta n_i = \frac{1}{4}[(n_5 - n_1) + (n_6 - n_2) + (n_7 - n_3) + (n_8 - n_4)]$$

3. 测量不确定度的评定

(1) 将各个测量值的平均值代入式(4.4.4),计算杨氏弹性模量 E 的平均值:

$$\overline{E} = \frac{8\,\overline{F}\,\overline{L}\,\overline{D}}{\pi\,\overline{d}^{\,2}\,\overline{b}\cdot\overline{\Delta n}}$$

(2) 评定各个测量值的合成标准不确定度。

例如,金属丝直径 d 的合成标准不确定度为

$$u(d) = \sqrt{u_A^2(d) + u_B^2(d)}$$

(3) 评定杨氏弹性模量 E 的合成标准不确定度 $u_c(E)$:

$$u_c(E) = \sqrt{\sum_{i=1}^{n}\left[\frac{\partial f}{\partial x_i}u(x_i)\right]^2} \quad (x_i = F, L, D, d, b, \Delta n)$$

(4) 求杨氏弹性模量 E 的扩展不确定度 $U(E)$,表示测量结果:

$$U(E) = 2u_c(E)$$

测量结果为

$$E = \overline{E} \pm U(E)$$

注意　(1) 计算时要统一计量单位,取 $F = 4 \times 9.8$ N。

(2) 扩展不确定度 $U(E)$ 取两位有效数字,$\overline{E}$ 与 $U(E)$ 必须转换为同一数量级、用同一计量单位,且 $\overline{E}$ 的最末位应与 $U(E)$ 的最末位对齐。

实验 4.2　用动态法测量金属材料的杨氏弹性模量

【实验目的】

1. 学会使用信号发生器及示波器。
2. 掌握测量细杆共振频率的基本方法。
3. 利用动态法测量杨氏弹性模量。

【问题探索】

1. 物体的固有频率和共振频率有何不同,它们之间有什么联系?
2. 物体的固有振动频率取决于什么?如何用动态法测量金属的杨氏弹性模量?
3. 实验中如何判断基频下的共振频率?

【实验原理】

任何物体都有其固有的振动频率,这个固有振动频率取决于试样的振动模式、边界条件、弹性模量、密度,以及试样的几何尺寸、形状等。只要能够从理论上建立一定的振动模式、边界条件、试样的固有频率及其他参量之间的关系,就可通过测量试样的固有频率、质量和几何尺寸来计算材料的杨氏弹性模量。

1. 杆振动的基本方程

当一根细长的杆做微小的横(弯曲)振动时,选择杆的一端为坐标原点,沿着细杆的长度方向定义为 x 轴建立直角坐标系,利用牛顿力学和材料力学的基本理论可推导出杆的振动方程为

$$\frac{\partial^2 U}{\partial t^2} + \frac{EI}{a}\frac{\partial^4 U}{\partial x^4} = 0 \tag{4.4.5}$$

式中,U 即 $U(x,t)$ 为细杆上任一点 x 在时刻 t 的横向位移;E 为杨氏模量;I 为绕垂直于细杆且通过横截面形心的轴的惯量矩;a 为每单位长度上的质量。

对长度为 L、两端自由的细杆,边界条件如下:

弯矩　　　　　　　　　　$M = EI\dfrac{\partial^2 U}{\partial x^2} = 0$

作用力　　　　　　　　　$F = \dfrac{\partial M}{\partial x} = -EI\dfrac{\partial^3 U}{\partial x^3}$

即 $x=0$ 和 L 时,有　　　$\dfrac{\partial^2 U}{\partial x^2} = 0, \dfrac{\partial^3 U}{\partial x^3} = 0$ 　　　　(4.4.6)

用分离变量法解微分方程式(4.4.5)并利用边界条件式(4.4.6),可推导出细杆自由振动的频率方程为

$$\cos kL \cdot \mathrm{ch}\, kL = 1 \tag{4.4.7}$$

式中,k 为求解过程中引入的系数,在 $d \ll L$ 的条件下,其值满足:

$$k^4 = \frac{\omega^2 a}{EI} \tag{4.4.8}$$

式中,ω 为细杆的固有振动角频率。从式(4.4.8)可知,当 a,E,I 一定时,角频率 ω(或频率 f)是待定系数 k 的函数,k 可由式(4.4.7)求得。式(4.4.7)为超越方程,不能用解析法求

解,利用数值计算法求得前 n 组解为

$$k_1L = 1.506\pi, k_2L = 2.4997\pi, k_3L = 3.5004\pi$$

$$k_4L = 4.5005\pi, \cdots, k_nL \approx \left(n + \frac{1}{2}\right)\pi$$

对应 k 的 n 个取值,细杆的固有振动频率有 n 个,分别为 $f_1, f_2, \cdots, f_n$。其中 f_1 为细杆振动的基频,$f_2, f_3, \cdots, f_n$ 分别为细杆振动的 1 次谐波频率、2 次谐波频率……n 次谐波频率。弹性模量是材料的特性参数,与谐波级次无关,根据这一点可以导出谐波振动与基频振动之间的频率关系为

$$f_1 : f_2 : f_3 : f_4 = 1 : 2.76 : 5.40 : 8.93$$

2. 用动态法测量杨氏弹性模量

若取细杆振动的基频,由 $k_1L = 1.506\pi$ 及式(4.4.8),得

$$f_1^2 = \frac{1.506^4 \pi^2 EI}{4L^4 a}$$

对圆形棒,有

$$I = \frac{3.14}{64} d^4$$

$$E = 1.6067 \frac{mL^3}{d^4} f_1^2 \tag{4.4.9}$$

式中,$m = aL$ 为细杆的质量;d 为细杆的直径。实验中测得细杆的质量、长度、直径及固有频率,即可求得杨氏弹性模量。

【实验方案】

任何物体的固有振动频率取决于试样的振动模式、边界条件、弹性模量、密度以及试样的几何尺寸、形状等。利用测量仪器分别测量待测细杆的直径、长度、质量等;调节信号发生器的输出频率,测出细杆的共振频率;将测量量代入式(4.4.9),可计算出细杆的杨氏弹性模量。

【实验仪器】

悬挂式杨氏弹性模量测量装置、支撑式杨氏弹性模量测量装置、示波器、千分尺、游标卡尺、天平等。

【实验内容】

1. 悬挂式/支撑式杨氏弹性模量测量装置

悬挂式杨氏弹性模量测量装置如图 4.4.3 所示,支撑式杨氏弹性模量测量装置如图 4.4.4 所示。

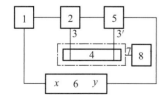

图 4.4.3 悬挂式杨氏弹性模量测量装置图

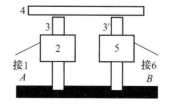

图 4.4.4 支撑式杨氏弹性模量测量装置图

图 4.4.3 和图 4.4.4 中的 1 是功率函数信号发生器,它发出的声频信号经换能器 2 转换为机械振动信号,该振动通过悬丝(或支撑物)3 传入细杆引起细杆 4 振动,细杆的振动情况通过悬丝(或支撑物)3′传入接收换能器 5 转变为电信号进入示波器 6 显示。调节信号发生器的输出频率,当信号发生器的输出频率不等于细杆的固有频率时,细杆不发生共振,示波器上波形幅度很小。当信号发生器的输出频率等于细杆的固有频率时,细杆发生共振,在示波器上可看到信号波形振幅达到最大值。如将信号发生器的输出同时接入示波器的 x 轴,则当输出信号频率在共振频率附近扫描时,可在显示器上看到李萨如图形(椭圆)的主轴在 y 轴左右偏转。当测量不同温度下的杨氏模量时,需将细杆置于加热炉 7 内,改变炉温,即可测量不同温度下试样的杨氏弹性模量,炉温由温控器 8 调节控制。

在图 4.4.3 中,两个换能器的位置可调节,悬线采用直径为 0.05 ~ 0.15 mm 的铜线,粗硬的悬线将引入较大的误差。图 4.4.4 中,细杆 4 通过特殊材料搭放在两个换能器上,支架横杆上有 2 和 5 共两个换能器,其间距可调节。

2. 测量过程

实验测试样品为四根直的圆细杆。

(1) 用螺旋测微计测量细杆的直径,取不同部位测量 3 次,取平均值。

(2) 用游标卡尺测量细杆的长度,测量 3 次,取平均值。

(3) 用天平测量细杆的质量。

(4) 根据图 4.4.3 连接各仪器,先用支撑式测量装置测出各细杆的共振频率。

(5) 将细长棒悬挂入炉升温,测量杨氏弹性模量随温度的变化。测试用的细杆选用短的钢棒,悬线牢固结扎在距端点约 10 mm(节点)处,测量细杆在室温、100 ℃、200 ℃、300 ℃、400 ℃、500 ℃下的共振频率,每个温度下重复测量 5 次。注意当炉腔内温度较高时,炉体表面温度较高,不要用手直接触摸,以免烫伤。

(6) 根据式(4.4.9)计算杨氏弹性模量数值。

注意 式(4.4.9)是在 $d \ll L$ 的条件下推出的,实际细杆的径长比不可能趋于零,从而给求得的弹性模量带来了系统误差,这就须对求得的弹性模量做修正,且 $E_r = KE_u$,其中,E_r 为做修正的弹性模量;E_u 为未做修正的弹性模量;K 为修正系数,它与谐波级次、试样的泊松比、径长比有关,当材料泊松比为 0.25 时,基频波修正系数随径长比的变化如表 4.4.2 所示。

表 4.4.2 基频波修正系数随径长比的变化数据表

径长比 d/L	0.01	0.02	0.03	0.04	0.05
修正系数 K	1.001	1.002	1.005	1.008	1.014

【注意事项】

1. 在悬挂金属棒的过程中,不可用力拉扯悬丝,否则会损坏换能器。
2. 必须捆紧两根悬丝,不能松动。实验中要等待金属棒稳定后才可以进行测量。

【数据处理】

参考实验 4.1 中的数据处理,求杨氏弹性模量。

知识拓展 共振信号的鉴别

在测量中,激发、接收换能器,悬丝,支架等部件都有自己的共振频率,都可能以其本身的基频或高次谐波频率发生共振,因此鉴别共振信号是共振法测量细杆固有频率的技术关键,这包含以下两个问题:

(1) 判断细杆是否处于共振状态;
(2) 判别所出现的共振信号属于哪一种振动模式和级次。

在实验中弄清这两个问题往往是同时进行的,根据理论和经验可采用下述鉴别方法。

1. 幅度鉴别法

共振时振幅达到极大值。振动阻尼越小,共振峰越尖锐,这是判断共振状态最直接的办法,也是实验时第一步应该做的。通过手动扫频找出了出现极大振幅的几个频率,只表明共振频率一定处在这几个频率上,还不清楚是否有假信号(非试样共振引起的极大值)以及所对应的振动模式和级次,应采用下面的方法进一步确定。

2. 相位鉴别法

接收到的试样振动信号和激发信号间有一个位相差,也就是说,振动信号比激发信号落后某一相角,共振时,位相差为 $\frac{\pi}{2}$。当激发频率自小而大地扫过共振频率时,相位差从小于 $\frac{\pi}{2}$、等于 $\frac{\pi}{2}$,再到大于 $\frac{\pi}{2}$。根据共振时的这一特征,可以判断共振信号。将激振信号输入示波器的 x 轴,待测信号输入 y 轴,在示波器上将出现一个扁圆形,当激振信号的频率调节到共振频率附近时,随着待测信号振幅的急剧增大,横卧着的扁圆形逐渐立起来,其长轴自 y 轴的一侧扫过 y 轴向另一侧变化。

3. 节点鉴别法

共振时,沿试样轴向形成驻波,有固定的波峰和波节。两端自由的试样棒弯曲振动时,基频弯曲振动波形如图 4.4.5 所示,基频波及各次谐波的节点位置如表 4.4.3 所示。基频和各次谐波振动的节点数目和位置都不相同。如果能够用肉眼观察到振动的波形和节点,那么很容易判断试样是否处于共振状态以及属于哪一个级次。但由于试样振幅一般很小,无法直接用肉眼观察,所以常使用如下几种间接的办法。

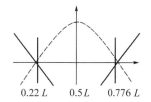

图 4.4.5 两端自由弯曲振动的节点位置

表 4.4.3 两端自由弯曲振动的节点位置

振动级次	节点数	节点位置(距试棒一端)
基频	2	$0.224L \sim 0.776L$
一次谐波	3	$0.132L \sim 0.500L \sim 0.868L$
二次谐波	4	$0.094L \sim 0.356L \sim 0.644L \sim 0.906L$

(1) 听诊法

用医用听诊器接近试样但不接触试样,从试样一端到另一端,一边移动一边听,在波峰处可听见最强的振动声,波节处的声音最弱,以此判断节点数及位置。

(2) 触觉法

用一根细金属棒,轻轻地搭放在试样上,如果是波峰位置,能感觉到颤动,同时振动的振幅将因振动受阻而明显减小,如果是节点位置,则感觉不到颤动且对信号振幅没有影响。

(3) 移动吊扎点法

如果将吊扎点移到节点位置,待测信号将消失,可以据此判定节点位置。

(4) 频率鉴别法

已用幅度或相位鉴别法找出了若干与振幅极大值响应的频率后,可以按各次谐波与基频率振动的频率比,对照它们间的频率关系($f_1:f_2:f_3:f_4 = 1:2.76:5.40:8.93$),如果相符,就同时验证了它们的共振状态和振动级次。

(5) 估算鉴别法

预先根据模量值的大致范围,按计算公式算出共振频率,在此频率值的附近寻找共振信号。一般来说,如果在可能的一个频率范围内只有一个振动峰,则多半就是所要找的共振信号。

第5章 研究型综合实验

实验5 光衍射的研究及光栅常数的测量

光的衍射具有非常广泛的应用,如光谱分析、晶体结构分析、全息照相、光学信息处理等都涉及光衍射的有关理论。光栅是根据多缝衍射原理制成的一种分光元件,它能产生谱线间距较宽的、均匀排列的光谱,所得光谱线的亮度比用棱镜分光时要小些,但光栅的分辨本领比棱镜大。光栅不仅适用于可见光,而且能用于红外和紫外光波。

衍射光栅有透射光栅和反射光栅两种,它们都相当于一组数目很多、排列紧密均匀的平行狭缝。透射光栅是用金刚石刻刀在一块平面玻璃上刻成的,而反射光栅则把狭缝刻在磨平的硬质合金上。实验教学用的是复制光栅(透射式),它由明胶或动物胶在金属反射光栅印下痕线,再用平面玻璃夹好,以免损坏。

【实验目的】

1. 进一步熟悉分光计的使用。
2. 观察光线通过光栅后的衍射现象。
3. 测定光栅常数(或钠光光谱线的波长)。

【问题探索】

1. 用钠光(平均波长 $\lambda = 589.3$ nm,即 5.893×10^{-7} m)垂直入射到 1 mm 有 500 条刻痕的平面透射光栅上时,最多能看到第几级光谱?请叙述理由。如果平面透射光栅为200 条/毫米或100 条/毫米,那么最多能看到第几级光谱?请叙述理由。

2. 在光栅衍射实验中,如果垂直入射的光是复合白光,不同波长的光为什么能分开?中央透射光是什么光?

3. 当测量第二级以上谱线时,看到相互靠近的两条谱线,这是为什么?从理论上应对准什么位置进行测量?

【实验原理】

光栅上的刻痕起着不透光的作用,当一束单色光垂直照射在光栅上时,各狭缝的光线因衍射而向各方向传播,经过透镜会聚相互产生干涉,并在透镜的焦平面上形成一系列明暗条纹。

如图 5.5.1 所示,设光栅常数 $d = AB$ 的光栅 G,有一束平行光在与光栅的法线成 i 角的方向入射到光栅上产生衍射。从 B 点作 BC 垂直于入射光 CA,再作 BD 垂直于衍射光 AD,

AD 与光栅法线所成的夹角为 φ。如果在这方向上由于光振动的加强而在 F 处产生了一个明条纹,其光程差 $CA+AD$ 必等于波长的整数倍,即

$$d(\sin\varphi \pm \sin i) = k\lambda \qquad (5.5.1)$$

式中,λ 为入射光的波长。当入射光和衍射光都在光栅法线同侧时,式(5.5.1)括号内取正号;在光栅法线两侧时,括号内取负号。

若入射光垂直入射到光栅上(图5.5.2),即 $i=0$,则式(5.5.1)变成

$$d\sin\varphi_k = k\lambda \qquad (5.5.2)$$

或

$$\sin\varphi_k = \frac{\lambda}{d}k \qquad (5.5.3)$$

这里,$k = 0, \pm1, \pm2, \pm3, \cdots$,$k$ 为衍射级次;φ_k 为第 k 级谱线的衍射角。式(5.5.3)称为光栅方程。

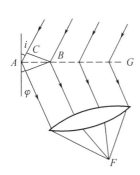

图5.5.1 光栅的衍射

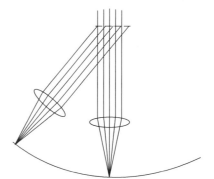

图5.5.2 衍射条纹的观察位置
中央明条纹($K=0$)

如图(5.5.3)所示,光栅常数 d 是一个光栅刻痕 a 和一个刻痕间距 b 之和,即 $d = a+b$。由式(5.5.3)可以看出:

(1)相邻两衍射条纹间的角距离越大,衍射条纹分得越开。

(2)对于给定的光栅常数 d,λ 不同,第 k 级主极大的位置不同。红光对应的衍射角大于紫光的,因此,光栅能把不同频率的光分开。如果用日光做实验,就能得到按紫、蓝、绿、橙、红的次序分布在零级两侧的彩色光谱,叫作光栅光谱。所谓零级谱线,是指沿着 $\varphi=0°$ 的方向观察,可以看到一条极强的中央亮纹;对称在零级谱线两侧的为一级谱线、二级谱线……随着谱线级数的增高,谱线的亮度变低,不易被看到。

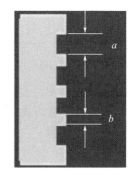

图5.5.3 部分光栅示意图

本实验中使用 λ 为已知的钠光(其波长为 589.3 nm,实际上是 589.0 nm 和 589.6 nm 两个波长;由于它们非常靠近,一般取它们的平均值),可作为单色光。

一般在工程技术中,每毫米的刻痕数也叫作光栅常数,本实验我们就要测算出此光栅常数,即 $\frac{1}{d}$。

【实验方案】

本实验所用的方法是衍射法。观测衍射条纹的前提是使分光计的望远镜的中轴线与载物台的法线垂直,入射线垂直于光栅平面。在测量时一定先确定0级衍射谱线,其他的各级衍射谱线才能以此作为标准被确定下来。从衍射条纹上可数出衍射的级次 k,测出对应的各级衍射角 φ_k,再代入式(5.5.3),用最小二乘法算出光栅常数 $\frac{1}{d}$。

【实验仪器】

分光计和光栅。

【实验内容】

1. 分光计的调节

分光计的调节包括对望远镜、载物台、平行光管的调节。关于分光计调节的详细内容,参看本书的实验3.1 三棱镜的调整。分光计调好后,望远镜的水平调节螺丝不能再动。

2. 待测件光栅的调节

对于待测件光栅的调节有以下两点要求:

①入射线垂直于光栅平面。

②平行光管的狭缝与光栅刻痕平行。

待测件光栅的调节方法具体如下。

(1)入射线垂直于光栅平面

照亮平行光管的狭缝,转动望远镜对准狭缝,使狭缝与望远镜的竖直叉丝对齐,固定望远镜。

如图5.5.4所示放好光栅,达到 S_1, S_3 的连线与光栅表面垂直。转动载物台,拧动载物台水平调节螺丝 S_1(或 S_3),使光栅面与望远镜接近垂直,找回反射回来的叉丝像并达到自准(望远镜的最上叉丝与横竖叉丝像重合),小心固紧载物台,是直到实验结束不能再次转动载物台。

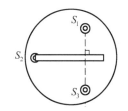

图5.5.4 光栅放置的位置

综上所述,调好后看到的现象是:在望远镜中看到的入射光线、望远镜的叉丝竖线、叉丝像竖线三条线重合;叉丝像横线与望远镜最上横线重合。

(2)平行光管狭缝与光栅刻痕平行

松开固定的望远镜,转动望远镜观察左、右各级的谱线,若谱线的高度不一样高,调节 S_2,使左、右谱线一样高即可达到光栅刻痕与平行光管狭缝平行。

3. 各衍射角的测量

依次测出 $k = -3, -2, -1, 0, 1, 2, 3$ 各级衍射谱线对应的角度,并记录。

【注意事项】

1. 光栅是精密光学元件,严禁用手触摸光栅面。

2. 为了更加精确地测量,必须使谱线和叉丝以及反射叉丝像清晰并消除视差,具体方法为转动目镜使叉丝清晰,调节调焦鼓轮(或松开固定目镜组螺丝,前后拔、插目镜组)使反射的叉丝像清晰,调节调狭缝的鼓轮(或松开固定狭缝的螺丝,前后拔插狭缝筒)使狭缝清晰,并反复调节,尽可能消除视差。

3. 由于钠光的谱线是 589.0 nm 和 589.6 nm 两条谱线,特别是 ±2 级以后两条谱线分得非常明显,测量时应该只对准内侧线 589.0 nm 或者外侧线 589.6 nm 测量,以便对应相应的波长计算。

【数据处理】

1. 衍射角的计算

测量的数据如表 5.5.1 所示。

表 5.5.1　测量的数据表

级次测量	-3	-2	-1	0	1	2	3
α_i							
α_i'							

根据公式 $\varphi_i = \frac{1}{2}[(\alpha_i - \alpha_0) + (\alpha_i' - \alpha_0')]$ 计算出 φ_i 的 7 个测量数据,评定 A 类标准不确定度,再求出它们的 B 类标准不确定度。

2. 用最小二乘法处理数据

由于 k 是准确值,而 φ_i 有不确定度,因此利用最小二乘法处理数据时,应设 $y_i = \sin \varphi_i$,$x_i = k$,则对应的 $b = \lambda/d$。由所设的变量并计算可知,φ_i 的 B 类标准不确定度是固定的 0.5,而根据公式 $u_{y_i} = \cos \varphi_i \cdot u_{\varphi_i}$,$y_i$ 的 B 类标准不确定度却因 φ_i 的值而不同。原则上求 y_i 的 B 类标准不确定度应加权平均,可是这样计算太复杂,因此求出各个 y_i 的 B 类标准不确定度后,用各个 y_i 的 B 类标准不确定度的平均值作为它的 B 类不确定度,以便与 y_i 的 A 类标准不确定度合成,最后表示测量结果。

实验6　用超声驻波像测定声速

光波在液体介质中传播时被超声波衍射的现象,称为超声致光衍射(亦称声光效应),这种现象是光波与介质中声波相互作用的结果。超声波调制了液体的密度,使原来均匀透明的液体,变成折射率周期变化的"超声光栅"。当用较高频率的(如 10 MHz 以上)超声波,当光束穿过时,就会产生衍射现象,由此可以测量声波在液体中的传播速度;当用频率较低的超声波建立驻波时(光栅常数远大于光波波长),不会产生衍射,但是可以利用"超声光栅"自身像测定声波波长,从而测定声速。本实验采用后一种方法测量声波在液体中的传播速度。

激光技术和超声技术的发展,使声光效应得到了广泛的应用,如制成声光调制器和偏转器,可以快速而有效地控制激光束的频率、强度和方向,它在激光技术、光信号处理和集成通信技术等方面有着非常重要的应用。

【实验目的】

1. 掌握超声光栅形成原理。
2. 利用超声光栅(驻波像)测量声波在液体中传播速度的方法。

【问题探索】

1. 声光器件在什么条件下产生拉曼-奈斯衍射?
2. 根据实验数据来检验是否满足声光衍射的条件。
3. 如何利用"发散光束放大法"测量超声波在待测液体中的传播速度?
4. 在"二次干涉法"实验中,怎样判断平行光束是否垂直入射到超声光栅面?如何推导声波波长的计算公式?

【实验原理】

如图 5.6.1 所示,波长为 λ_g 的平行光束沿 OY 方向射到透明介质(如纯水或变压器油)上,介质底部声源产生一束宽度为 l、波长为 λ 的超声平面波沿 OZ 方向传播,这种波在介质内引起折射率的周期性变化,相邻疏(或密)平面之间的距离就是 λ。超声的速度远小于光速,折射率在时域内可认为固定不变。

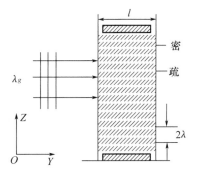

图 5.6.1 超声光栅原理图

单色平行光沿着垂直于超声波传播方向通过液体时,因折射率的周期变化使光波的波阵面产生了相应的位相差,经透镜聚焦出现衍射条纹,这种现象与平行光通过透射光栅的情形相似。因为超声波的波长很短,槽中的液体就相当于一个衍射光栅,超声波的波长 λ 相当于光栅常数。由超声波在液体中产生的光栅装置称作超声光栅。当满足声光拉曼-奈斯衍射条件 $2\pi\lambda_g l/\lambda^2 \ll 1$ 时,这种衍射类似于平面光栅衍射。

超声光栅与一维光栅有着相似的作用,其光栅常数越小(超声波频率很高)其衍射作用就越明显。当超声波频率比较低时光的衍射效果可忽略,直线传播的性质明显,只能显示超声光栅的自身影像,即超声波驻波像。

利用超声光栅测量液体声速的方法,是在频率已知的条件下测量声波波长 λ,然后利用式(5.6.1)计算声速 V 的值,即

$$V = f \cdot \lambda \tag{5.6.1}$$

式中,V 为声速;f 为声波频率;λ 为声波波长。

测定声波波长可以采用两种方法。一种方法是利用较高频率的(如 10 MHz 以上)超声驻波形成衍射效果明显的光栅来测定光栅常数,从而测出声波波长;另一种方法是利用频

率较低的超声波建立驻波,然后利用驻波自身像测定声波波长。本实验仪器 CGS 型超声光栅声速仪是利用频率为 1 710 kHz 的超声驻波自身像来测定声波的波长,这种方法通常称为振幅栅法。

注意 驻波在声波的一个周期内,液体中的密集区(或稀疏区)经历"形成""消失""移位"和"再消失"的过程。这样,在驻波液体中存在时间上相差半周期、空间上相对位移半波长的两个交替的瞬时驻波状态,这两个瞬时状态都各自形成驻波像。

图 5.6.2 表示液体质点位移 A_r(运动方向用箭头表示)、声压 P 和折射率 n 随反射板距离的分布关系。

图 5.6.2 中画出 $t, t+T/4, t+T/2$ 共三个瞬间,其中 t 和 $t+T/2$ 恰好是驻波幅度最大的两个瞬间。由图 5.6.2 可看出,在这时间上相差半周期的两个瞬间,液体中密集区(或稀疏区)的位置移动了半波长。由图中还可以看出,在 $t+T/4$ 瞬间,驻波处于消失状态。在驻波的一个时间周期中,存在 t 及 $t+T/2$ 两个瞬间的两次驻波像。超声波频率变化非常快,而人的视觉有暂留现象,无法感觉其迅速交替的过程,我们在屏上见到的明暗相间条纹,实际上是上述两个瞬时状态驻波影像的叠加,其条纹间距 D 对应于超声波的半波长 $\lambda/2$,即

$$\lambda = 2D \quad (5.6.2)$$

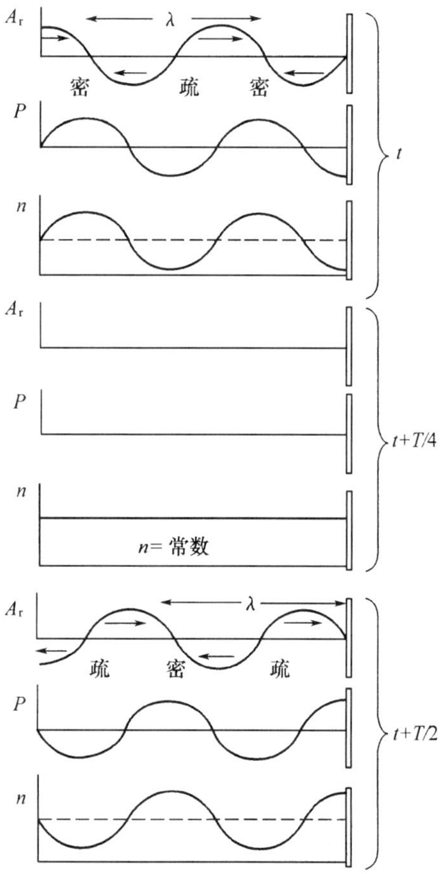

图 5.6.2 液体质点位移 A_r、声压 P 和折射率 n 随反射板距离的分布关系曲线

用超声驻波像测定声波波长时,可以用以下两种方法。

1. 发散光束放大法

使用发散光束在光屏上得到的明暗相间条纹是放大了的驻波像,屏上条纹间距离不等于声波波长。为了测量待测液体中的超声波长,必须在声波传播方向上利用测微装置移动液槽,使光屏上的驻波放大像也随着移动,利用光屏上的"+"字标记,记录移过标记的条纹数。如果液槽移动距离为 Y(利用测微仪器测定),移动标记的条纹数为 N,则待测液体的声波波长为

$$\lambda = 2Y/N \quad (5.6.3)$$

将式(5.6.3)代入式(5.6.1),得到超声波在待测液体中的传播速度为

$$V = 2fY/N \quad (5.6.4)$$

利用该方法测量声速时,因为使用稳频技术使电信号的频率相对稳定,所以使驻波结构也相对稳定,在整个测量过程中不容易受其他干扰,因此测量精度比较高。

2. 二次干涉法

二次干涉法的测量装置由产生直径约 20 mm 的扩展平行光束的激光系统、可调反射板的液槽、成像透镜及光屏组成,如图 5.6.3 所示。

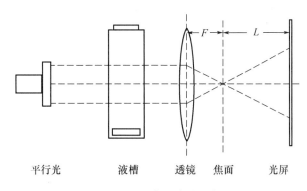

图 5.6.3 二次干涉法示意图

二次干涉法测量时,是把激光光束透过驻波产生的超声光栅作为物、利用成像透镜把这个物(光栅)的像显示在光屏的方法测量声波波长的。阿贝成像原理告诉我们,光屏上看到的明暗相间条纹是在透镜焦平面上超声光栅的傅里叶频谱作为子光源再组合(二次干涉),在像平面上干涉叠加后所形成的超声光栅的放大像。这时,设透镜的焦距为 F,焦平面与光屏距离为 L,光屏上的条纹间距离为 D_p,则声波波长 λ 为

$$\lambda = \frac{2FD_p}{L} \tag{5.6.5}$$

因此,得液体中声速 V 为

$$V = f\lambda = \frac{2fFD_p}{L} \tag{5.6.6}$$

在二次干涉法中,也可用测微装置平移超声波液槽的方法来测定声波波长。

【实验方案】

本实验所用的实验方法是发散光束放大法和二次干涉法。实验时,用频率为 1 MHz ~ 2 MHz 的正弦电信号驱动压电陶瓷换能片,使液槽内液体形成驻波,即形成超声光栅,驻波相邻波节间隔在 0.2 mm 左右。利用可见光(波长远小于 0.2 mm)的线光源放大此超声光栅,用测微装置测量超声光栅条纹间隔。利用逐差法或最小二乘法处理数据,从而测出声速。

【实验仪器】

CGS 型超声光栅声速仪的工作原理图如图 5.6.4 所示,它主要由五个部分组成,各个部分的名称及其功能如下。

(1) 超声波透明液槽 A:在槽内安装有产生超声振动的压电晶体 Q 和反射板 E。

(2) 超声波信号发生器 B:输出稳定的频率,使激励压电晶体产生超声振动。

(3) 测微装置 C:能够将液槽 A 沿声波传播方向平移,并连至读数装置。

(4) 扩散线光源 D:具有可调狭缝的功能。

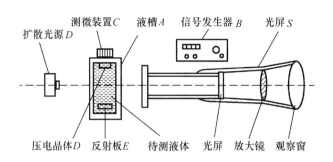

图 5.6.4　声速仪示意图

(5)专用光屏 S:用于显示观察条纹。

当压电晶体 Q 被信号发生器 B 激励产生超声波时,适当调节反射板 E 使槽内形成驻波。这时如果用具有一定扩散角度的线光源垂直于声波方向照射液槽,在液槽另一侧的专用光屏上可以观察到光线被超声驻波调制而产生的明暗相间的条纹,这是超声波的自身放大像,即超声光栅的自身影像。利用扩散线光源的目的主要是为了获得放大的驻波像。专用光屏实际上是在暗筒内安装了成像用的带有"+"字刻度的光屏和放大镜,通过观察窗口可观察到被放大的明暗相间的条纹。

超声波液槽内部尺寸为 50 mm × 70 mm × 90 mm。液槽一侧装有产生超声波的压电晶体,正对着晶体有可调反射板。

信号发生器输出信号频率 1 710 kHz,频率稳定度为 1×10^{-5},输出信号幅度大于 20 V;使用($220 \pm 5\%$)V 的交流电源;功率小于 45 W。

测微测量仪数字显示可提供的最小分度值为 0.01 mm,测量距离为 100 mm,可测条纹多于 150 条。

光源系统使用白炽灯光源。

可调狭缝的狭缝长度为 12 mm,狭缝宽调节范围为 0 ~ 2 mm。

光屏高度、方向可调,光屏中心部位有"+"字标记,放大镜焦距可调节。

二次干涉法成像透镜焦距 F 已知。

【实验内容】

1. 用发散光束放大法测定声波波长及声速

(1)首先调节驻波液槽 A 内的反射板 E,使压电晶体 Q 的表面与反射板等高且平行,其间距约为 50 mm,然后装入待测液体。

(2)把液槽 A 放在测微装置 C 上,使超声波传播方向和测微装置的测量方向一致。

(3)把光源、液槽、光屏依次调整好,使其等高、同轴,并使光束的照射方向与液槽内声波传播方向严格垂直(光源狭缝与液槽的距离约为 35 mm,液槽与专用光屏前端相距约 10 cm)。

(4)打开光源,连接超声波信号发生器的输出端与超声波液槽信号的输入插头,接通电源,使光源系统和超声波信号发生器开始工作。调节光屏的位置,使透过超声波液槽的扩散光束处于光屏中心。

(5)认真调节反射板,调节狭缝的方向、宽度(0 ~ 0.5 mm),调整其高度及狭缝与白炽灯的距离。要求灯丝、狭缝的方向与声波波阵面严格一致,观察清晰的条纹。再调狭缝宽度、光屏、放大镜,在光屏上能够观察到清晰的条纹。

（6）测量时应预定液槽的移动方向,再按测量方向移动测微装置,使光屏上的"＋"字标记与某一条纹正好对齐,将测微装置的数显值调节为"0.00",然后按原来的方向继续移动液槽,并记下移过"＋"字标记的条纹数。利用式(5.6.3)、式(5.6.4)可分别计算待测液体内超声波波长和待测液体中的声速。在这两式中,Y 为"＋"字标尺移动的距离,N 为移过 Y 对应的条纹数(一般为 40～60 条)。

2. 用二次干涉法测定声波波长及声速

声波波长测量方法同上,调整方法和步骤自拟。

另外,也可以测量光屏上条纹间隔 D_p 和光屏与成像透镜距离 $(F+L)$,再利用式(5.6.4)测出液体中声速,方法和步骤自拟。

【注意事项】

1. 先在液槽内添加待测定的液体,然后加超声波信号,以防止发射探头内的压电陶瓷片在空气中强行振动而损坏。

2. 超声波信号发生器工作时,要求先在其信号输出端接好负载(超声波液槽),然后开电源开关,以保护信号源的安全。

3. 必须将液槽稳定地置于载物台上。在实验过程中应避免震动,以使超声波在液槽内形成稳定的驻波。导线分布电容的变化会对输出信号频率有影响,因此不能触碰连接液槽与信号源的导线。压电陶瓷片表面必须与对面的液槽壁的表面相平行,这样才会形成较好的驻波,因此实验时应将液槽的上盖盖平。提取液槽应拿两端面,不要触摸两侧表面通光部位,以免将其污染。如已有污染,可用酒精清洗干净,或用镜头纸擦净。

4. 压电陶瓷片的共振频率在 1 710 kHz 左右,CGS 型超声测速仪的信号幅度、频率可微调。在稳定共振时,驻波现象明显。

5. 实验时间不宜过长。因为声波在液体中的传播与液体温度有关,时间过长液体温度可能有变化。实验时长时间振荡,液体会发热。

6. 实验时液槽中会产生一定的热量,并导致媒质挥发,一般不影响实验结果。但须注意,若液面下降太多致使压电陶瓷片外露时,应及时补充液体至正常液面刻线处。

7. 实验结束后,应将被测液体倒出,不要将压电陶瓷片长时间浸泡在液槽内。

8. 仪器长时间不用时,应将观测目镜收好。液槽应清洗干净,自然晾干后,妥善放置,不可让灰尘等污物侵入。

9. 传声媒介在含有杂质时对测量结果影响较大,建议使用纯净水(市售饮用纯净水即可)、分析纯酒精、甘油等。对某些有毒副作用的媒质如苯等不建议学生实验使用,教师教学或科研需要时应注意安全。

【数据处理】

记录各个条纹的位置读数 y_i,填入表 5.6.1 中,可以用逐差法计算条纹平均间距 Δl_N,并计算液体中的声速 V。

表 5.6.1 逐差法实验数据表

条纹序数 i	条纹位置读数值 y_i	条纹序数 i	条纹位置读数值 y_{i+40}	测量距离 $Y = y_{i+40} - y_i$	波长/mm $2Y/40$
1		41			
2		42			
3		43			
4		44			
5		45			
6		46			
7		47			
8		48			
		平均波长 = （mm）			
		声速 = （m/s）			

也可以用最小二乘法处理数据，即

$$y_i = y_0 + \frac{\lambda}{2} \cdot i \tag{5.6.7}$$

式中，斜率是半波长；i 是条纹序数，可任取一个条纹其序数为1，与其相邻的为2……依此类推。

注意方向，否则计算波长时将出现负数。

可以根据最小二乘法中斜率不确定度的计算公式计算出半波长的不确定度，进而计算出波长的不确定度，再利用式(5.6.1)，按照合成不确定度的公式计算声速的不确定度。

位置测量的标准不确定度 $u(y_i) = 0.005$ mm，信号发生器频率的标准不确定度 $u(f) = 10$ Hz。

自拟数据表格，测量间隔为3条或5条，即取 $i = 1, 4, 7, 10, \cdots$，或 $i = 1, 6, 11, 16, \cdots$。

知识拓展1　常见液体在不同温度下的声速

纯净液体中的声速具体如表5.6.2所示，在0～40 ℃水中的声速随温度变化情况如表5.6.3、图5.6.5所示。

表 5.6.2　纯净液体中的声速

液体名称	温度 t_0/℃	速度 V_0/(m/s)	α/[m/(s·℃)]
苯胺	20	1 656	-4.6
丙酮	20	1 192	-5.5
苯	20	1 326	-5.2
海水	17	1 510～1 550	—
普通水	15	1 497	2.5

表 5.6.2(续)

液体名称	温度 t_0/℃	速度 V_0/(m/s)	α/[m/(s·℃)]
甘油	20	1 923	-1.8
煤油	34	1 295	—
甲醇	20	1 123	-3.3
乙醇	20	1 180	-3.6

表中 α 为温度系数,对于其他温度时的声速,可近似按以下公式计算:

$$V_t = V_0 + \alpha(t - t_0) \tag{5.6.8}$$

表 5.6.3 在 0~40 ℃水中的声速随温度变化数据表

温度/℃	声速/(m/s)	温度/℃	声速/(m/s)
0	1 402.74	21	1 485.69
1	1 407.71	22	1 488.63
2	1 412.57	23	1 491.50
3	1 417.32	24	1 494.29
4	1 421.96	25	1 497.00
5	1 426.10	26	1 499.64
6	1 430.92	27	1 502.20
7	1 435.24	28	1 504.68
8	1 439.46	29	1 507.10
9	1 443.18	30	1 509.44
10	1 447.59	31	1 511.71
11	1 451.51	32	1 513.91
12	1 455.34	33	1 516.05
13	1 459.07	34	1 518.12
14	1 462.70	35	1 520.12
15	1 466.25	36	1 522.06
16	1 467.70	37	1 523.94
17	1 473.07	38	1 525.74
18	1 476.35	39	1 527.49
19	1 479.55	40	1 529.18
20	1 482.66		

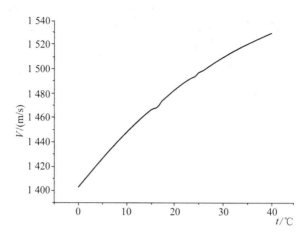

图 5.6.5　水中的声速随温度变化曲线

知识拓展 2　用超声光栅衍射效应测量声速

利用超声光栅对光的衍射效应可以测量声波在液体中的传播速度。

超声光栅形成原理参见图 5.6.1 及其说明。当满足声光拉曼-奈斯衍射条件时,与平面光栅衍射类似,可得如下的光栅方程:

$$\lambda \sin \varphi_k = k\lambda_g \tag{5.6.8}$$

式中,k 为衍射级次;φ_k 为零级与 k 级之间的夹角;λ 为光栅常数(声波波长)。

在调好的分光计上,由单色光源和平行光管中的会聚透镜 L_1 与可调狭缝 S 组成平行光系统,如图 5.6.6 所示。

让光束垂直通过装有压电陶瓷片的液槽(超声池),在液槽的另一侧,用自准直望远镜中的物镜 L_2 和测微目镜组成测微系统。若振荡器使 PZT 晶片发生超声振动,在液槽中形成稳定的驻波,从测微目镜即可观察到衍射光谱。

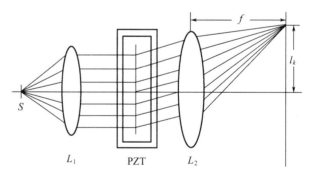

图 5.6.6　SWG-03 型超声光栅仪光路图

由图 5.6.6 可知,当 φ_k 很小时,有

$$\sin \varphi_k = \frac{l_k}{f} \tag{5.6.9}$$

式中,l_k 为衍射光谱零级至 k 级的距离;f 为透镜的焦距(取 170 mm)。将式(5.6.9)代入式(5.6.8),得超声波的波长为

$$\lambda = \frac{k\lambda_g}{\sin \varphi_k} = \frac{k\lambda_g f}{l_k} \tag{5.6.10}$$

超声波在液体中的传播速度为

$$V = \lambda \nu = \frac{\lambda_g f \nu}{\Delta l_k} \tag{5.6.11}$$

式中，ν 为压电陶瓷片的谐振频率；Δl_k 为同一色光衍射条纹间距，且有 $\Delta l_k = l_k/k$。

实验装置由超声信号源、超声池、压电陶瓷片、高频信号连接线、测微目镜等组成，超声信号源面板如图 5.6.7 所示，超声池在分光计上的放置位置如图 5.6.8 所示。

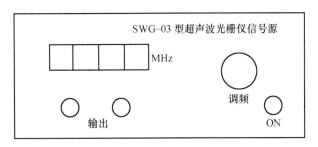

图 5.6.7　超声信号源面板示意图

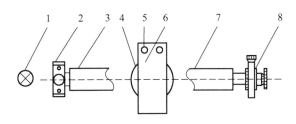

图 5.6.8　超声池在分光上的放置位置

1—单色光源；2—狭缝；3—平行光管；4—载物台；5—接线柱；6—液槽；7—望远镜；8—测微目镜

利用 SWG－03 型超声光栅仪测量声波在液体中的传播速度可以按照以下的步骤进行：

(1) 开启低压汞灯或低压钠灯。

(2) 借助平面镜调节分光计，使望远镜的光轴与分光计转轴垂直，且将望远镜调焦于无穷远，再调节平行光管与望远镜同轴并出射平行光。

(3) 将待测液体（如蒸馏水、乙醇或其他液体）注入液槽，将液槽放置于分光计载物台上。放置时，使液槽的两侧表面基本垂直于望远镜及平行光管的光轴。

(4) 将高频连接线的一端接入液槽盖板上的接线柱，另一端接入超声光栅仪上的输出端。

(5) 开启超声信号源，从望远镜处观察衍射条纹。微调超声光栅仪上的调频旋钮，使信号源频率与压电陶瓷片谐振频率相同。此时，衍射光谱的级次会显著增多且谱线更为明亮。

(6) 微微转动分光计载物台并调节载物台下调节螺丝，使射于液槽的平行光束垂直于液槽，同时观察视场内的衍射光谱亮度及其对称性，直到从目镜中观察到清晰而对称、稳定的 2~4 级衍射条纹为止。

(7) 取下望远镜目镜，换上测微目镜，调测微目镜的焦距，使十字丝清晰；再前后移动测微目镜，可观察到清晰的衍射条纹。利用测微目镜逐级测量各谱线位置。测量时，应向一个方向转动测微目镜鼓轮，以消除转动部件的螺纹间隙产生的空程误差（例如，从－3级，…，0级，…，+3级），再求出同一种颜色条纹间距的平均值。

在做实验时应注意的问题请参见实验"用超声驻波像测定声速"的"注意事项"。另外，还应注意以下几点：

(1) 压电陶瓷片的共振频率在 11 MHz 左右，SWG-03 型超声光栅仪给出 8~12 MHz 可调范围。在稳定共振时，数字频率计显示的频率应是稳定的，最多只有末尾有 1~2 个单位数字的变动。

(2) 实验时特别注意不要使频率长时间调在 11.5 MHz 以上，以免振荡线路过热。

实验 7　光电效应的研究与应用

光电效应是指一定频率的光照射在金属表面时会有电子从金属表面逸出的现象。光电效应实验对于认识光的本质及早期量子理论的发展，具有里程碑式的意义。至今光电效应已经广泛地应用于各科技领域，利用光电效应中光电流与入射光强成正比的特性，可以制造光电转换器，实现光信号与电信号之间的相互转换。这些光电转换器如光电管等，广泛应用于光功率测量、光信号记录、电影、电视和自动控制等诸多方面。光电倍增管是把光信号变为电信号的常用器件。光照射到阴极 K，使它发射光电子，光电子在电压作用下加速轰击第一阴极 K_1，使之又发射更多的次级光电子，这些次级光电子再被加速轰击第二阴极 K_2，如此继续下去，利用 10 多个倍增阴极，可以使光电子数增加 10^5~10^8 倍，产生很大的电流，这样一束微弱的入射光即被转变成放大了的光电流，并可通过电流计显示出来，这在科研、工程和军事上有着很广泛的应用。

【实验目的】

1. 了解光电效应的规律，加深对光的量子性的理解。
2. 分别测量光电管在不同频率光照下的伏安特性曲线。
3. 学习使用计算机制图软件，绘制实验数据曲线，分别找出不同频率光照下的截止电压。
4. 理解爱因斯坦光电效应方程，利用一元线性最小二乘法计算普朗克常数。

【问题探索】

1. 通过对实验现象的观测和分析，你能得出哪些光电效应的实验规律？
2. 怎样理解光的量子性理论？爱因斯坦是怎样解释光电效应实验现象的？
3. 光电管光电流的规律有哪些？如何找出不同光频率下的截止电压？
4. 如何通过实验及计算得出普朗克常数？

【实验原理】

1. 光电效应

1887 年赫兹在用两套电极做电磁波的发射与接收的实验中，发现当紫外线照射到接收电极的负极时,接收电极间更易于放电。1899—1902年赫兹的助手勒纳系统地研究了光电效应,发现光电效应的主要实验结果是无法用经典理论来解释的。对光电效应早期的工作所积累的基本实验事实如下:

(1) 饱和光电流与光强成正比;

(2) 光电效应存在一个阈频率 ν_0(截止频率),当入射光的频率低于阈频率时,不论光的强度如何,都没有光电效应产生;

(3) 光电子的动能与光强无关,但与入射光的频率呈线性关系;

(4) 光电效应是"瞬时"的,当入射光的频率大于阈频率时,一经光照射立刻产生光电子。

1900年德国物理学家普朗克(Plank)在研究黑体辐射时提出了辐射能量不连续的假设。1905年爱因斯坦(Einstein)在总结了勒纳实验结果的基础上,将Plank的辐射能量不连续的假设作了重大发展,提出光并不是由麦克斯韦(Maxwell)电磁场理论提出的传统意义上的波,而是由能量为 $h\nu$ 的光量子(简称光子)构成的粒子流。光电效应的物理基础就是光子与金属(表面)中的自由电子发生完全弹性碰撞,电子要么全部吸收,要么根本不吸收光子的能量。据此,爱因斯坦对光电效应做出了完美的解释。爱因斯坦因为在理论物理,特别是光电效应理论方面的成就获得1921年的诺贝尔物理学奖。

著名的美国实验物理学家——密立根开始激烈反对光量子理论,他花费了10年的时间进行了一系列周密细致的实验研究,经历了许多挫折,克服了重重困难,终于在1914年从实验上获得了爱因斯坦方程在很小的实验误差范围内精确、有效成立的第一次直接实验证据,并且第一次直接用光电效应实验测定了普朗克常数 h,精确度在0.5%范围内。密立根的光电效应实验令人信服地证明了爱因斯坦方程是完全正确的和普遍适用的。这一实验成果成为20世纪实验物理学的最突出成就。密立根因在电子电荷测量和光电效应实验的成就获得了1923年诺贝尔物理学奖。

光量子理论在固体比热、辐射理论、原子光谱等方面都获得成功,人们逐步认识到光具有波动和粒子两种属性。光子的能量 $E = h\nu$ 与频率有关。光在传播时显示出光的波动性,产生干涉、衍射、偏振等现象;光和物体发生作用时,它的粒子性又突显出来。后来科学家发现波粒二象性是一切微观物体的固有属性,并发展了量子力学来描述和解释微观物体的运动规律,使人们对客观世界的认识前进了一大步。

2. 普朗克常数的测量

由爱因斯坦的光电效应方程,如果电子脱离金属表面耗费的能量为 A,则由于光电效应而逸出金属表面的电子的初动能为

$$E_k = \frac{1}{2}mv^2 = h\nu - A \tag{5.7.1}$$

式中,m 为电子的质量;v 为光逸出金属表面的光电子的初速度;ν 为光电子的频率(注意,在印刷体中速度 v 和频率 ν 很相像,请读者加以区分);A 为光照射的金属材料的逸出功。

式(5.7.1)中 $\frac{1}{2}mv^2$ 是没有受到空间电荷阻止、从金属中逸出的光电子的初动能。由此可见,入射到金属表面的光的频率越高,逸出电子的初动能也越大。正因为光电子具有初动能,所以即使在加速电压 U 等于零时,仍然有光电子落到阳极而形成光电流,甚至当阳极的电位低于阴极的电位时也会有光电子落到阳极,直到加速电压为某一负值 U_S 时,所有光电

子都不能到达阳极,光电流才为零,U_S 称为光电效应的截止电压,这时

$$eU_S - \frac{1}{2}mv^2 = 0$$

从而可得

$$eU_S = h\nu - A \tag{5.7.2}$$

由于金属材料的逸出功 A 是金属的固有属性,对于给定的金属材料,A 是一个定值,它与入射光的频率无关。因此,当光的频率小于某一值时,就不会产生光电效应。能产生光电效应的最低频率,叫作这种金属产生光电效应的截止频率 ν_0。某些金属的截止频率如表 5.7.1 所示。

表 5.7.1 某些金属的截止频率

金属	截止频率 ν_0/Hz
铯	4.55×10^{14}
钾	5.38×10^{14}
锌	8.07×10^{14}
金	11.3×10^{14}
银	11.5×10^{14}
铂	15.3×10^{14}

具有截止频率 ν_0 的光子的能量恰等于逸出功 A,即 $A = h\nu_0$,所以由式(5.7.2)得

$$U_S = \frac{h\nu}{e} - \frac{A}{e} = \frac{h}{e}(\nu - \nu_0) \tag{5.7.3}$$

式(5.7.3)表明,截止电压 U_S 是入射光频率 ν 的线性函数。当入射光的频率 $\nu = \nu_0$ 时,截止电压 $U_S = 0$,没有光电子逸出,式(5.7.3)的斜率 $k = \frac{h}{e}$ 是一个常数。可见,只要用实验方法做出不同频率下的截止电压 U_S 与入射光频率 ν 的关系曲线——直线,用一元线性最小二乘法求出此直线的斜率 k,就可通过 $k = \frac{h}{e}$ 求出普朗克常数 h 的数值(电量 $e = 1.6 \times 10^{-19}$ C)。

图 5.7.1 是利用光电效应测量普朗克常数的原理图及光电管的伏安特性曲线。将频率为 ν、强度为 P 的光照射光电管阴极,即有光电子从阴极逸出。如图 5.7.1(a)所示,在阴极 K 和阳极 A 之间加反向电压 U,它使电极 K,A 间的电场对阴极逸出的光电子起减速作用。随着电压 U 的增加,到达阳极的光电子将逐渐减少,当 $U = U_S$ 时光电流降为零。图 5.7.1(b)中虚线为光电管在 U 为负值时起始部分的伏安特性曲线。

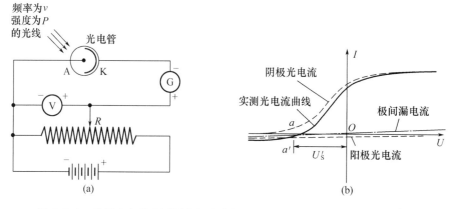

图 5.7.1 利用光电效应测量普朗克常数的原理图及光电管的伏安特性曲线

(a)测普朗克常数原理图;(b)光电管的伏安特性曲线

值得注意的是,光电管的极间漏电、入射光照射阳极或入射光从阴极反射到阳极之后都会造成阳极光电子发射,它们虽然很小,但是构成了光电管的反向光电流,如图 5.7.1(b) 中虚线(阳极光电流)和点画线(极间漏电流)所示。由于它们的存在,光电流曲线下移,如图 5.7.1(b)中实线所示(实测光电流),光电流的截止电位点也从 U_S 移到 U_S' 点(图中未画出)。当反向光电流比正向光电流小得多时,U_S' 与 U_S 重合。因此,测出截止电压 U_S' 即测出了截止电压 U_S。测量不同频率 ν 对应的截止电压 U_S,作 $U_S - \nu$ 关系曲线。若是直线,就证明了爱因斯坦光电效应方程的正确性。此外,由该直线与坐标横轴的交点可求出该光电管阴极的截止频率 ν_0,该直线的延长线与坐标纵轴的交点又可求出光电极的逸出电位 U_0,由此可得该材料的逸出功 $A = e|U_0|$ 或 $A = h\nu_0$。

【实验方案】

在本实验中,通过用不同频率 ν 的光照射光电管,可以得到与之相对应的不同频率下的伏安特性曲线和对应的截止电压 U_S。作 $U_S - \nu$ 关系曲线,若是直线,就证明了爱因斯坦光电效应方程的正确性。用一元线性最小二乘法可计算该直线的斜率 k,从而求出普朗克常数 h。

【实验仪器】

光电效应实验仪由汞灯及汞灯光源、滤色片、光阑、光电管、测试仪(含光电管光源和微电流放大器)构成,仪器结构如图 5.7.2 所示,测试仪前面板如图 5.7.3 所示。

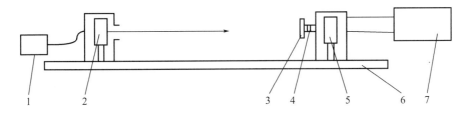

图 5.7.2　仪器结构示意图

1—汞灯电源;2—汞灯;3—滤光片;4—光阑;5—光电管;6—基座;7—实验仪

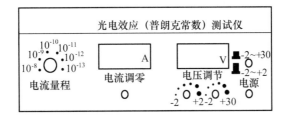

图 5.7.3　测试仪前面板图

(1)光源:采用高压汞灯,可用谱线波长分别为 365.0 nm,404.7 nm,435.8 nm,546.1 nm,577.0 nm。

(2)干涉滤光片:它能使光源中某种谱线对应的光透过,而不允许其附近的谱线对应的光通过,因而可获得所需要的单色光。本仪器配有五种滤光片,可透过谱线波长分别为

365.0 nm,404.7 nm,435.8 nm,546.1 nm,577.0 nm。

(3)光阑:3 片,直径分别为 2 mm,4 mm,8 mm。

(4)光电管:光谱响应范围为 320~700 nm,暗电流 $I ≤ 2×10^{-12}$ A(-2 V$≤U≤0$ V)。

(5)光电管电源:2 挡,-2~$+2$ V,-2~$+30$ V,三位半数显,稳定度≤0.1%。

(6)微电流放大器:6 挡,10^{-8}~10^{-13} A,分辨率 10^{-14} A,三位半数显,稳定度≤0.2%。

【实验内容】

1. 仪器的调整

(1)仪器的预热

①将光电管暗箱和汞灯的遮光盖盖上,接通汞灯及测试仪电源,预热 30 min。

②将汞灯光输出口对准光电管光输入口,调整光电管与汞灯距离约为 40 cm 并保持不变。

③将测试仪电压输出端(后面板上)与光电管暗箱电压输入端连接起来(红 – 红,蓝 – 蓝)。

注意 如果点亮的汞灯熄灭,那么需经 10~20 min 冷却后才能再开。

(2)测试仪的调零

①将光电管暗箱和汞灯的遮光盖盖上,电流量程选择开关置于 10^{-13} 挡位,仪器在充分预热后,进行测试前调零,旋转电流调零旋钮使电流表指示为 00.0。

②用高频匹配电缆将光电管暗箱电流输出端 K 与测试仪微电流输入端(后面板上)连接起来。

2. 测量普朗克常数 h

(1)测量光电管的暗电流

①将电压选择按键置于 -2~$+2$ V 挡。

②逆时针缓慢调节电压调节旋钮,使测量起始电压为 -1.990 V,测量从 -2~$+2$ V 不同电压下相应的电流值(电流值 = 倍率×电流表读数)。此时所测的电流为光电管的暗电流。

(2)测量光电管的伏安特性曲线

①将光电管暗箱和汞灯的遮光盖盖上,将电压选择按键置于 -2~$+2$ V 挡,电流量程选择开关置于 10^{-13} 挡位。

②取下光电管暗盒上的遮光盖,换上滤光片。将电压调节从 -1.990 V 调起,缓慢增加,先观察一遍不同滤色片下的电流变化情况,记下电流偏离零点发生明显变化的电压范围,以便多测几个实验点。

③在粗略测量的基础上进行精确测量并记录。从短波长起小心地逐次更换滤色片(切忌改变光源和光电管暗箱之间的相对位置),仔细读出不同频率入射光照射下的光电流随电压的变化数据,并记录在表 5.7.2 中。

表 5.7.2　入射光波长为_____ nm 的 I – U 曲线的数据表

U/V	-1.990							
$I/10^{-13}$ A								

表 5.7.2(续)

U/V					
$I/10^{-13}$ A					
U/V					
$I/10^{-13}$ A					

【注意事项】

1. 测量放大器及汞灯都需经充分预热才能做实验。

2. 滤光片要放在光电管上,不能放在汞灯上。每次更换滤光片时,必须先用遮光盖将汞灯盖住。

3. 应保护好滤光片的表面,防止打碎。当完成实验时,应立即将光电管盖上遮光盖,并将滤光片收入滤光片盒中,盖好盒盖。

【数据处理】

1. 在计算机上使用绘图软件(如 Origin 7.0,Advanced Grapher,Excel 等,请参见第 2 章第 2 节的相关内容)将测得数据输入计算机,使曲线显示在计算机上,调整坐标使显示比例适当。与本书示例曲线(图 5.7.4)对比,观察曲线形状和抬头点随波长变化的趋势,自我检查数据的正确性。

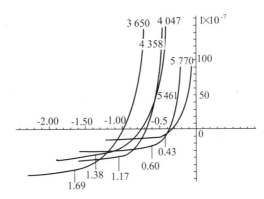

图 5.7.4 光电效应实验实测曲线

2. 从曲线中认真找出如图 5.7.4 所示的各反向光电流开始变化的抬头点,确定截止电压 U_S,记录在表 5.7.3 中。

表 5.7.3 ν-U_S 数据表

波长/nm	365	405	436	546	577
频率 $\nu/10^{14}$ Hz	8.22	7.41	6.88	5.49	5.20
U_S/V					

3. 用一元线性最小二乘法处理数据,求得 h,参见第 1 章第 4 节的例 1.4.1。
4. 求 h 的扩展不确定度,表示测量结果。

【思考题】

1. 什么是截止频率,什么是截止电压,什么是光电管伏安特性曲线?
2. 实验中如何确定截止电压?
3. 如何由光电效应测量普朗克常数?
4. 关于光电效应说法正确的是:
   A. 只要入射光的强度足够强,照射时间足够长就一定会产生光电效应。
   B. 光电子的最大初动能随入射光的强度增大而增大。
   C. 在光电效应中,饱和光电流的大小与入射光的强度无关。
   D. 任何金属都有极限频率,低于这个频率的光不能发生光电效应。
5. 若 3.5 eV 能量的光子照射某金属产生光电效应时,光电子的最大初动能为 1.25 eV,则要使这金属发生光电效应,照射光的频率不能小于:
   A. 3.02×10^{14} Hz   B. 5.43×10^{14} Hz
   C. 1.086×10^{15} Hz   D. 1.387×10^{15} Hz
6. 用频率为 ν 的光照射某金属表面,逸出光电子的最大初动能为 E_k,若改用频率为 3ν 的光照射该金属,则逸出光电子的最大初动能为
   A. $3E_k$ B. $\sqrt{3E_k}$
   C. $3h\nu - E_k$ D. $2h\nu + E_k$
7. 图 5.7.5 表示发生光电效应的演示实验,那么下列选项中正确的是:

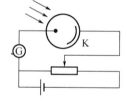

图 5.7.5 光电效应演示实验示意图

   A. 发生光电效应时电子是从 K 极逃逸出来的。
   B. 灵敏电流计G不显示读数,可能是因为入射光频率过低。
   C. 灵敏电流计G不显示读数可能是因为它的灵敏度过低。
   D. 如果把电流接反肯定不会发生光电效应了。
8. 三种不同的入射光线 1,2,3 分别照射在三种不同的金属 a,b,c 上均产生光电效应,若三种入射光的波长为 $\lambda_1 > \lambda_2 > \lambda_3$,则
   A. 用入射光 1 照射金属 b 或 c,金属 b,c 均可发生光电效应现象。
   B. 用入射光 2 照射金属 a 或 c,金属 a,c 均可发生光电效应现象。
   C. 用入射光 3 照射金属 a 或 b,金属 a,b 均可发生光电效应现象。
   D. 用入射光 1 与 2 同时照射金属 c,金属 c 可发生光电效应现象。

实验 8　核磁共振的研究

在恒定的磁场中,自旋不为零的原子核对电磁辐射能的共振吸收现象称为核磁共振。

1937 年和 1939 年,拉比(Rabi)和斯特恩(Stern)提出了较精确地测量核磁矩的方法。1946 年,瑞士裔美国理论和实验物理学家布洛赫(Bloch)与美国实验物理学家珀赛尔(Purcell)以及他们的研究组各自独立设计并观测到了一般形态物质(如水、石蜡等)中氢原子核(^{1}H)的核磁共振现象。有多位科学家因对核磁共振研究的杰出贡献先后获得了诺贝尔奖。

20 世纪 60 年代,由于超导强磁场及脉冲傅里叶变换技术的引用,核磁共振谱仪的灵敏度提高了 1~2 个数量级,应用的范围也从有机小分子到生物大分子。20 世纪 70 年代研制的人体核磁共振断层扫描仪,获得了人体软组织的清晰图像,可作为判断正常细胞、病变细胞和癌细胞的有力依据。在物理学研究中,核磁共振技术可以用来测定原子核的核磁矩等重要参数,确定物质结构及精确测定磁场等。在化学中,因为核磁共振谱图能够反映化合物的结构信息,所以成为一种常规的分析工具。另外,在材料科学、生命科学、遗传工程、生物物理、医药学以及地质学等方面,核磁共振技术也有着重要的应用。

【问题探索】

1. 产生核磁共振的条件是什么?
2. 核磁共振实验中,旋转磁场(即射频磁场 $\boldsymbol{B}_1$)和扫场磁场 $\boldsymbol{B}_0 + \boldsymbol{B}_0'$ 的作用是什么?
3. 在不改变示波器功能的条件下,如何改变本实验示波器中所显示的共振波之间的距离以及波形的宽度?

【实验目的】

1. 掌握核磁共振实验原理与方法。
2. 观察核磁共振稳态吸收现象。
3. 观察 ^{1}H 核磁共振现象,测量磁感应强度 $\boldsymbol{B}_0$。
4. 观察 ^{19}F 核磁共振现象,测其旋磁比 γ_F、朗德因子 g_F 以及磁矩 μ_F。

【实验原理】

1. 单个核的磁共振

核磁共振的量子力学解释基于微观粒子自旋角动量和自旋磁矩的空间量子化。通常将原子核的总磁矩在其自旋角动量 $\boldsymbol{P}$ 方向上的投影 $\boldsymbol{\mu}$ 称为核磁矩,它们之间的关系可写成

$$\boldsymbol{\mu} = \gamma \cdot \boldsymbol{P}$$

或

$$\boldsymbol{\mu} = g_N \cdot \frac{e}{2m_p} \cdot \boldsymbol{P} \tag{5.8.1}$$

式中,$\gamma = g_N \cdot \frac{e}{2m_p}$ 称为旋磁比;e 为电子电荷;m_p 为质子质量;g_N 为朗德因子。

原子核有"自旋",其自旋角动量 $\boldsymbol{P}$ 的数值 P 是量子化的,核的自旋量子数以 I 表征,原子核角动量 $\boldsymbol{P}$ 的大小为

$$P = \sqrt{I(I+1)}\,\hbar \tag{5.8.2}$$

式中,I 为核的自旋量子数,可以取 $I = 0, \frac{1}{2}, 1, \frac{3}{2}, \cdots$ 对于氢原子核、氟原子核都有 $I = \frac{1}{2}$。

将氢核置于恒定的外磁场 $\boldsymbol{B}_0$ 中,可以取坐标轴 z 方向为 $\boldsymbol{B}_0$ 的方向。核的角动量在 $\boldsymbol{B}_0$ 方向上的投影值 P_B 为

$$P_B = m \cdot \hbar \tag{5.8.3}$$

式中,m 称为磁量子数,可以取 $m = I, I-1, \cdots, -(I-1), -I$;$\hbar = \frac{h}{2\pi} = 1.054\,571\,726 \times 10^{-34}$ J·s,是约化普朗克常数,它是角动量的度量单位,$h = 6.626 \times 10^{-34}$ J·s,为普朗克常数。根据式(5.8.1)、式(5.8.3),核磁矩在 $\boldsymbol{B}$ 方向(取 z 轴)上的投影值 μ_z 为

$$\mu_z = g_N \frac{e}{2m_p} P_B = g_N \left(\frac{e\hbar}{2m_p}\right) m$$

将它写为

$$\mu_z = g_N \mu_N m \tag{5.8.4}$$

式中,$\mu_N = \frac{e\hbar}{2m_p} = 5.050\,783\,53 \times 10^{-27}$ J·T^{-1},称为核磁子,是核磁矩的度量单位。磁矩为 $\boldsymbol{\mu}$ 的原子核在恒定磁场 $\boldsymbol{B}_0$ 中具有的势能为

$$E = -\boldsymbol{\mu} \cdot \boldsymbol{B}_0 = -\mu_z \cdot B_0 = -g_N \mu_N m B_0$$

任何两个子能级 E_{m_1}, E_{m_2} 之间的能量差为

$$\Delta E = E_{m_1} - E_{m_2} = -g_N \mu_N B_0 (m_1 - m_2) \tag{5.8.5}$$

式中,m_1, m_2 分别为子能级 E_{m_1}, E_{m_2} 上的磁量子数。考虑最简单的情况,对氢、氟等原子核而言,自旋量子数 $I = \frac{1}{2}$,所以磁量子数 m 只能取两个值,即 $m_1 = \frac{1}{2}$ 和 $m_2 = -\frac{1}{2}$。根据式(5.8.2),核的角动量大小 $P = \frac{\sqrt{3}}{2}\hbar$。根据式(5.8.3),$P$ 在恒定外磁场 $\boldsymbol{B}_0$ 方向上的投影也只能取两个值,即 $P_{B1} = \frac{1}{2}\hbar, P_{B2} = -\frac{1}{2}\hbar$,如图 5.8.1(a)所示,与此相对应的能级如图 5.8.1(b)所示。

根据量子力学中的选择定则,只有 $\Delta m = \pm 1$ 的两个能级之间才能发生跃迁,由式(5.8.5)得这两个跃迁能级之间的能量差为

$$\Delta E = g_N \mu_N B_0 \tag{5.8.6}$$

由式(5.8.6)可知,相邻两个能级之间的能量差 ΔE 与外磁场 $\boldsymbol{B}_0$ 的大小成正比,外磁场越强,则两个能级的分裂就越大。

如果实验时恒定外磁场为 $\boldsymbol{B}_0$,在该恒定磁场区域又叠加一个垂直于 $\boldsymbol{B}_0$ 的电磁波(其射频频率为 ν_1)作用于氢核,那么当该电磁波的能量 $h\nu_1$ 恰好等于氢核两能级的能量差

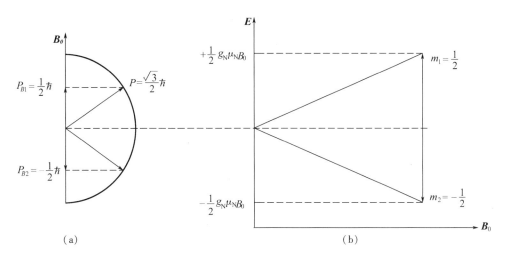

图 5.8.1 氢核能级在磁场 B_0 中的分裂示意图

$g_N\mu_N B_0$ 时,即

$$h\nu_1 = g_N\mu_N B_0 \tag{5.8.7}$$

氢核将吸收电磁波的能量,由 $m_2 = -\frac{1}{2}$ 的能级跃迁到 $m_1 = \frac{1}{2}$ 的能级,这就是核磁共振吸收现象,式(5.8.7)为发生核磁共振的条件。为了应用上的方便常写成

$$\nu_1 = \left(\frac{g_N \cdot \mu_N}{h}\right) B_0$$

因为旋磁比 $\gamma = g_N \cdot \frac{e}{2m_p}$,核磁子 $\mu_N = \frac{e\hbar}{2m_p}$, $\hbar = \frac{h}{2\pi}$, $\omega_1 = 2\pi\nu_1$,所以

$$\omega_1 = \gamma \cdot B_0 \tag{5.8.8}$$

由式(5.8.8)可知,对固定的原子核,旋磁比 γ 一定,调节射频频率 ν_1 和恒定磁场 B_0,或者固定其一调节另一个就可以满足共振条件,从而观察到核磁共振现象。

2. 核磁共振信号的强度

上面讨论的是单个核在外磁场中的核磁共振理论,但实验中所用的样品是大量同类核的集合。如果处于高能级上的核数目与处于低能级上的核数目没有差别,而在电磁波的激发下,上、下能级的原子核都要发生跃迁(从下一能级跃迁到上一能级需要吸收外界的能量,从上一能级跃迁到下一能级可以向外辐射能量),并且跃迁概率是相等的,即吸收能量等于辐射能量,那么就观察不到任何核磁共振信号。只有低能级上的原子核数目大于高能级上的核数目,使吸收能量比辐射能量多,才能观察到核磁共振信号。在热平衡状态下,在两个能级上的核数目的相对分布由玻耳兹曼因子决定:

$$\frac{N_1}{N_2} = \frac{g_2}{g_1}\exp\left(-\frac{\Delta E}{kT}\right) = \frac{g_1}{g_2}\exp\left(-\frac{g_N\mu_N B_0}{kT}\right) \tag{5.8.9}$$

式中,N_1,N_2 分别为高、低能级上的核数目;g_1,g_2 分别为高、低能级的简并度,可理解为高、低能级上分别能容纳的粒子数;ΔE 为高、低能级间的能量差;$k = 1.380\,648\,8 \times 10^{-23}$ J·K^{-1},为玻耳兹曼常数;T 为绝对温度。设 $g_1 = g_2$,当 $g_N\mu_N B_0 \ll kT$ 时,式(5.8.9)近似写成

$$\frac{N_1}{N_2} = 1 - \frac{g_N\mu_N B_0}{kT} \tag{5.8.10}$$

式(5.8.10)表明,低能级上的核数目比高能级上的核数目略多一点。对氢核来说,如果实验温度 $T = 300$ K,外磁场 $B_0 = 1$ T,则有

$$\frac{N_1}{N_2} = 1 - 6.81 \times 10^{-6}$$

或

$$\frac{N_1 - N_2}{N_2} \approx 7 \times 10^{-6}$$

这说明在室温下,每百万个低能级上的核比高能级上的核大约只多出7个。这就是说,在低能级上参与核磁共振吸收的每一百万个核中只有7个核的核磁共振吸收未被共振辐射所抵消。因而核磁共振的信号非常微弱,检测如此微弱的信号,需要高质量的接收器。

由式(5.8.10)看出,温度越高,粒子差数越小,对观察核磁共振信号越不利。外磁场 B_0 越强,粒子差数越大,越有利于观察核磁共振信号。一般核磁共振实验要求磁场强一些其原因就在于此。

另外,要想观察到核磁共振信号,仅仅磁场强一些还不够,磁场在样品范围内还应高度均匀,否则磁场多么强也观察不到核磁共振信号。原因之一是核磁共振信号由式(5.8.7)来决定,如果磁场不均匀,则样品内各部分的共振频率不同。对某个频率的电磁波,将只有极少数的核参与共振吸收,导致信号被噪声所淹没,难以观察到核磁共振信号。

本实验中用水作为观测氢原子核共振的样品。这是因为物质中电子的作用相互抵消,电子磁矩之和为零,氧原子核的磁矩也为零,所以水分子的磁矩只是由氢原子核提供。若水中加入一点顺磁物质(如万分之几的 $CuSO_4$),则可大大地影响弛豫时间,从而获得较大且稳定的共振信号,但这时往往使共振波形变宽。

【实验方案】

为保证对共振信号的观测,本实验将样品(如纯水)置于外磁场 $\boldsymbol{B} = \boldsymbol{B}_0 + \boldsymbol{B}_0'$ 中,其中 $\boldsymbol{B}_0$ 为恒定磁场,$\boldsymbol{B}_0'$ 为低频调制磁场,且 $\boldsymbol{B}_0' \ll \boldsymbol{B}_0$,因而外磁场 $\boldsymbol{B} \approx \boldsymbol{B}_0$,即磁场的方向与 $\boldsymbol{B}_0$ 相同并保持不变,只是大小按调制磁场 $\boldsymbol{B}_0'$ 对应的频率(本实验选用50 Hz)发生周期性的变化。由式(5.8.6)可知,发生跃迁的相邻两个能级之间的能量差为 $g_N \mu_N B_0$。在恒定磁场 $\boldsymbol{B}_0$ 的区域又叠加一个垂直于 $\boldsymbol{B}_0$ 的磁场 $\boldsymbol{B}_1$,当满足式(5.8.8),即磁场 $\boldsymbol{B}_1$ 对应的射频频率 $\omega_1 = \gamma B_0$ 时,核将吸收磁场 $\boldsymbol{B}_1$ 的能量,如氢原子核或氟原子核,可由磁量子数 $m_2 = -\frac{1}{2}$ 的能级跃迁到 $m_1 = \frac{1}{2}$ 的能级,这就是核磁共振吸收现象。

实验时,先用示波器的一个通道观测共振信号,并通过调节低频调制 $\boldsymbol{B}_0'$ 的幅度和射频频率 ω_1 观察共振波峰间距及共振波宽的变化;再将射频频率 ω_1 以及外磁场 $\boldsymbol{B}$ 对应的频率 $\omega_0 + \omega_0'$ 分别输入示波器的两个通道,利用李萨如图形进行测量,所得到的共振频率更为准确。

【实验仪器】

核磁共振实验仪主要包括磁铁部分(永磁铁及调场线圈)、磁场扫描电源、边限振荡器、

探头与样品、频率计及示波器。

1. 磁铁部分

此部分的主要功能是产生恒定的外磁场 B_0 并施加一个附加的调制磁场 B_0'。磁铁结构示意图如图 5.8.2 所示,各自的作用如下:

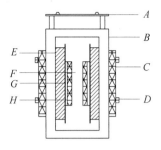

图 5.8.2　磁铁结构示意图

A——面板,上有线圈 E 引出的四组接线柱,实验时可任选其中一组;

B——主体,起支撑线圈和磁钢并形成磁回路的作用;

C——外板,用于调节磁隙及中间磁场的均匀度;

D——螺丝,一面有六个,通过其调节磁场(已调好,切忌变动!);

E——线圈,通过其施加一个扫描磁场,能产生一个较弱的低频调制磁场 B_0'(其磁感强度的大小约 20 Gs,频率为 50 Hz);

F——间隙,有效的工作区,可将样品置于其中;

G——磁钢,钕铁硼稀土永磁铁;

H——纯铁,主要用于提高磁场均匀度。

为使磁场高度均匀,本实验以两个纯铁圆柱套上钕铁硼稀土永磁铁做成的磁钢作为磁铁。为了两个圆柱体底面之间的磁场均匀,要求柱体底面适当大一些,并且对其平面度也有很高的要求。此恒定磁场 B_0 的大小约为 5 000 Gs。另外,为便于用示波器观察,又由磁场扫描电源给线圈 E 施加一个低频调制磁场 B_0'。此时,实际的外加磁场为 $B = B_0 + B_0'$。

2. 磁场扫描电源

磁场扫描电源的示意图如图 5.8.3 所示,各自的作用如下:

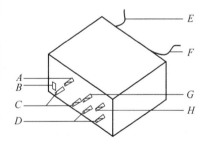

图 5.8.3　磁场扫描电源示意图

A——扫描幅度旋钮,用于调节交变磁场 B_0' 的幅度,以便捕捉共振信号,顺时针调节时幅度增加;

B——电源开关,整个磁场扫描电源的通断电控制;

C——扫描输出接线柱,用叉片接至磁铁面板的接线柱上,产生稳定的低频(50 Hz)交变电流,供给磁铁部分的扫描磁场线圈 E;

D——X 轴幅度输出接线柱,可向示波器(如 CH_1 通道)输出交变磁场 $B = B_0 + B_0'$;

E——电源线,接市电,为 220 V,50 Hz 输入;

F——边限振荡器电源输出端,是一个五芯航空插头,它为边限振荡器提供工作电压;

G——X 轴幅度调节旋钮,用于调节"X 轴输出"端扫描信号的幅度,顺时针调节幅度增大;

H——X 轴相位调节旋钮,可调节"X 轴输出"端扫描信号的相位。

3. 边限振荡器

边限振荡器具有与一般振荡器不同的输出特性,其输出幅度 V_{rf} 随外界吸收能量的轻微增加而明显下降,当吸收能量大于某一阈值时即停振,因此其通常被调整在振荡和不振荡的边缘状态,称为边限振荡器。它一方面产生一个射频振荡,提供一个连续可调的圆频率 ω_1,使其满足共振条件 $\omega_1 = \omega_0 = \gamma B_0$;另一方面,当样品吸收的能量不同(即线圈的 Q 值发生变化)时,振荡器的振幅将有较大的变化。当发生共振时,样品吸收增强,振荡变弱,经二极管的倍压检波,就可以把反映振荡器振幅大小变化的共振吸收信号检测出来,进而通过示波器显示。由于采用边限振荡器,所以射频磁场 B_1 很弱,饱和的影响很小。但如果电路调节得不好,偏离边限振荡器状态很远,一方面射频磁场 B_1 很强,出现饱和效应,另一方面,样品中少量的能量吸收对振幅的影响很小,这时就有可能观察不到共振吸收信号。这种把发射线圈兼作接收线圈的探测方法称为单线圈法。

边限振荡器的示意图如图 5.8.4 所示,各自的作用如下:

A——频率粗调旋钮,用于改变射频的频率 ω_1 以产生共振信号,顺时针频率增加;

B——频率输出,接频率计,可显示频率;

C——频率微调旋钮,用于微调射频的频率 ω_1,顺时针调节时频率增加;

D——共振信号输出,接示波器(如通道 CH_2),可观测共振信号;

E——电源输入,接磁场扫描电源后面板"边限振荡器电源输出";

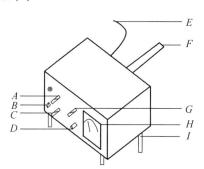

图 5.8.4 边限振荡器示意图

F——探头,在边限振荡器振荡线圈的前端放置样品,该线圈产生的射频磁场 B_1 的方向与恒定磁场 B_0 的方向垂直;外部是起屏蔽作用的铜管,该线圈兼作接收线圈;

G——幅度调节旋钮,用于调节射频磁场 B_1 的幅度,顺时针调节时幅度增加(注意,B_1 的幅度不能太大,一般为 1 V 左右);

H——幅度显示表,表头指示射频磁场 B_1 的幅度;

I——高度调节螺丝,用于调节探头在磁场中的空间位置。

4. 扫场单元与波形

观察核磁共振信号较好的手段是使用示波器,但是示波器便于观察交变信号(直流信号是一条直线),所以必须想办法使核磁共振信号交替出现。

实际的共振吸收应该发生在磁场的一定范围内,即只有在射频频率 $\omega_1 = \gamma \cdot B_1$ 所对应的射频磁场 B_1 被外磁场 $B = B_0 + B_0'$ 所扫描的时间(即 B_1 与 B 相交的时间)内才产生核磁共振。此时,边限振荡器的振幅下降,且在每一个调制周期内,共振条件满足两次,如图 5.8.5(a)所示。当然,若射频磁场 B_1 不与 $B_0 + B_0'$ 相交,则不会发生共振。在实际操作中,首先要调节磁场扫描电源上的幅度调节旋钮使调制磁场 B_0' 的幅度增加,然后缓慢调节边限振荡器上的频率粗调及频率细调旋钮以改变射频的频率 ω_1(注意:频率 ω_1 对应的射频磁场 B_1 的幅度不能太大,幅度的对应电压一般为 1 V 左右),使 B_1 与 $B_0 + B_0'$ 相交,即产生核磁共振。由边限振荡器的共振信号输出端接至示波器 CH_2 通道,可在示波器上观测到共振波形。起初,一般在示波器看到的是间隔不均匀的共振吸收信号,如图 5.8.5(a)所示。通过改变 B_1 的幅度及对应的频率 ω_1 的大小,或通过改变调制磁场 B_0'(本实验采用的永磁铁的磁场强度 B_0 不能改变)都能改变示波器上出现的共振波的相互间隔。当 $\omega_1 = \omega_0 + \omega_0' = \gamma(B_0 + B_0')$,即满足共振条件时,示波器显示的共振波波峰的间距相同,此时扫场 $B_0 + B_0'$ 的幅值变化不会引起波峰间隔的变化,如图 5.8.5(b)所示。但是此时若调制磁场 B_0' 幅值越小,则共振信号宽度变得越大,如图 5.8.5(c)所示。

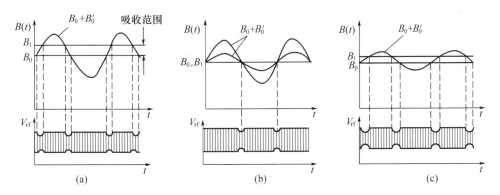

图 5.8.5　共振吸收信号波形图

用示波器观测共振吸收信号时,扫场的速度很快,也就是通过共振点的时间比弛豫时间小得多,这时共振吸收信号的形状会发生很大的变化,在通过共振点后会出现衰减振荡。这个衰减的振荡称为"尾波",尾波越大,说明磁场越均匀。

完全满足共振吸收的状况不易确定,可采用李萨如图法测量共振频率。

【实验内容】

1. 按图 5.8.6 接好各部分的连线。

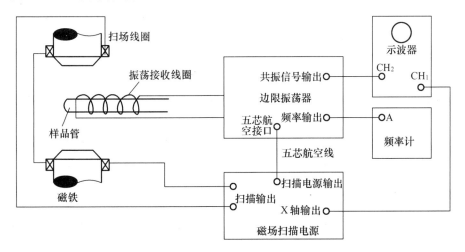

图 5.8.6　连续波核磁共振实验仪装置图

2. 把一号样品(水中放入少量 $CuSO_4$)放入探头样品管中,并把探头放入磁极中部,使其与磁场垂直。

3. 打开磁场扫描电源开关,此时边限振荡器的指示灯亮。信号由频率计的"频率 A"端输入,选用"100 ms"挡,打开频率计开关,频率计自检,随即显示输入的频率值(一般显示 20 MHz 左右)。打开示波器开关,选择 CH_2 通道,适当调节"灵敏度选择(VOLTS/DIV)"旋钮和"扫描速率(SEC/DIV)"旋钮,能看出因干扰使扫描的横线较粗。

4. 右旋(顺时针旋转)磁场扫描电源上的"扫描幅度"旋钮,使"扫描幅度"变得很大。但为了避免因幅度过大使仪器处于短路状态而影响仪器使用寿命,应当往右旋转到底,再立即往回旋转半圈。

5. 根据磁铁上方扫场输出接线板上所标注的氢核(^{1}H)或氟(^{19}F)核共振频率的参考值,调节边限振荡器上的"频率粗调"和"频率细调"旋钮,在参考值上下 1 MHz 范围内,可调出共振频率,适当改变探头在磁场中的位置,使波形最大,尾波最多,并使两个波峰的高度相互接近。

6. 适当调节"频率细调"旋钮以改变射频频率 ω_1 的大小,或适当地调节"扫描幅度"旋钮(切勿将"扫描幅度"旋钮调到最大值,即右旋到底,应当往右旋转到底,再立即往回旋转半圈左右!)以改变调制磁场 $\boldsymbol{B}'_0$ 的幅度,观察共振波波峰间距和共振波宽的变化情况,尽量使共振波的波峰等高且等间距。

7. 将示波器的"扫描方式"旋钮置于"X – Y"位置,可由两个通道同时输入两个相互垂直的信号。这时示波器 CH_1 通道的交变磁场 $\boldsymbol{B}_0 + \boldsymbol{B}'_0$(从磁场扫描电源的"X 轴输出"进入 CH_1)与示波器 CH_2 通道的射频磁场 $\boldsymbol{B}_1$(从边限振荡器的"共振信号输出"进入 CH_2)可以形成李萨如图形。观察此图形,调节磁场扫描电源上的"X 轴相位"旋钮,使其两个峰重叠在一起。通过调节示波器的"水平位移(POSITION)"旋钮、"垂直位移(POSITION)"旋钮上下、左右移动李萨如图形,再通过调节示波器 CH_1 通道上的"灵敏度选择(VOLTS/DIV)"旋钮(或磁场扫描电源上的"X 轴幅度")和 CH_2 通道上的"灵敏度选择(VOLTS/DIV)"旋钮,使李萨如图形的左、右两端分别处于示波器荧光屏的 – 4 大格和 + 4 大格位置。仔细调节"频率细调"旋钮,使李萨如图形的波峰位于荧光屏的中心,即与中心的 y 轴重合。记录此时频率计上的频率值,即为一号样品较准确的共振频率。

8. 熟悉以上的调节内容后,依次改换五号样品(为纯水)和三号样品(为氟碳),重复上述步骤 4 至 7,测量氢核和氟核的共振频率。

【注意事项】

1. 在测量纯水和氟核尤其是氟核的核磁共振频率时,信号非常微弱,必须耐心,又要细心。

2. 由"磁场扫描电源"控制的扫场 $\boldsymbol{B}_0 + \boldsymbol{B}'_0$ 的幅度不能小,需将"扫描幅度"旋钮右旋转到底,再往回旋转半圈;由"边限振荡器"控制的射频 $\boldsymbol{B}_1$ 幅度不能太大,一般为 1 V 左右。

【数据处理】

1. 从五号样品测得纯水的核磁共振频率 f_H 值,利用式(5.8.11)计算 B_0,评定 B_0 的不确定度,表示测量结果,即

$$\omega_1 = \omega_0 = 2\pi f_H = \gamma_H B_0 \tag{5.8.11}$$

2. 根据从三号样品和五号测得的 f_F 值 f_H 值,利用式(5.8.12)计算 γ_F, g_F 和 μ_F,评定各个量的不确定度,表示测量结果,即

$$\begin{aligned} 2\pi f_F &= \gamma_F B_0 = 2\pi f_H \gamma_F / \gamma_H \\ \gamma_F &= \gamma_H f_F / f_H \\ g_F &= \gamma_F \hbar / \mu_N \\ \mu_F &= I \hbar \gamma_F \end{aligned} \tag{5.8.12}$$

对氢核、氟核来说,都有自旋量子数 $I = \frac{1}{2}$。

下边给出几个物理常数,以便计算氟核的旋磁比 γ_F、朗德因子 g_F,以及核磁矩 μ_F。

$$\gamma_H = (2.675\ 222\ 005 \pm 0.000\ 000\ 063) \times 10^8\ \text{s}^{-1} \cdot \text{T}^{-1}$$

$$\mu_N = (5.050\ 783\ 53 \pm 0.000\ 000\ 11)^{-27}\ \text{J} \cdot \text{T}^{-1}$$

$$\hbar = (1.054\ 571\ 726 \pm 0.000\ 000\ 047) \times 10^{-34}\ \text{J} \cdot \text{s}$$

测量共振频率的扩展不确定度为

$$U(f_H) = U(f_F) = 0.000\ 10\ \text{MHz}$$

注意 上面给出的几个物理常数括号内"±"后的数字为标准不确定度。在本实验的数据处理中,请用扩展不确定度来表示测量结果。

实验 9 塞曼 – 法拉第磁光效应的研究与应用

光和一切微观物质一样,具有波粒二象性,当一束光通向在磁场作用下的具有磁矩的介质,并从介质反射或者透射后,光的相位、频率、光强、传输方向和偏振状态等传输特性发生变化,这种现象叫作磁光效应。

早在 1845 年,法拉第最先发现了磁光效应,这就是当平面偏振光通过沿光传输方向磁化的介质时,偏振面产生旋转的现象,后来人们将这一现象称为法拉第磁光效应。1876 年,克尔又提出了另一种磁光效应——克尔效应,即当平面偏振光从磁化介质的表面反射时,偏振面也发生旋转的现象。1896 年,塞曼发现,把光源置于磁场中,每条谱线分裂成几条谱线,这称为塞曼效应。这三种磁光效应中,研究最多和应用最广的是法拉第效应,而塞曼效应作为经典的近代物理实验,在物理教学中占有重要的地位。

实验 9.1 塞曼效应实验

【实验目的】

1. 理解塞曼效应的原理,了解原子磁矩及空间量子化等原子物理学概念。
2. 学会用 CCD 摄像器件观察汞原子 546.1 nm 谱线的分裂现象,并辨别不同谱线的偏振状态。
3. 利用塞曼裂距计算电子荷质比。

【问题探索】

1. 塞曼效应分裂谱的裂距与磁场强度有什么关系?
2. 如何区分塞曼效应中不同的偏振光(π 线和 σ 线)?

【实验原理】

1. 塞曼效应的有关原理说明

(1) 原子的总磁矩和总角动量

原子是由带正电荷的原子核和带负电荷的核外电子组成。核外电子在原子核的库仑场中做圆周运动,由此产生轨道磁矩。同时,电子还具有自旋运动,从而产生自旋磁矩。自旋磁矩与轨道磁矩耦合为原子的总磁矩,总磁矩在外磁场中受到力矩的作用,力矩引起原子的能级产生一个附加能量 ΔE。

根据量子力学的结果,原子能级的附加能量 ΔE 的大小为

$$\Delta E = Mg \frac{eh}{4\pi m} B \tag{5.9.1}$$

式中,B 为磁感应强度,在实验中可以用实验仪器测得;$h = 6.626 \times 10^{-34}$ J·s 为普朗克常数;$M = J, (J-1), \cdots, -J$ 为磁量子数,共有 $(2J+1)$ 种取值;g 为朗德因子。在 LS 耦合下,朗德因子 g 为

$$g = 1 + \frac{J(J+1) - L(L+1) + S(S+1)}{2J(J+1)} \tag{5.9.2}$$

这样,无外磁场时的一个能级在外磁场作用下分裂为 $2J+1$ 个子能级。由式(5.9.1)所决定的每个子能级的附加能量正比于外磁场 B,并与朗德因子 g 有关。

(2) 塞曼效应的选择定则

设某条光谱线在未加磁场时跃迁前后的能级为 E_2 和 E_1,则谱线的频率 ν 决定于

$$h\nu = E_2 - E_1 \tag{5.9.3}$$

在外磁场中,上、下能级分裂为 $2J_2+1$ 和 $2J_1+1$ 个子能级,附加能量分别为 ΔE_2 和 ΔE_1,并可按式(5.9.1)算出。新的谱线频率 ν' 决定于

$$h\nu' = (E_2 + \Delta E_2) - (E_1 + \Delta E_1) = (E_2 - E_1) + (\Delta E_2 - \Delta E_1) = h\nu + (\Delta E_2 - \Delta E_1)$$

$$\tag{5.9.4}$$

所以,分裂后谱线与原谱线的频率差为

$$\Delta \nu = \nu' - \nu = \frac{1}{h}(\Delta E_2 - \Delta E_1) = (M_2 g_2 - M_1 g_1) \frac{eB}{4\pi m} \tag{5.9.5}$$

用波数来表示为

$$\Delta \tilde{\nu} = \frac{1}{\lambda'} - \frac{1}{\lambda} = \frac{\nu'}{c} - \frac{\nu}{c} = (M_2 g_2 - M_1 g_1) \frac{eB}{4\pi mc} \tag{5.9.6}$$

但是,并非任意两个能级的跃迁都是允许的,跃迁必须满足以下选择定则:

$$\Delta M = M_2 - M_1 = 0, \pm 1 \text{(当 } J_2 = J_1 \text{ 时}, M_2 = 0 \to M_1 = 0 \text{ 除外)}$$

在塞曼效应实验中,人们研究发现:

① 当 $\Delta M = 0$ 时,产生 π 线,沿垂直于磁场的方向观察时,得到光振动方向平行于磁场的线偏振光。沿平行于磁场的方向观察时,光强度为零。

② 当 $\Delta M = \pm 1$ 时,产生 $\sigma^\pm$ 线,合称 σ 线。沿垂直于磁场的方向观察时,得到的都是光振动方向垂直于磁场的线偏振光。当光线的传播方向平行于磁场方向时 σ^+ 线为一左旋圆偏振光,σ^- 线为一右旋圆偏振光。当光线的传播方向反平行于磁场方向时,观察到的 σ^+ 和 σ^- 线分别为右旋和左旋圆偏振光。

(3)汞绿线在外磁场中的塞曼效应

本实验中所观察的汞绿线 546.1 nm 对应于跃迁 $6s7s\,^3S_1 \rightarrow 6s6p\,^3P_2$。这两个状态的朗德因子 g 和在磁场中的能级分裂,可由(5.9.2)式得出,并且绘成能级跃迁图,如图5.9.1所示。

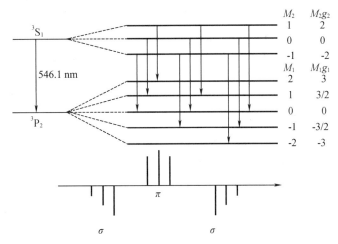

图 5.9.1　汞绿线的塞曼效应及谱线强度分布

由图 5.9.1 可见,上下能级在外磁场中分裂为三个和五个子能级。在能级图上画出了选择规则允许的九种跃迁。在能级图下方画出了与各跃迁相应的谱线在频谱上的位置,它们的波数从左到右增加,并且是等距的,为了便于区分,将 π 线和 σ 线都标在相应的地方各线段的长度表示光谱线的相对强度。

2. 塞曼效应的有关实验方法

(1)法布里－珀罗标准具

法布里－珀罗标准具(以下简称 F－P 标准具)由两块平行平面玻璃板和夹在中间的一个间隔圈组成。F－P 标准具的多光束干涉如图 5.9.2 所示。当单色平行光束以某一小角度入射到标准具的 M 平面上,光束在 M 和 M' 两表面上经过多次反射和投射,分别形成一系列相互平行的反射光束 $1,2,3,\cdots$ 及透射光束 $1',2',3',\cdots$,任何相邻光束间的光程差 Δ 是一样的,即

$$\Delta = 2nd\cos\theta$$

式中,d 为两平行板间的间距,大小为 2 mm;θ 为光束折射角;n 为平行板介质的折射率,在空气中使用标准具时可以取 $n=1$。

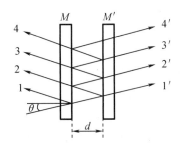

图 5.9.2　F－P 标准具的多光束干涉

当一系列相互平行并有一定光程差的光束经会聚透镜,在焦平面上产生多光束干涉。光程差为波长整数倍时产生相长干涉,得到光强极大值,即

$$2d\cos\theta = K\lambda \tag{5.9.7}$$

式中,K为整数,称为干涉序。由于标准具的间隔d是固定的,对于波长λ一定的光,不同的干涉序K出现在不同的入射角θ处。如果波长不同,在F-P标准具中将产生等倾干涉,这时相同θ角的光束所形成的干涉花纹是一圆环,整个花样则是一组同心圆环。

我们考虑两束具有微小波长差的单色光λ_1和λ_2($\lambda_1 > \lambda_2$,且$\lambda_1 \approx \lambda_2 \approx \lambda$)。根据式(5.9.7),$\lambda_1$和$\lambda_2$光强的极大值对应于不同的入射角$\theta_1$和$\theta_2$,因而,所有的干涉条纹形成两套花纹。如果$\lambda_1$和$\lambda_2$的波长差(随磁场$B$)逐渐加大,使得$\lambda_2$的$K$序花纹与$\lambda_1$的$(K-1)$序花纹重合,这时,以下条件得到满足:

$$K\lambda_2 = (K-1)\lambda_1 \tag{5.9.8}$$

考虑到靠近干涉圆环中央处θ都很小,因而$K = 2d/\lambda$,于是式(5.9.8)写作

$$\Delta\lambda = \lambda_1 - \lambda_2 = \frac{\lambda^2}{2d} \tag{5.9.9}$$

用波数表示为

$$\Delta\tilde{v} = \frac{1}{2d} \tag{5.9.10}$$

按式(5.9.9)和式(5.9.10)算出的$\Delta\lambda$或$\Delta\tilde{v}$定义为标准具的色散范围,又称为自由光谱范围。色散范围是标准具的特征量,它给出了靠近干涉圆环中央处不同波长差的干涉花纹不重序时所允许的最大波长差。

(2)用F-P标准具测量电子荷质比

用焦距为f的透镜使F-P标准具的干涉条纹成像在焦平面上,这时靠近中央各花纹的入射角θ与它的直径D有如下关系,如图5.9.3所示。

$$\cos\theta = \frac{f}{\sqrt{f^2 + (D/2)^2}} \approx 1 - \frac{1}{8}\frac{D^2}{f^2} \tag{5.9.11}$$

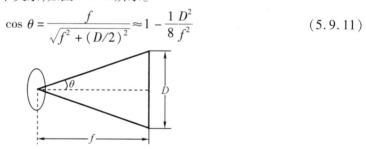

图5.9.3 入射角与干涉圆环直径的关系

将式(5.9.12)代入式(5.9.7),得

$$2d\left(1 - \frac{D^2}{8f^2}\right) = K\lambda \tag{5.9.12}$$

由式(5.9.12)可见,靠近中央各花纹的直径平方与干涉序呈线性关系。对同一波长而言,随着花纹直径的增大,花纹愈来愈密。式(5.9.12)左侧括号内的符号表明,直径大的干涉环对应的干涉序低。同理,就不同波长同序的干涉环而言,直径大的干涉环波长小。

同一波长相邻两序K和$K-1$花纹的直径平方差ΔD^2可由式(5.9.12)推导,得到

$$\Delta D^2 = D_{K-1}^2 - D_K^2 = \frac{4f^2\lambda}{d} \tag{5.9.13}$$

可见，ΔD^2 是一个常数，与干涉序 K 无关。

由式(5.9.12)可求出在同一序中不同波长 λ_a 和 λ_b 之差，例如，分裂后两相邻谱线的波长差为

$$\lambda_a - \lambda_b = \frac{d}{4f^2 K}(D_b^2 - D_a^2) = \frac{\lambda}{K} \frac{D_b^2 - D_a^2}{D_{K-1}^2 - D_K^2} \qquad (5.9.14)$$

测量时，通常可以只利用在中央附近的 K 序干涉花纹。考虑到标准具间隔圈的厚度比波长大得多，中心花纹的干涉序是很大的。因此，用中心花纹干涉序代替被测花纹的干涉序引入的误差可以忽略不计，即

$$K = \frac{2d}{\lambda} \qquad (5.9.15)$$

将式(5.9.15)代入式(5.9.14)，得

$$\lambda_a - \lambda_b = \frac{\lambda^2}{2d} \frac{D_b^2 - D_a^2}{D_{K-1}^2 - D_K^2} \qquad (5.9.16)$$

用波数表示为

$$\tilde{v}_a - \tilde{v}_b = \frac{1}{2d} \frac{D_b^2 - D_a^2}{D_{K-1}^2 - D_K^2} = \frac{1}{2d} \frac{\Delta D_{ab}^2}{\Delta D^2} \qquad (5.9.17)$$

式中，$\Delta D_{ab}^2 = D_b^2 - D_a^2$。

由式(5.9.17)可知，波数差与相应花纹的直径平方差成正比。将式(5.9.17)代入式(5.9.16)，得到电子荷质比为

$$\frac{e}{m} = \frac{2\pi \cdot c}{(M_2 g_2 - M_1 g_1) B d}\left(\frac{D_b^2 - D_a^2}{D_{K-1}^2 - D_K^2}\right) \qquad (5.9.18)$$

式中，B 为磁感应强度，可由仪器测得；$d = 2$ mm；$M_2 g_2 - M_1 g_1 = 1$。

【实验方案】

根据塞曼效应实验原理，调节光路上各个光学元件，使其等高共轴，点燃汞灯，使光束通过每个光学元件的中心。从电脑屏幕上可观察到细锐的干涉圆环发生分裂的图像。通过 CCD 摄像器件能够看到清晰的每级三个的分裂圆环。利用塞曼效应实验分析软件，计算电子荷质比。

【实验仪器】

永磁塞曼效应实验仪主要由永磁铁、笔形汞灯、毫特斯拉计、会聚透镜、干涉滤光片、F-P 标准具、偏振片、CCD 摄像器件(配调焦镜头)、USB 外置图像采集卡、电脑、导轨以及滑块组成。用电脑测量塞曼效应及法拉第效应的实验装置如图 5.9.4 所示。

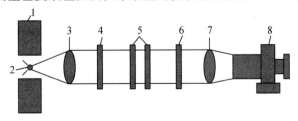

图 5.9.4 用电脑测量塞曼效应及法拉第效应的实验装置图

1—永磁铁；2—笔形汞灯；3—会聚透镜；4—干涉滤光片；5—F-P 标准具；6—偏振片；7—成像透镜；8—读数显微镜

【实验内容】

1. 按照图 5.9.4 所示依次放置各光学元件，调节光路上各个光学元件，使其等高共轴，点燃汞灯，使光束通过每个光学元件的中心。

注意 图 5.9.4 中会聚透镜和成像透镜的区别：成像透镜焦距大于会聚透镜，而会聚透镜的通光孔径大于成像透镜的通光孔径。

2. 从电脑屏幕上可观察到细锐的干涉圆环发生分裂的图像。调节电磁铁线圈电压，达到改变磁场场强的目的。可以看到，随着磁场 B 的增大，谱线的分裂宽度也在不断增宽。放置偏振片，当旋转偏振片为 $0°$，$45°$，$90°$ 各个不同的位置时，可观察到偏振性质不同的 π 成分和 σ 成分。

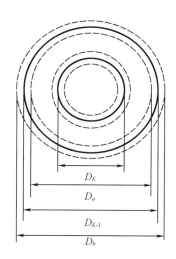

图 5.9.5　汞 546.1 nm 光谱加磁场后的图像

3. 旋转偏振片，通过 CCD 摄像器件能够看到清晰的每级三个的分裂圆环，如图 5.9.5 所示。利用塞曼效应实验分析软件，计算出被测的干涉圆环的四个直径 D_b，D_{K-1}，D_a，D_K，用"毫特斯拉计"来测量中心磁场的磁感应强度 B，将它们代入式(5.9.18)中计算电子荷质比，并计算测量不确定度。

4. 除了用 CCD 读取数据以外，还可以通过读数望远镜实现这一目的。旋转偏振片，通过读数望远镜能够看到清晰的每级三个的分裂圆环。旋转测量望远镜的"读数鼓轮"，用测量分划板的铅垂线依次与被测圆环相切，从读数鼓轮上读出相应的一组数据，它们的差值即为被测的干涉圆环直径，测量四个圆的直径 D_b，D_{K-1}，D_a，D_K，用"毫特斯拉计"来测量中心磁场的磁感应强度 B，将它们代入式(5.9.18)中计算电子荷质比，并评定测量结果的不确定度。

实验9.2　法拉第磁光效应实验

【实验目的】

1. 了解法拉第磁光效应的原理。
2. 观察法拉第效应，用消光法测量样品的费尔德常数。

【问题探索】

1. 法拉第效应中偏振面旋转的角度 θ 与什么有关？
2. 费尔德常数 V 与波长 λ 满足怎样的关系？

【实验原理】

在磁场不是非常强时，如图 5.9.6 所示，偏振面旋转的 θ_F 与光波在介质中走过的路程 L 及介质中的磁感应强度在光的传播方向上的分量 B 成正比，即

$$\theta_F = VBL \tag{5.9.19}$$

比例系数 V 由物质和工作波长决定,表征着物质的磁光特性,这个系数称为费尔德(Verdet)常数。

费尔德常数 V 与磁光材料的性质有关,对于顺磁、弱磁和抗磁性材料(如重火石玻璃等),V 为常数,即 θ_F 与磁场强度 B 有线性关系;而对铁磁性或亚铁磁性材料(如 YIG 等立方晶体材料),θ_F 与 B 不是简单的线性关系。

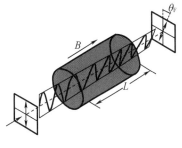

图 5.9.6　法拉第磁致旋光效应

表 5.9.1 为几种材料的费尔德常数。几乎所有物质(包括气体、液体、固体)都存在法拉第效应,不过一般都不显著。

表 5.9.1　几种材料的费尔德常数

物质	λ/nm	V(弧分/特斯拉·厘米)
水	589.3	1.31×10^2
二硫化碳	589.3	4.17×10^2
轻火石玻璃	589.3	3.17×10^2
重火石玻璃	830.0	$8 \times 10^2 \sim 10 \times 10^2$
冕玻璃	632.8	$4.36 \times 10^2 \sim 7.27 \times 10^2$
石英	632.8	4.83×10^2
磷素	589.3	12.3×10^2

不同的物质,偏振面旋转的方向也可能不同。习惯上规定,以顺着磁场观察偏振面旋转绕向与磁场方向满足右手螺旋关系的称为"右旋"介质,其费尔德常数 $V>0$;反向旋转的称为"左旋"介质,其费尔德常数 $V<0$。

对于每一种给定的物质,法拉第旋转方向仅由磁场方向决定,而与光的传播方向无关(不管传播方向与磁场同向或者反向),这是法拉第磁光效应与某些物质的固有旋光效应的重要区别。固有旋光效应的旋光方向与光的传播方向有关,即随着顺光线和逆光线的方向观察,线偏振光的偏振面的旋转方向是相反的,因此当光线往返两次穿过固有旋光物质时,线偏振光的偏振面没有旋转。

而法拉第效应则不然,在磁场方向不变的情况下,光线往返穿过磁致旋光物质时,法拉第旋转角将加倍。利用这一特性,可以使光线在介质中往返数次,从而使旋转角度加大。这一性质使磁光晶体在激光技术、光纤通信技术中获得重要应用。

与固有旋光效应类似,法拉第效应也有旋光色散,即费尔德常数随波长而变,一束白色的线偏振光穿过磁致旋光介质,则紫光的偏振面要比红光的偏振面转过的角度大,这就是旋光色散。实验表明,磁致旋光物质的费尔德常数 V 随波长 λ 的增加而减小。

【实验方案】

根据法拉第磁光效应实验原理,调节氦-氖激光器底部的调节架,使激光器发出的准直光完全通过电磁铁中心的小孔,使激光器光斑正好通过冕玻璃样品打在光电转换盒的通光孔上,此时旋动刻度盘上的旋钮,可以发现光功率计读数发生变化。旋动刻度盘上的旋钮,使刻度盘内偏振片的检偏方向发生变化,通过旋转刻度盘得到 θ_F。

【实验仪器】

法拉第磁光效应实验仪主要由永磁铁、毫特斯拉计、光功率计、氦-氖激光器、导轨以及滑块组成。

【实验内容】

1. 调节氦-氖激光器底部的调节架,使激光器发出的准直光完全通过电磁铁中心的小孔(做法拉第效应实验时,电磁铁应纵向放置)。

2. 调节刻度盘的高度,使激光器光斑正好打在光电转换盒的通光孔上,此时旋动刻度盘上的旋钮,可以发现光功率计读数发生变化。

3. 调节样品测试台,并旋动测试台上的调节旋钮,使冕玻璃样品缓慢转动升起,此时光应完全通过样品。

4. 旋动刻度盘上的旋钮,使刻度盘内偏振片的检偏方向发生变化,因为氦-氖激光器激光管内已经装有布儒斯特窗,所以不加起偏器,氦-氖激光器出射的光已经是线偏振光,所以转动刻度盘,必定存在一个角度,使光功率计示值最小(光度计可以调节量程,以使测量更加精确),即此时激光器发出的线偏振光的偏振方向与检偏方向垂直,通过游标盘读取此时的角度 θ_1。

5. 开启励磁电源,给样品加上稳定磁场,此时可以看到光度计读数增大,这完全是法拉第效应作用的结果。再次转动刻度盘,使光度计读数最小,读取此时的角度值 θ_2。

6. 关闭氦-氖激光器电源,旋下玻璃样品,移动样品测试台,使磁场测量探头正好位于磁隙中心,读取此时的磁感应强度测量值 B;用游标卡尺测量样品厚度(冕玻璃样品厚度 d 的参考值为 5.000 mm),$\theta = \theta_2 - \theta_1$,由式(5.9.19)可求出该样品的费尔德常数 V。

实验 10 高温超导材料临界温度的研究

超导通常是指超导电性,即某些物质在低温下出现的电阻为零和完全抗磁性的特征,具有超导电性的物体称为超导体。

1911 年荷兰物理学家卡麦林·昂纳斯(Kamerling Onnes)发现,当温度降到大约 4.2 K 时,汞(Hg)的电阻突然消失,这是人类第一次发现超导现象。4.2 K 称为汞的"临界温度"。1933 年迈斯纳(Meissner)和奥森菲尔德(Ochsenfeld)发现超导电性的另一特性:超导态时磁通密度为零或叫完全抗磁性,即 Meissner 效应。电阻为零及完全抗磁性是超导电性的两个最基本的特性。

超导电性的物理本质是由于库柏对的产生。库柏对是指在多电子系统的金属中,只有两个电子具有大小相等、方向相反的动量和相反的自旋才能通过晶格振动结成电子对的束缚态。这种束缚电子对——库柏对的集合导致了超导电性,正所谓"单个前进有电阻,结伴成行才超导"。库柏对发现不久,巴丁、库柏和施瑞弗三人将这一概念应用到超导问题,完成了现代超导微观理论(即 BCS 理论),并成功解释了有关超导电性的物理本质。

测量超导体的基本性能是研究工作的重要环节,而临界温度 T_c 的高低是超导材料性能良好与否的重要判据,因此对临界温度 T_c 的研究尤为重要。

【实验目的】

1. 了解高温超导材料的特性。
2. 掌握高温超导体临界温度的动态测量和稳态测量方法。
3. 学习利用计算机进行数据采集。

【问题探索】

1. 超导材料具有哪些特征?
2. 高温超导及高温超导体的含义是什么?
3. 当今世界超导材料的最高超导临界温度是多少?
4. 在研究超导材料临界温度时,由于随温度降低,电阻越来越小,尤其接近零电阻时,如何避免测量过程中的接触电阻对测量的影响?
5. 请根据你对超导知识的了解,探讨如何将超导现象应用于你所学的专业。

【实验原理】

超导体的两个最主要的特征是零电阻和完全抗磁性。这里主要说明零电阻特性,关于完全抗磁性特性的介绍请见本实验的知识拓展。

金属的电阻是由晶格上原子的热振动以及杂质原子对电子的散射造成的。在低温时,一般金属(非超导材料)总具有一定的电阻,如图 5.10.1 所示,其电阻率与温度 T 的关系可表示为

$$\rho = \rho_0 + AT^5 \quad (5.10.1)$$

式中, ρ_0 是剩余电阻率,是 $T = 0$ K 时的电阻率,它与金属的纯度和晶格的完整性有关。对于实际的金属,其内部总存在杂质和缺陷,因此即使让温度趋于绝对零度,也总存在 ρ_0。

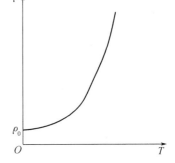

图 5.10.1 一般金属的电阻率与温度的关系曲线

1911 年,昂纳斯在极低温条件下研究降温过程中汞电阻的变化时意外发现,温度在 4.2 K 附近,汞的电阻急剧下降几千倍。后来有人估计此电阻率的下限为 $3.6 \times 10^{-23} \Omega \cdot cm$,而迄今为止,正常金属的最低电阻率仅为 $10^{-13} \Omega \cdot cm$。在这个转变温度以下,电阻为零(现有的电子仪器无法测量到如此低的电阻),这就是零电阻现象,如图 5.10.2 所示。

需要注意的是,只有在直流情况下才有零电阻现象,而在交流情况下电阻不为零。当把某种金属或合金冷却到某一个确定的温度 T_c 以下,其直流电阻突然降到零,这种在低温下发生的零电阻现象,称为物质的超导电性,具有超导电性的材料称为超导体。电阻突然消失的这一温度 T_c 称为超导体的临界温度。目前,已经知道约五千余种材料(包括金属、合金和化合物)在一定温度下可转变为超导体。

由于受材料化学成分不纯及晶体结构不完整等因素的影响,超导材料由正常向超导的转变一般是在一定的温度间隔内发生的,如图5.10.3所示。用电阻法(即根据电阻率变化)测定临界温度时,通常把降温过程中电阻率与温度曲线开始从直线偏离处的温度称为开始转变温度,记作 T_0,此时对应的电阻率为 ρ_0。把临界温度 T_c 定义为待测样品的电阻率从开始转变处下降到一半时对应的温度,即 $\rho = \dfrac{\rho_0}{2}$ 时对应的温度,也称为超导转变的中点温度。把电阻率变化从10%到90%对应的温度间隔定义为转变宽度,记作 ΔT_c。把电阻率刚刚完全降到零时的温度称作完全转变温度,记作 T_a。ΔT_c 的大小一般反映了材料品质的好坏,对于均匀单相的样品 ΔT_c 较窄,反之较宽。理想超导样品的 $\Delta T_c \leqslant 10^{-3}$ K。

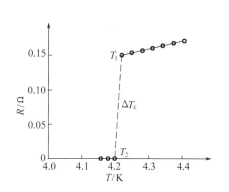 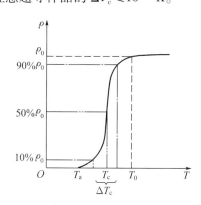

图 5.10.2　汞的零电阻现象　　　图 5.10.3　正常——超导转变时电阻率 – 温度曲线

【实验方案】

在实验中,测量出实验用超导材料的超导转变温度 T_c 是认识和理解超导现象的关键。本实验中通过测量实验用超导材料的电压随温度变化的关系,然后根据欧姆定律,即可得到样品的电阻随温度变化的关系($R-T$ 关系曲线),由此可确定临界温度 T_c。实验用超导材料的电压用四端子接线法来测量,实验用超导材料的温度用PN结温度传感器测量。

由于我们所测的氧化物超导样品的室温电阻通常只有 $10^{-1} \sim 10^{-2}$ Ω,而被测样品的电引线很细(为了减少漏热)很长,而且样品室的温度变化很大(300 ~ 77 K),这样,引线电阻较大而且不稳定。另外,引线与样品之间的连接也不可避免地存在接触电阻。为了避免引线电阻和接触电阻的影响,实验采用四端子法(或称为四引线法),如图5.10.4所示。两根电源引线与恒流源相连,两根电压引线连到电压表上,用来检测样品的电压。根据欧姆定律,即可测得样品的电阻。当温度降到 T_c 附近时,电压突然降到仪器不能检测的状态,从测得的 $R-T$ 曲线可定出临界温度 T_c,由样品的尺寸可算出电阻率。

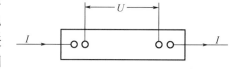

图 5.10.4　四端子法

【实验仪器】

HT288型高 T_c 超导体电阻 – 温度特性测量仪由安装了第二代超导氧化物钇钡铜氧化物样品的低温恒温器,测温、控温仪器,数据采集、传输和处理系统以及电脑组成,其工作原理如图 5.10.5 所示。

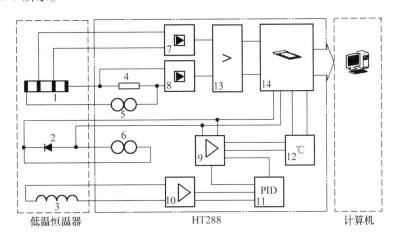

图 5.10.5　HT288 型高 T_c 超导体电阻 - 温度特性测量仪工作原理示意图

1—超导样品；2—PN 结温度传感器；3—加热器；4—参考电阻；5—恒流源；6—恒流源；7—微伏放大器；
8—微伏放大器；9—放大器；10—功率放大器；11—PID；12—温度设定；13—比较器；14—数据采集、处理、传输系统

它既可进行动态法实时测量，也可进行稳态法测量。动态法测量时可分别进行不同电流方向的升温和降温测量，以观察和检测因样品和温度计之间的动态温差造成的测量误差，以及样品及测量回路热电势给测量带来的影响。动态测量数据经本机处理后直接进入电脑 X – Y 记录仪显示、处理或打印输出。稳态法测量结果经键盘输入计算机作出 R – T 特性曲线，供分析处理或打印输出之用。

【实验内容】

图 5.10.5 所示的低温恒温器是利用导热性能良好的紫铜制成的。样品及温度传感器安置于其上，并形成良好的热接触。加热丝是为稳态法测量而设置的，当低温恒温器处于液氮中或液氮面之上的不同位置时，低温恒温器的温度将有相应的变化。当温度变化较缓慢，而且样品及温度传感器与紫铜均温块热接触良好时，可以认为温度传感器测得的温度就是样品的温度。样品及温度传感器的电极按典型的四端子法分别连接至恒流电源及放大器，经数据采集、处理、传输系统送入电子计算机处理并在显示器上显示。HT288 型高 T_c 超导体电阻 - 温度特性测量仪既可进行动态法实时测量，也可进行稳态法测量。当进行稳态测量时，将开关拨向"稳态测量"，此时电流方向切换的"自动"功能消失，只能采用"手动"方式换向。调节"温度设定"旋钮，在电脑屏幕下方出现"恒温器设定温度为：显示所设定的温度"。

当进行稳态测量时，改变均温块上加热器的电流，使得加热的电功率与均温块所散失的热量流率相等，则均温块恒定于某一温度。仪器内安装了自动控温系统，它由温度传感器、放大器、温度设定器、PID 及功率放大器等部分组成，设定所需的温度时计算机显示屏上显示温度值，此时加热功率自动调整，经几分钟时间便自动达到平衡。为了获得稳定的、满意的温度值，必须调节恒温器与液氮面的距离，使恒温器依靠 HT288 型高 T_c 超导体电阻 - 温度特性测量仪馈送的加热电流维持温度平衡。

当进行动态测量时，将开关拨向"动态测量"，电流换向方式选择"自动"，逆时针调节

"温度设定"旋钮至不能调节为止。提升样品恒温器,使其脱离液氮表面,随着温度逐渐升高,在屏幕左边显示电压-温度曲线,右边显示工作参数。改变恒温器与液面的距离,可以获得不同速率的升降温特性曲线。

本实验采用动态法研究第二代超导氧化物钇钡铜氧化物样品的超导临界温度,操作步骤如下。

1. 准备工作

(1)用电缆将低温恒温器与HT288型超导体电阻-温度特性测量仪连接好,开启电脑的电源,电脑启动后打开实验系统;

(2)将液氮注入液氮杜瓦瓶中,再将装有测量样品的低温恒温器浸入液氮,并固定于支架上。

2. 开启仪器

(1)仪器面板上"测量方式"选择"动态","样品电流换向方式"选择"自动","温度设定"逆时针旋到底,开启测量仪器的电源;

(2)提升浸在液氮中的低温恒温器,使其底部刚好接触液氮表面。

3. 测量

(1)调节"样品电流"至 80 mA。

(2)用鼠标点击电脑屏幕上实验系统的"HT288 数据采集"图标,进入数据采集工作程序,显示器提示"HT288 型超导体电阻-温度特性测量仪",屏幕右下角"接口工作状态"栏出现闪烁的"接收"字样,表明仪器与电脑均工作正常。随着液氮蒸发,低温恒温器与液氮液面距离增大,样品温度升高,电脑上实验系统获得 77 K 到室温的升温特性曲线。

4. 退出测量

当温度达到室温附近时,点击"停止采集",点击"保存数据",给出文件名保存(建议使用缺省名),确认退出,测量结束。

5. 数据处理

点击电脑显示屏"HT288 型数据处理"图标,进入数据处理工作程序,按菜单操作。

【注意事项】

1. 所测的钇钡铜氧超导体受潮后,可能引起超导性能退化或消失,应将其经常保存于干燥的环境或液氮之中。

2. 不要让液氮接触皮肤,以免造成冻伤。

3. 动态测量时,应确认"温度设定"值为 77.4 K,以避免控温仪加热器不适当启用。

4. 稳态测量时,系统强制进入手动状态,屏幕不显示图像,由右侧工作参数区提供测量数据。

5. 严禁将自己的软盘、光盘私自插入计算机,以防止病毒的侵害。

【思考题】

1. 为什么采用四端子法可避免引线电阻和接触电阻的影响?

2. 用四端子法测量 T_c 时,常采用电流换向法消除乱真电势,试分析产生乱真电势的原因及消除的原理。

知识拓展　完全抗磁性

1933年迈斯纳(Meissner)等人发现,超导体不能仅仅被认为是一种电阻为零的理想导体。他们把一超导样品放在磁场中,并从正常态冷却到超导态。当 $T > T_c$ 时,磁力线是穿过样品的;但当 $T < T_c$ 时,磁场分布发生了变化,磁力线被完全排斥在圆柱体之外,即超导体内部的磁感应强度始终保持为零,撤去外磁场后,磁场就完全消失,如图5.10.6所示。这种效应称为迈斯纳效应。进一步的实验表明,迈斯纳效应与过程的先后无关,即不管是先加磁场再降温还是先降温再加磁场,超导体内部的磁感应强度都是零,磁通量完全被排斥在超导体之外。然而根据电磁学定律,导体内部的磁力线不因导体的电阻而改变;当导体的电阻降为零时,这种"理想导体"内部的磁力线也不会改变,仍然存在于体内不被排斥出来。当撤去外磁场后由楞次定律可知,"理想导体"内将会产生永久性的感生电流,并在体外产生相应的磁场,这种情况如图5.10.7所示。

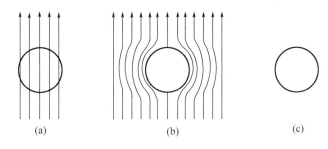

图5.10.6　超导体的迈斯纳效应
(a)加 H,$T > T_c$;(b)降温,$T < T_c$;(c) $T < T_c$,$H \to 0$

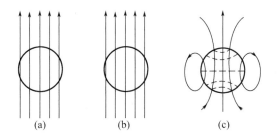

图5.10.7　理想导体的情况
(a)加 H,$T > T_c$;(b)降温,$T < T_c$;(c) $T < T_c$,$H \to 0$

比较图5.10.6、图5.10.7可看出超导体和理想导体的本质区别。在电磁学中,把磁介质内部磁感应强度小于外加磁感应强度的性质称为抗磁性。迈斯纳效应表明,超导体的抗磁性极强,以至其内部磁感应强度为零,即超导体具有完全抗磁性。

超导体的完全抗磁性是由于表面屏蔽电流(也称迈斯纳电流)产生的磁场在导体内部完全抵消了外磁场的影响所致。这时可将超导体本身看作是一个磁体,其磁场方向和外磁场相反。由于同性相斥造成的排斥力,其甚至可以抵消重力使超导体悬浮在空中,这种现象称为超导磁悬浮。迈斯纳效应可以通过超导磁悬浮实验直观演示:当一个超导样品放置到一块永磁体上面时,由于永磁体的磁力线不能进入超导体,在永磁体与超导体之间存在的斥力可以克服超导体的重力,而使超导体悬浮在永磁体表面一定的高度。

实验11　介质吸收光谱的测量

光的吸收是指原子在光照下,会吸收光子的能量由低能态跃迁到高能态的现象。从实验上研究光的吸收,通常用一束平行光照射在物质上,测量光强的变化情况。

介质对光的吸收(透射和反射)通常与入射光的波长(或频率)有关,介质的这种特性称为介质的吸收光谱特性。测量介质的吸收光谱特性是光学测量及材料研究等方面的重要内容。光度分析技术是利用物质分子(原子)具有对光(可见光、紫外光及红外光)的选择性吸收特征而建立起来的一种定量和定性分析方法,又称为分光光度法或吸收光度法。按其研究对象的不同,可分为分子吸收和原子吸收,其中分子吸收分光光度法又分为可见、紫外光和红外光的分光光度法三种。光度分析技术作为一种最常见的仪器分析方法,是实验室分析测试的主要手段。它具有操作简便、准确快速、灵敏稳定和用样品量少等优点,被广泛地应用于多个领域。

【实验目的】

1. 了解可见吸收光谱的基本定律。
2. 了解分光光度计的结构和原理。
3. 学会测量物质的吸收光谱的方法。

【问题探索】

1. 减光片的作用是什么？如何使用？
2. 对于比色皿本身的吸收如何克服？
3. 如何测量高吸光度物质的吸收光谱？

【实验原理】

1. 光吸收的基本定律

光的吸收是指光波通过媒质后,光强减弱的现象。除了真空,没有一种介质对任何波长的电磁波是完全透明的。所有的物质都是对某些范围内的光透明,而对另一些范围内的光不透明。因此若在一定范围内,物质吸收不随波长而变,则这种吸收就称为一般吸收;反之,随波长而变的吸收称为选择吸收。例如,在可见光范围,一般的光学玻璃吸收很小,且不随波长而变,它就是一般吸收。而有色玻璃在可见光范围内具有选择吸收的性能。如"红"玻璃对红色光微弱地吸收,而对绿光、蓝光及紫色光的吸收比较显著。当白光通过"红"玻璃时,除红光外,其他光已被大部分吸收,这就是滤光片的作用。不过,一般吸收和选择吸收是相对有条件的。任何物质在一个波段范围内为一般吸收,而在另一波段范围内却为选择吸收。例如,普通光学玻璃,对可见光吸收很弱,是一般吸收,但对于紫外波段及红外波段则表现出强烈的吸收,即为选择吸收。因此,任意一种介质对光的吸收都是由这两种吸收情况所组成的。

通常,近紫外光和可见光的吸收光谱实质是在电磁辐射的作用下,多原子的价电子发生跃迁而产生的分子吸收光谱,它又称为电子光谱。显然,物质吸收电磁辐射的本领与物质分子的能级结构有关。当物质中能跃迁的两能级的能量差越接近电磁辐射的能量时,物质的吸收就越强;能级差相距辐射能量越大,则吸收越弱。这就是物质具有一般吸收和选择吸收的缘故。而吸收分光光度法正是基于不同分子结构的各种物质对电磁辐射显示选择吸收这种特性建立起来的。

2. 光通过吸收媒质时强度减弱的规律

(1) 朗伯定律

假设有一光波在一个各向同性的均匀媒质中传播,如图 5.11.1 所示,光线经过一个厚度为 dl 的平行薄层后,光强由 I 变到 $I+dI$。朗伯(Lambert)指出,dI/I 与吸收层厚度 dl 成正比,即

$$\frac{dI}{I} = -k dl \quad (5.11.1)$$

式中,k 为吸收系数,由媒质的特性决定。对于厚度为 l 的介质层,由式(5.11.1)得

$$\ln I = -kl + C \quad (5.11.2)$$

其中,C 为一积分常数,当 $l=0$ 时,$I=I_0$,则 $C=\ln I_0$,代入式(5.11.2),有

$$I = I_0 e^{-kl} \quad (5.11.3)$$

图 5.11.1 光波在各向同性媒质中的传播

这就是朗伯定律的数学表示式。

吸收系数 k 是波长的函数,在一般吸收的波段内,k 值很小,并且近乎一个常数;在选择吸收波段内,k 值很大,并且随波长的不同而有显著的变化。

吸收系数越大,光被吸收得越强烈。当 $k=1/l$ 时,由式(5.11.3),得

$$I = \frac{I_0}{e} = \frac{I_0}{2.71828}$$

也就是说,厚度 l 等于 $1/k$ 的介质层,可使光强减少到原光强的 $1/2.71828$。

(2) 比尔定律

固体材料的吸收系数主要随入射光波长而变,其他因素影响较小。而液体的吸收系数却与液体的浓度有关。实验证明,在很多情况下,当气体的分子或溶解在溶剂(实际上是不吸收光的溶剂)里的某些物质的分子吸收光时,吸收系数跟光波通过的路程上单位长度内吸收光的分子数也就是跟浓度 C 成正比。因此,比尔(Beer)指出,溶液的吸收系数 k 与浓度 C 成正比,即

$$k = \alpha C$$

此处的 α 为一个与浓度无关的新常数,它只决定于分子的特性。于是式(5.11.3)变为

$$I = I_0 e^{-\alpha C l} \quad (5.11.4)$$

通常以 $T = I/I_0$ 表示透过率,定义吸光度

$$A = -\lg T = \lg(1/T)$$

将式(5.11.4)两边取对数,有

$$\lg \frac{I}{I_0} = \frac{-\alpha Cl}{\ln 10}$$

或

$$A = \lg(e)\alpha Cl = 0.43429\alpha Cl \qquad (5.11.5)$$

式(5.11.5)为朗伯-比尔定律的数学形式。应该指出,只有在物质分子的吸收本领不受它周围邻近分子的影响时,比尔定律才是正确的。当浓度很大时,分子间的影响不能忽略。此时,α 与 C 有关,比尔定律就不成立。但朗伯定律始终是成立的,而比尔定律仅在一定条件下才成立。

在比尔定律成立时,就可用测量吸收的方法来测定物质的浓度,这就是快速测定物质浓度的吸收光谱分析法,吸收光谱分析的方法在实际应用范围很广。

【实验方案】

选用仪器自带的波长校准片(镨钕滤光片)作为吸收介质,在波长 400~600 nm 适当选择波长间隔(吸收波峰、波谷处的波长间隔要小至 1~2 nm),测量其吸光度随波长变化的实验曲线。

选取一定浓度的高锰酸钾水溶液,测出其吸收峰。在其吸收峰处测量其在不同吸收厚度下的吸光度曲线。以吸光度为纵坐标、以厚度为横坐标计算其线性相关系数。

【实验仪器】

本实验采用国产 721 型分光光度计为实验仪器。该分光光度计的分光元件是玻璃棱镜,于是这种类型的分光光度计又称为棱镜式分光光度计。图 5.11.2 为 721 型分光光度计外形示意图。

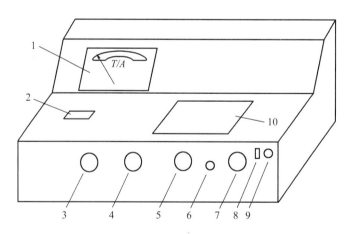

图 5.11.2　721 型分光光度计外形示意图

1—指示电表;2—波长观察窗;3—波长调节轮;4—"0"调节轮;5—"100"(满度)调节轮;
6—比色皿的拉杆;7—灵敏度调节波段开关;8—电源开关;9—指示灯;10—测量室

图 5.11.3 为 721 型分光光度计的光学系统原理图。由光源灯(即光源)1 发出的连续辐射光经过聚光透镜 2 和平面反射镜 7 会聚在狭缝 6 上,此狭缝位于球面准直反射镜(即准

直镜)4的焦平面上,当入射光线经过准直镜反射后就以平行光射向棱镜3(该棱镜的背面镀铝),光线进入棱镜后,就在其中色散,入射角在最小偏向角,入射光在铝面上反射后是按原路稍偏转一个角度反射回来,这样从棱镜色散出来的光线再经过球面准直反射镜(即准直镜)4反射后,就会聚在出光狭缝6上,出射光缝和入射光缝为一体,为了减少谱线通过棱镜后呈弯曲形状而对于单色性的影响,狭缝中的二片刀做成弧形,以便近似地吻合谱线的弯曲度,保证了仪器有一定的单色性。

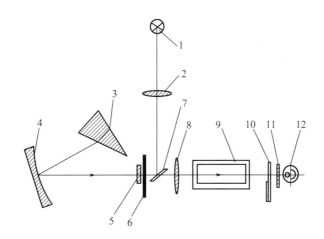

图 5.11.3　721型分光光度计光学系统原理图
1—光源灯12 V,25 W;2—聚光透镜;3—色散棱镜;4—准直镜;5—保护玻璃;6—狭缝;
7—反射镜;8—聚光透镜;9—比色皿;10—光门;11—保护玻璃;12—光电管

1. 使用方法

(1) 如图5.11.2所示,在仪器尚未接通电源前,电表指针必须位于"0"刻线附近;否则,用专用工具进行调节(一般情况不必调整)。

(2) 将仪器电源插头插入220 V电源插座内,打开电源开关8,指示灯9亮。

(3) 转动波长调节轮"3"使波长达到所需值(波长值读取显示值)。

(4) 每次调整一个波长位置,都要进行"0""100"的调整。

2. 调整方法

(1) "0"调整:打开测量室的暗箱盖板(光门关闭),旋转调"0"轮,使指针对零。也可以把"零点"取在$T_0 = 5\%$或10%处。

(2) "满度"调整:关上暗箱盖板(光门开启),将比色皿拉杆置于空白挡,空白挡可以是空气空白、蒸馏水空白、其他有色溶液或中性减光片作为陪衬,调节"100"轮,使指针指向100;若达不到100,可使用灵敏度高的挡位;若仍达不到了100,则"满位"可取在$T_{100} = 50\%, 55\%, \cdots, 95\%$。

当零点和满度不在理想位置时,需要按透过率的原刻度读取数据T,并需要对读取的数据进行校正和"归一化"换算真实透过率:

$$\frac{T - T_0}{T_{100} - T_0}$$

【实验内容】

将被测样品拉(或推)进测量光路中,由电表指针可读出被测样品在某一波长下的透射比值 T(或吸光度 A)。

1. 测定干涉滤光片(镀膜玻璃片)的吸光度 A 随波长变化的曲线(即 $A-\lambda$ 曲线)。正常情况下两个相邻的测量点的波长间隔为 5 nm,为了测得较为光滑的吸收曲线,在吸光度随波长变化较大的区域,波长间隔要减小,遇到极值点处更要增加测量点数。可以参见图 5.11.4 进行测量,当所测得的结果与图 5.11.4 不符合时(一般是左右平移,峰值错位),说明仪器波长读数存在系统误差,应当依此校正。

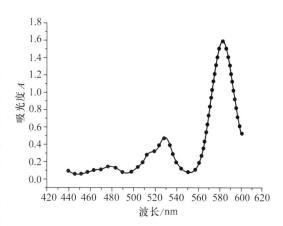

图 5.11.4 滤光片吸光度曲线

2. 测定高锰酸钾溶液($KMnO_4$)的吸光度随波长变化的曲线(即 $A-\lambda$ 曲线)。选取适当浓度的溶液,用蒸馏水(或蒸馏水加减光片)作为空白参比。

3. 选取 ××× nm 波长值(在吸收峰处测量,需要测定高锰酸钾溶液的吸收峰),测定已知浓度 C_i 的高锰酸钾溶液的吸光度 A_i($i=1,2,3,4,5$),制作校准曲线($A-C$ 曲线)。

配制已知浓度的(且具有一定浓度梯度和适合测量的吸光度)一系列的标准液体是件麻烦的工作,考查式(5.11.5),式中的浓度和吸收厚度是乘积关系,具有乘法的交换律,改变吸收厚度与改变吸收物浓度是等价的。一般的仪器都配备不同吸收厚度(例如 721 型分光光度计配有 0.5 cm,1.0 cm,2.0 cm,3.0 cm,5.0 cm)的比色皿,可以通过测量同一种浓度的液体在不同吸收厚度 l_i 下的吸光度来制作校准曲线。

用计算机软件绘制 $A-C$(或 $A-l$)校准曲线,计算其线性相关系数,通常情况下线性关系非常好,相关系数大都接近或超过 0.999。当相关系数小于 0.995 时,应仔细研究测量过程,找到原因后,完整地重复测量全部数据,不可以只单独测量个别的距离拟合直线较远的实验点。

4. 测定未知的浓度 C_x 的高锰酸钾溶液的吸光度 A_x,由 $A-C$ 曲线算出 C_x。

【注意事项】

1. 仪器外壳应接地,保证测试结果稳定,更要保护人身安全。

2. 仪器预热 10~20 min 后,按"使用方法"中的步骤 4 连续几次调"0"、调"100"。

3. 仪器灵敏度旋钮有五挡,"1"最低,"5"最高。其选择原则是在保证使空白挡位准确地调到"100"的情况下,尽可能采用灵敏度较低挡,这样有助于得到较高的稳定性。因此,使用时一般置"1"挡,灵敏度不够时再逐渐升高,改变灵敏度后,一定要重新校准"0"和"100"。

4. 大幅度改变测试的波长时,要稍等片刻,使指针稳定,再校准"0""100"。"100"(即满度)的调节实质上是调整光源的电压值,这需要稍长的时间才能稳定。

5. 每更换一种溶液,都必须用蒸馏水冲洗比色皿。

实验 12 距离与转速的光电检测

光纤(Optical Fiber)是 20 世纪 70 年代发展起来的一种新兴的光电子技术材料,它与激光器、半导体光电探测器一起形成了光电子学。所谓光纤传感技术就是以光为信息载体、以光纤为信息传输介质或者既以光纤为信息的敏感器件又作为信息传输介质的一种传感器技术。

【实验目的】

1. 掌握光纤位移传感器的工作原理和性能。
2. 掌握用光纤位移传感器测量转速的工作原理和方法。
3. 掌握用光电传感器测量转速的方法。

【问题探索】

1. 光纤传感器测量位移时,对被测体的表面有什么要求?
2. 用光纤传感器或光电传感器分别测量转速时,如何确定二者与转速盘的最佳距离? 转速盘上反射点的多少对测速准确度是否有影响? 是否可以用转盘上只有一个反射点的情况来测量转速?

【实验原理】

1. 预备知识

(1)光纤的基本知识

我们知道,在均匀介质中光沿着直线传播。如果光源发出的光在它的传播途径中遇到障碍物,光线就会被挡住。人们设想是否可以让光也可以像水、气体一样通过管子来传播。最终人们找到了一种特殊结构的光学纤维,当光线从它的一端射入时,它能把入射的大部分光线传送到它的另一端,这种能传输光的纤维叫作光导纤维,简称光纤,在光学技术上又叫作光波导。

如图 5.12.1 所示,光纤是一种多层介质结构的对称圆柱体,通常由玻璃纤维芯(纤芯)、玻璃包层和外套组成。纤芯位于光纤的中心部位,是由玻璃、石英或塑料等制成的圆柱体,其材料主要是二氧化硅,里面掺有极少量的二氧化锗、五氧化二磷等材料,掺杂的目的是提高材料的光折射率。纤芯的直径为 $5 \sim 150~\mu m$,光波主要由纤芯传播。

围绕在纤芯外面的那一层叫作包层,材料也是玻璃或塑料等,一般为纯二氧化硅,也有的掺杂极微量的三氧化二硼,掺杂的目的是降低包层对光的折射率。

可见,纤芯和包层材料的折射率不同,纤芯折射率 n_1 比包层折射率 n_2 稍大些,因为纤芯和包层构成了一个同心圆双层结构,所以光纤具有使光功率封闭在里面传输的功能。

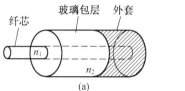
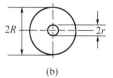

图 5.12.1　光纤结构图

(2) 光纤的传光原理

根据几何光学理论,若光线以某较小的入射角 ϕ_1,由折射率(n_1)较大的光密媒质射向折射率(n_2)较小的光疏媒质时,则一部分入射光以折射角 ϕ_2 折射入光疏媒质,其余部分以 ϕ_1 角反射回光密媒质,如图 5.12.2(a)所示。根据光的折射(Snell)定律,光折射和反射之间的关系为

$$\frac{\sin \phi_1}{\sin \phi_2} = \frac{n_2}{n_1} \tag{5.12.1}$$

根据能量守恒定律,反射光和折射光的能量之和等于入射光的能量。

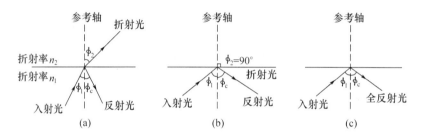

图 5.12.2　光线入射角小于、等于和大于临界角时界面上发生反射、折射的情况
(a) $\phi_1 < \phi_c$; (b) $\phi_1 = \phi_c$; (c) $\phi_1 > \phi_c$

若逐渐增大入射角 ϕ_1,当光线的入射角 ϕ_1 增大到某角度 ϕ_c 时,透射入光疏媒质的折射光向界面传播($\phi_2 = 90°$),称此时的入射角 ϕ_c 为临界角,如图 5.12.2(b)所示,且有

$$\sin \phi_c > \frac{n_2}{n_1} \tag{5.12.2}$$

若继续增大入射角 ϕ_1,当 $\phi_1 > \phi_c$ 时,光线不会发生透射,而全部反射回光密媒质内部,即发生了全反射,如图 5.12.2(c)所示。

可见,使射入光纤端面的光与主轴的光角小于某一值,即当入射角 $\phi_1 > \phi_c$ 时,光线在纤芯和包层的界面上不断地产生全反射而向前传播,光就经过若干次全反射,从光纤的一端以光速传播到另一端,这就是光纤传光的基本原理。

2. 工作原理

光纤是利用光的全反射原理传输光波的一种媒质。它由高折射率的纤芯和一般折射率的包层所组成。根据全反射原理,当光纤透过纤芯到达包层的交界面时,光在交界面进行多次反射,沿纤芯向前传播。因为外界因素(温度、压力、电场、磁场、振动等)对光纤发生作用时,会引起光波特征参量(如光的强度、波长、频率、相位、偏振态等)发生变化,光纤中所传播的光就成为被调制的信号光(即携带外界因素变化的信息),再通过光纤送入光探测器,进行解调后,由检测系统测出以上各参量随外界因素的变化情况,所以可以利用光纤作为传感器来检测参量的变化。

本实验采用的是导光型多模光纤,它由两束光纤组成半圆分布的 Y 型传感探头。一束光纤端部与光源相接,用来传递发射光;另一束端部与光电转换器相接,用来传递接收光,两光纤束混合后的端部是工作端,即探头,其测量原理如图 5.12.3 所示。

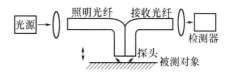

图 5.12.3 光纤位移传感器测量原理图

光从光源耦合到照明光纤,射向被测对象,再被被测对象表面反射回接收光纤,利用检测器接收。接收到的光强随物体距光纤探头端面距离的不同而发生变化。当它与被测体相距 x 时,由光源发出的光通过一束光纤射出后,经被测体反射,由另一束光纤接收,通过光电转换器转换成电压 U,该电压 U 的大小与间距 x 有关,因此可用于测量位移。

光纤传感器的位移——输出电压特性曲线如图 5.12.4 所示。当光纤探头端部紧贴被测体时,发射光纤中的光不能反射到接收光纤中去,因而就不能产生光电流信号。当被测表面渐渐远离光纤探头时,发射光纤照亮被测体表面的面积越来越大,因而相应的发射光维和接收光维重合的面积越来越大,接收光纤端面上被照亮的区域也越来越大,因此输出电压的大小取决于位移的变化。图 5.12.4 中虚线 A 所示为理想曲线。

由散射理论可知,发射光纤出射的光

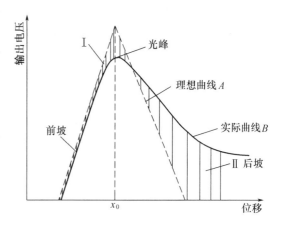

图 5.12.4 光纤传感器位移-输出电压特性图

在反射面上的光场由镜面反射和漫反射两部分组成,其中反射项遵守几何光学原理;漫反射项比较复杂,除与表面粗糙度有关外,还与加工方法(刀痕形状)、材质、表面曲率等许多因素有关。图 5.12.4 中的阴影部分 I 表示漫反射损耗部分,此时的漫反射角大于接收光纤的接收角,这部分的反射光不能被接收光纤接收;阴影部分 II 表示漫反射有效部分,此时的漫反射角小于接收角,这部分的反射光对接收光有贡献。因此在位移的变化过程中,实际的输出特性将从理想特性曲线 A 变到实际曲线 B。

图 5.12.4 中的实际曲线 B 在经过一个线性增长的阶段后曲线就达到了"光峰"点(即位移在 x_0 附近),"光峰"点之前的曲线叫作前坡区。当被测表面继续远离时,由于被反射光照亮的面积大于接收光纤的面积,即有部分反射光没有被反射进接收光纤。当接收光纤更加远离被测表面时,接收到的光强逐渐减小,光敏检测器的输出信号逐渐减弱,便进入曲线的后坡区。在后坡区,信号的减弱与探头和被测表面之间的距离平方成反比。

在前坡区,输出信号的强度增加得非常快,因此这一区域可以用来进行微米级的位移测量。后坡区域可用于测量相距较远而且灵敏度、线性度和精度要求不高的位移。而在所谓的"光峰"区域,输出信号对于光强度变化的灵敏度要比对于位移变化的灵敏度大得多,因此这个区域可用于表面状态的光学测量。

转速就是转轴的旋转速度，严格来讲是指圆周运动的瞬时角速度。在机械行业中，对机械设备的转速测量，通常采用平均速度测量法，即计算某一段时间的平均速度，一般采用每分钟的转数(r/min)来表示。

本实验用光纤传感器和光电转速传感器分别进行转速的测量，这是一种非接触式测量。转盘上有黑白相间的 12 个"亮"反射点。当光纤传感器工作在"光峰"区域时，其输出信号对于光强度变化的灵敏度很高，利用光纤位移传感器从被测体表面得到的反射光强弱明显变化时所产生的相应信号，经电路处理转换成相应的脉冲信号即可测量转速。

另外，实验中应用的光电转速传感器是反射型的，其内部有发光管和光电管。发光管发出的光在转盘表面发生反射后，由光电管接收反射光信号，并将其转换成电信号，转动时将获得相应的反射脉冲数，将该脉冲数接入转速表即可得到相应的转速值。

【实验方案】

利用光纤传感器位置与输出电压之间的特性关系，用铁片作为被测物体，通过改变光纤传感探头与被测体之间的距离，测量输出电压随距离的变化情况。

利用光纤传感器在"光峰"区域对于输入光强特别敏感的特点，测量转动盘的转速，并利用光电转速传感器进行转速测量。

【实验仪器】

传感器与检测技术实验台，其中使用单元为：直流电源 ±15 V、直流电压源 +2 ~ +24 V、直流电压源 +5 V、数显电压表、转动源、光纤传感器实验模板、光纤传感器、光电转速传感器、测微头、铁片、导线等。

【实验内容】

1. 位移的测量

（1）根据图 5.12.5 安装光纤位移传感器，两束光纤分别插入实验模板上光电变换座内，其内部装有发光管 D 及光电转换管 T。

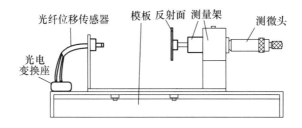

图 5.12.5 光纤传感器安装示意图

（2）在测微头端部装上铁圆片作为反射面，调节测微头的位置，使光纤传感器的探头与反射面轻微接触。

（3）将光纤实验模板输出端 U_o 与检测技术实验台上的数显电压表 U_i 端相连，数显电压表的量程置 20 V 挡，如图 5.12.6 所示。

（4）将检测技术实验台上的直流 ±15 V 电源分别接入光纤实验模板，合上主控箱主电源开关，调节光纤实验模板上的调零旋钮 R_{W2}，使数显电压表的示值为零。此时，一般逆时

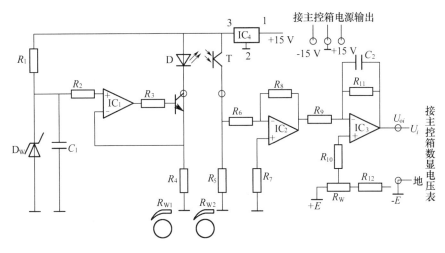

图 5.12.6 光纤传感器接线图

针旋转光纤实验模板上的放大旋钮 R_{W1} 至适当的位置,以确保输出电压不失真。

(5)旋转测微头,使被测物(铁片)离开探头,每隔 0.20 mm 读出测微头的示值及数显电压表的相应示值,将其填入表 5.12.1 中。注意:电压的变化范围从 0~最大~最小,必须记录完整。

表 5.12.1 光纤位移传感器位置与输出电压的数据表

X/mm											
U/V											

2. 用光纤传感器测量转速

(1)将光纤传感器按图 5.12.7 所示安装于传感器支架上,使光纤探头对准电机转盘平台上的"亮"反射点,且与此平台保持一定的距离。

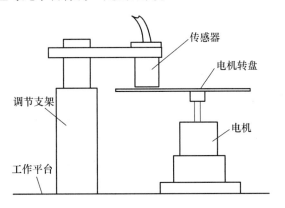

图 5.12.7 用传感器测量转速的装置图

(2)将光纤实验模板输出端 U_o 与检测技术实验台上的数显电压表 U_i 端相联,数显电压表的量程置于 20 V 挡,将检测技术实验台上的直流 ±15 V 电源接入光纤实验模板,合上主控箱主电源开关,并按以下步骤调整,以确保光纤传感器工作在"光峰"区域。

①用手转动圆盘,使探头避开"亮"反射点,合上主控箱电源开关,调节 R_{W2},使数显电压表显示值为零。

②再用手转动圆盘,使光纤探头对准某一"亮"反射点,调节升降支架的高低,使数显电压表的示值为最大,此时光纤探头与电机转盘平台的距离约为 x_0,如图 5.12.4 所示。用手转动圆盘,使光纤探头依次对准其他各个"亮"反射点,观测数显电压表,示值均应大于1 V;否则,顺时针旋转放大旋钮 R_{W1},使数显电压表的示值均大于1 V。

(3)将实验模板输出端 U_o 直接与转速/频率表的 f_i 端相接,转速/频率表开关拨到转速挡。

(4)将实验台上的 +2~+24 V 直流电压接至"转动电源"(2~24 V)位置,同时并联数显电压表,测量此时加载到转动源的电压值。转动源开关拨到手动,缓慢地调节"电机转速"旋钮,使电机转动,记录转盘刚开始转动时电压表的示值 U_0(此为电机的启动电压)及转速表稳定时相应的转速示值 N_0。

(5)缓慢地加大转速电压,使电机转速加快,在电压表显示为9 V 左右时,记录一组电压表的示值 U_1 及转速表稳定时相应的转速示值 N_1。

注意 电压表的示值不能超过 10 V,转速表的示值不可超过 2 300 r/min。

(6)再缓慢地减小转速电压,找出转盘刚好停止转动的时刻,记录此时电压表的示值 U_2。

3. 用光电转速传感器测量转速

(1)光电转速传感器的安装如图 5.12.7 所示,注意选择适当孔径的支架安装光电传感器。调节支架的高度,使光电传感器距转盘表面 2~3 mm,并对准"亮"反射点。将光电传感器引线分别插入主控台的相应插孔,其中红色接直流电源的 +5 V,黑色接地端,蓝色接主控箱的 f_i 端。转速/频率表置于"转速"挡。

(2)按照光纤传感器测量转速的步骤(4)、步骤(5)、步骤(6)测量并记录电压表的示值及相应的稳定转速值。

注意 若转速表显示不稳定,则需适当降低光电传感器的安装高度,但传感器距转盘表面的高度不应低于 2 mm。

【注意事项】

1. 连接线路前,电源应处于关闭状态,线路连接完成,须经指导教师检查方可通电。实验完成后,先关闭主控箱电源再拆线。

2. 在用测微头测量前,需检查其零点读数(注意正、负值的读取),以便对测量数据做零点修正。在测量过程中,测微头要向着一个方向旋转,以免引入空回误差,从而影响测量结果。

3. 在实验过程中,注意保护好光纤探头的端面,避免碰撞、磨损。实验结束时,必须及时扣好红色的保护帽。

4. 在实验过程中,注意保持实验系统的稳定性,固定好被测物,使其反射面与光纤探头的端面相互平行;放平模板,尽量避免移动模板。

5. 在测量转速的实验中,加大和减小转速电压时,应尽可能缓慢地转动"电机转速"旋钮,待转速表上的示值稳定后再进行读数。

6. 最高转速请不要超过 2 300 r/min,否则可能会因光纤探头的动态响应范围不够而无法测量转速或测量得不准确。

【数据处理】

1. 绘制光纤传感器位置－电压关系曲线

根据表 5.12.1 的数据,选择恰当的坐标比例,在直角坐标纸上绘制位置－电压关系曲线(即 $x-U$ 曲线)。关于绘制关系曲线的方法详见"第 1 章第 4 节 1.4.2 图示法"的相关内容。

2. 利用所作的位置－电压曲线计算传感器的静态参数

由 $x-U$ 曲线,按照有效位数的运算规则分别计算前坡和后坡的灵敏度及其线性度。比较、分析实验结果,写出实验结论。关于灵敏度和线性度的计算方法请参见本实验的知识拓展 2。

知识拓展 1　光纤传感器简介

1. 光纤传感器的分类

根据光纤在传感器中的作用,可以将光纤传感器分为以下几种。

(1) 传感型(功能型)传感器

利用外界物理因素的变化来改变光纤中光的强度、相位、偏振态、波长等,从而对外界物理量进行检测和数据传输的传感器称为传感型光纤传感器。例如,光纤陀螺、光纤水听器等。

(2) 传光型(结构型)传感器

利用其他敏感元件感受被测量,再用光纤传输信息的传感器称为传光型传感器。

(3) 拾光型传感器

用光纤作为探头,接收由被测对象辐射的光或被其反射、散射的光。例如,光纤激光多普勒速度仪、辐射式光纤温度传感器等。

2. 光纤传感器的特性

因为光纤传感器是利用光而不是利用电作为敏感信息的载体,用光纤而不用导线作为传递敏感信息的媒质,所以,它同时具有光学和电学测量的一些极其宝贵的特性。

(1) 电绝缘

因为光纤主要是由石英材料制成,因而电绝缘性能高,特别适用于高压供电系统及大容量电机的测试。

(2) 抗电磁干扰

这是光纤测量及光纤传感器极其独特的性能,因此光纤传感器特别适用于高压大电流、强磁场噪声、强辐射等恶劣的环境中,它能解决许多传感器无法解决的问题。

(3) 非侵入性

由于传感器的探头可做成电绝缘的,而且其体积可以做得很小(最小可以做到只稍大于光纤的芯径),因此它不仅对电磁场是非侵入式的,而且对速度场也如此,所以对被测场不产生干扰。这对于弱电磁场及小管道内流速、流量等的检测特别具有实用价值。

(4) 高灵敏度

高灵敏度是光学测量的优点之一。利用光作为信息载体的光纤传感器,其灵敏度很高,是某些精密测量与控制必不可少的工具。

(5) 远程监控

光纤的传输损耗很低(目前石英玻璃系光纤的最小光损耗可低达 0.16 dB/km),因此光纤传感器技术与遥感技术相结合,很容易实现对被测场的远距离监控。

除此之外,光纤传感器还具有传光损耗小;频带宽,可以进行超高速测量;灵敏度和线性度好;体积小、质量轻;能在恶劣的环境下进行非接触式、非破坏性测量等优点。

3. 光纤传感器的应用

光纤传感器能用于位移、速度、加速度、压力、液位、流量、温度、声、磁、电流等各种物理量的测量,在航天、航空、舰艇、水下监测、核试验监测、武器系统测控等国防领域,以及机器、电力、石油、矿产、医药、建筑等民用领域都有它的广泛应用。

知识拓展2 传感器的静态特性参数

传感器在各个被测量处于稳定状态时,输出量与输入量之间的关系称为传感器的静态特性。传感器静态特性的主要指标有灵敏度和线性度两个。

1. 灵敏度

传感器的灵敏度是指到达稳定工作状态时,输出变化量与相应的输入变化量之比。由图 5.12.8 可知,线性传感器校准曲线的斜率就是静态灵敏度 K。其计算方法为

$$K = \frac{输出变化量}{输入变化量} = \frac{\Delta Y}{\Delta X} \tag{5.12.3}$$

非线性传感器的灵敏度用 $\frac{dy}{dx}$ 表示,其数值等于所对应的拟合直线的斜率。

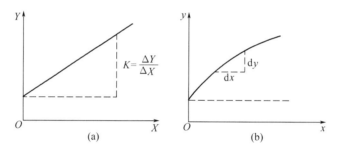

图 5.12.8 传感器灵敏度的定义

2. 线性度

在规定条件下,传感器校准曲线与拟合直线之间的最大偏差与某量程的满量程的输出量的百分比称为该量程的线性度,如图 5.12.9 所示。

若用 δ_L 代表某量程 L 的线性度,则有

$$\delta_L = \pm \frac{\Delta_{max}}{Y_{F \cdot S}} \times 100\% \tag{5.12.4}$$

式中,Δ_{max} 为某量程 L 内校准曲线与拟合直线之间的最大偏差;$Y_{F \cdot S}$ 为某量程 L 内的满量程输出量(V),且有

$$Y_{F \cdot S} = Y_{max} - Y_0 \tag{5.12.5}$$

式中,Y_{max} 为某量程 L 内的最大输出量(V);Y_0 为某量程 L 内的最小输出量(V)。

由此可知,线性度是以一定的拟合直线或以

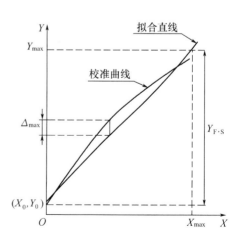

图 5.12.9 传感器的线性度

理想直线为基准直线计算出来的。因而,基准直线不同,所得线性度也不同,如图5.12.10所示。

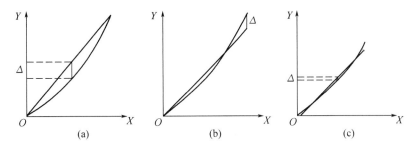

图 5.12.10　基准直线的不同拟合方法

应当指出,对同一传感器,在相同条件下做校准实验时得到的线性度不会完全一样,因而不能笼统地说线性度,必须同时说明所依据的基准直线。

第6章　设计型创新实验

实验13　直流电桥的设计与应用

电阻的测量方法较多,有指示仪表法,该种方法又分为直接法(如用欧姆表和万用表)和间接法(如伏安法测电阻);还有比较仪表法,如用电桥法测量电阻。电桥线路因具有灵敏度高、灵活性大(可对电阻、电容、电感、温度、压力等多种物理量进行测量)及使用方便等特点,在测量技术中有着广泛的应用。

电桥法实际上是一种比较测量法,即把被测量与同类性质的已知标准量进行比较,从而确定被测量的大小,具体实施这种方法的仪器就是电桥。通常把电桥分为以下几类:

(1)直流电桥:直流单臂电桥、直流双臂电桥、非平衡直流电桥。
(2)交流电桥:电感电桥、电容电桥、万用电桥。

根据电桥的用途不同,又可分为许多类型,虽然种类多样,但是基本原理都是相同的。本次实验用到的单臂电桥是电桥中最简单的一种,用它来测量电阻十分准确、方便,它是掌握其他电桥的基础。

实验13.1　单臂电桥的设计与应用

【设计任务】

1. 掌握用单臂电桥测量电阻的原理和单臂电桥灵敏度的概念。
2. 设计测试电桥灵敏度的方法,掌握提高电桥灵敏度的方法。
3. 设计一种高灵敏度单臂电桥来测量中值电阻。

【问题探索】

1. 测量电阻有哪些方法,其测量原理是什么?
2. 你知道的测量电阻的设备和仪器有哪些? 它们是用什么方法进行测量的?
3. 要提高直流单臂电桥的灵敏度,应采取什么适当措施?
4. 试分析在实验中,哪些测量值对实验结果的影响较大,应如何改进?

【可选仪器】

标准电阻箱(0.1~99 999.9 Ω)、滑线变阻器(0~50 Ω,0~500 Ω)、指针式灵敏检流计(内阻30 Ω,100 Ω)、待测电阻(几十欧姆、几百欧姆、几千欧姆)、直流电源(0~36 V、有过载保护功能)、电池盒、开关、导线和箱式电桥等。

【设计要求】

1. 设计一种测量检流计内阻的方法。
2. 设计一种测量检流计最小灵敏度的方法。
3. 理论上给出直流单臂电桥灵敏度的公式。
4. 测量结果要求:测量结果有效数字位数不少于4位。

【归纳总结】

电桥测量电阻的方法是"比较法",其测量结果的不确定度一方面依赖于标准电阻箱的示值不确定度和检流计的灵敏阈值,另一方面依赖于电桥的灵敏度,而灵敏度的高低依赖于使用者的理论设计水平。得到检流计电流与各电阻的函数关系是求出电桥灵敏度的关键,求出最高灵敏度问题即是数学中的求解(条件)极值问题。虽然用解析法求解的极值解析式可获得电桥灵敏度与各个因素间的相互关系,进而得到定量的电桥灵敏度与诸实验条件的关系,但是解析法求解是非常困难的。对于极值问题,可以选用其他的(除解析法以外的)多种数学方法及其应用软件解决问题。

实验13.2 用双臂电桥测量低值电阻

【设计任务】

1. 学会测量低值电阻时解决附加电阻的方法。
2. 掌握用双臂电桥测量低电阻的原理和方法。

【问题探索】

在设计过程中如能对下列问题有较深理解,则能够较好地完成设计任务。
1. 双臂电桥与单臂电桥有哪些异同?
2. 在双臂电桥线路中怎样消除导线电阻和接触电阻的影响?
3. 用双臂电桥测量低值电阻时,应保证满足哪些测量条件?
4. 如果把电压接头和电流接头互换位置,即把电压接头放在电流接头外面,等效电路如何?这样做有什么不好?
5. 实验连线时,哪些部分要用短而粗的导线?哪些部分可以不做要求?
6. 如果发现双臂电桥灵敏度不足,原则上可以采取哪些措施?这些措施又受到什么限制?
7. 测量不同大小的电阻时,如何正确选择双臂电桥的倍率 K 值?

【可选仪器】

标准电阻箱、双滑杆等比电阻器、直流电源、检流计、滑线变阻器、QJ42型双臂电桥、"常开"式开关、待测低值电阻(几欧姆、零点几欧姆)、导线等。

【设计要求】

1. 详细地阅读QJ42型双臂电桥的技术说明书,选取合适的倍率,测定两个待测低值电

阻 R_x。

2. 计算低值电阻的不确定度,正确地表达测量结果。

3. 选择合适的仪器,自组双臂电桥测量低值电阻,要求测量结果有 3 位有效数字,并与箱式双臂电桥的测量结果相比较。

4. 设计测量实验中的各段导线电阻的方法。

【归纳总结】

测量低值电阻时连接导线的电阻及连接点处的接触电阻的阻值超过(或接近于)待测电阻的阻值,单臂电桥的接线方式不再适用,双臂电桥通过被测电阻和测量调节电阻均采用四端接法,另外增设两个臂 R_3 和 R_4,这样可以有效地避免导线电阻和接触电阻对被测电阻数值的影响,显著提高了测量的准确度。

实验 13.3　非平衡直流电桥的设计与测量

【设计任务】

1. 学习测量动态电阻的方法。
2. 掌握用非平衡直流电桥测量动态电阻的原理和方法。
3. 研究半导体热敏电阻的阻值和温度的关系。

【问题探索】

1. 单臂电桥和双臂电桥能够测量相对稳定的中值电阻和低值电阻,电阻值连续变化的电阻怎样测量?

2. 非平衡直流电桥与双臂电桥和单臂电桥有哪些异同?

3. 试分析在实验中,哪些测量值对实验结果的影响较大,应如何改进?

4. 请根据你对直流非平衡电桥的理解,说明非平衡电桥如何应用在你所学专业中?

【可选仪器】

DHQJ－3 型非平衡电桥实验仪、标准电阻箱、直流电源、滑线变阻器、"常开"式开关、半导体热敏电阻(2.7 kΩ MF51 型)、导线等。

【设计要求】

1. 详细地阅读 DHQJ－3 型非平衡电桥实验仪的技术说明书,测定半导体热敏电阻 R_x。

2. 计算半导体热敏电阻不确定度,正确地表达测量结果。

【归纳总结】

测量电阻值连续变化的待测电阻的阻值,用直流单臂电桥和双臂电桥的接线方式不再适用,非平衡电桥通过使桥路电阻保持不变,待测电阻 R_x 变化时则外接测量端电压 U_0 变化,再根据 U_0 与 R_x 的函数关系,通过检测 U_0 的变化从而测得 R_x。由于可以检测连续变化的 U_0,所以可以检测连续变化的 R_x。

知识拓展1 单臂电桥的相关知识

1. 直流单臂电桥的基本原理

用"伏安法"测电阻时,电压表和电流表存在内阻,产生电表的接入误差;万用表测电阻时,由于电表精度和表内电池的电压的限制,只能测得电阻的粗略值。1833英国发明家克里斯蒂发明的直流单臂电桥解决了这一问题,但是由于惠斯通第一个用直流单臂电桥来测量电阻,所以人们习惯上就把这种电桥称作惠斯通电桥。单臂电桥测电阻的基本思想是:待测电阻同标准电阻比较得出测量结果,因标准电阻的阻值是很准确的,又因电桥线路对所用电源的电压要求不严格,所以用电桥的方法测电阻,可以得到很高的准确度。

直流单臂电桥线路如图6.13.1所示,电阻R_1,R_2,R_x,R_s被连成四边形$ABCD$,每个边叫电桥的一个臂,在四边形一对顶点A,C上加电压,在另一对顶点B,D上用导线连接(称为桥),桥上接检流计Ⓖ,用以检测桥上是否有电流流过,这样就构成了单臂电桥。

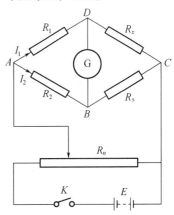

图6.13.1 直流单臂电桥原理图

当合上开关K时,各臂及桥上都可能有电流流过,但我们通过调节各臂上电阻的阻值,终可使桥上没有电流通过(检流计指零),这时称电桥达到了平衡。桥上没有电流通过,说明桥两端B,D的电位相等,可知A,B与A,D间电位差相等,即R_1与R_2两端电压降相等,同理可知R_x和R_s两端电压降相等。因为桥上没有电流,所以流过R_1和R_x的电流相等,设为I_1;流过R_2和R_s的电流相等,设为I_2,由欧姆定律,得

$$I_1 \cdot R_1 = I_2 \cdot R_2 \tag{6.13.1}$$
$$I_1 \cdot R_x = I_2 \cdot R_s \tag{6.13.2}$$

以上两式相除,得

$$\frac{R_1}{R_x} = \frac{R_2}{R_s} \tag{6.13.3}$$

即

$$R_x = \frac{R_1}{R_2} \cdot R_s = KR_s \tag{6.13.4}$$

这样我们就把待测电阻用三个电阻值表示出来,式中的$K = \frac{R_1}{R_2}$称为比率臂比值或倍率,式(6.13.3)或式(6.13.4)称为电桥的平衡条件。这时,两对面电阻乘积相等,这是电桥平衡的又一含义。可见,电桥平衡和所加电压及臂上电流无关,这也是电桥测电阻比较准确的一个原因。

调节电桥平衡的方法有两种:一种是保持比较臂R_s不变,而调节比率臂K的值;另一种是取比率臂K为某一定值,调节比较臂R_s。前种方法准确度低,很少采用。

在平衡点$I_g = 0$处,检流计电流I_g随电阻R_s的变化率为

$$S = \mathrm{d}I_g/\mathrm{d}R_s$$

电桥相对灵敏度S_R为

$$S_R = R_s \cdot dI_g/dR_s$$

对于直流单臂电桥,以上两式的具体表达式较复杂(请参阅有关参考书),它们是多元函数,其在平衡点处的灵敏度极值问题更为复杂。考虑到检流计的灵敏度、电阻箱的最小分度值等实际问题,高等数学中关于多元函数极值求法不再适用,通常的办法是用"数学规划"(非线性规划)方法求得最优解,可以借助著名的数学软件LINGO(有免费的学生版)实现。自组电桥测电阻时要据此考虑电桥的灵敏度,在其极值附近得出精确的测量结果。

2. 方案举例

(1) 自组单臂电桥测电阻

① 按原理设计好线路,为了保护检流计⑥,开始时的分压电阻 R_n 应取最小值,取倍率 K($K = R_1/R_2$)为某值,再根据待测电阻 R_x 取 R_s。尽量使 R_1, R_2 以及 R_s 的有效位数多,并使灵敏度较高(使检流计偏转一个刻度所需的 R_s 的变化值愈小,灵敏度愈高)。可以参考知识拓展2和下面的条件组合:通常检流计内阻为几十、一二百欧姆,当待测电阻大于检流计内阻时,R_2 可以取容许的(满足测量有效位数要求的)最小值;当待测电阻小于检流计内阻时,R_1, R_s 可以取容许的(满足测量有效位数要求的)最小值。

如要求测量四位有效数字时,如下数据可作为参考:

a. $R_g = 100$ Ω,$R_x = 1\ 000$ Ω 时,$R_1 = 426.9$ Ω,$R_2 = 100.0$ Ω,$R_s = 234.8$ Ω;

b. $R_g = 100$ Ω,$R_x = 500$ Ω 时,$R_1 = 288.9$ Ω,$R_2 = 100.0$ Ω,$R_s = 173.3$ Ω;

c. $R_g = 100$ Ω,$R_x = 30$ Ω 时,$R_1 = 100.0$ Ω,$R_2 = 332.9$ Ω,$R_s = 100.0$ Ω;

d. $R_g = 30$ Ω,$R_x = 1\ 000$ Ω 时,$R_1 = 355.6$ Ω,$R_2 = 100.0$ Ω,$R_s = 281.7$ Ω;

e. $R_g = 30$ Ω,$R_x = 20$ Ω 时,$R_1 = 100.0$ Ω,$R_2 = 499.5$ Ω,$R_s = 100.0$ Ω;

f. $R_g = 30$ Ω,$R_x = 30$ Ω 时,$R_1 = 100.0$ Ω,$R_2 = 333.1$ Ω,$R_s = 100.0$ Ω。

以上的取值组合可以保证灵敏度较高,在实验中可以固定倍率 K 在以上各个参考值 R_1/R_2 的附近,调节 R_s 使电桥达到平衡。

② 先"点接"(瞬间接通后再断开)开关K,注意观察检流计指针偏转情况,如果偏转很大,立即松开开关K,调节 R_s,使指针偏转程度减小,当检流计指针偏转得很小时,可增加电桥电路的供电电压 U_{AC}(增大 R_n)。

③ 重复步骤②,交替调节 R_s 和 R_n,直至当 R_n 最大(滑线变阻器采用限流接法时电阻 $R_n = 0$,当采用分压接法时电阻 R_n 应最大)时,使电桥平衡,即通过检流计的电流 $I_g = 0$。

④ 记下电阻箱 R_s 的读数及倍率 R_1/R_2 数值,算出未知电阻 R_x。

⑤ 利用式(6.13.4)与不确定度传递公式(不考虑各分量间的相关性)计算电阻 R_x 的不确定度 U_{R_x}。R_1, R_2, R_s 的不确定度都由实验确定,先确定其有效数字位数(数据末尾只读取一位可疑数字),有效数字末位的分度即为扩展不确定度,其一半即为标准不确定度。

注意 规定倍率为

$$K = \frac{与未知电阻 R_x 串联的电阻 R_1}{与比较臂 R_s 串联的电阻 R_2}$$

(2) 用箱式单臂电桥测电阻

QJ45型携带式直流单臂电桥板面如图6.13.2所示。右上角旋钮是倍率旋钮,用来调节 R_1/R_2 的比值 K;中间四个旋钮是一个四位电阻箱,相当于比较臂 R_s;检流计在左上角;上中部可扳动的开关为状态选择开关,测量电阻时扳向"R"位置。右上部的两个按钮(在字母"G"的两侧)可以外接检流计,其中一个按钮是检流计短路开关,当合上仪器盖子时,一个按钮被压下去使检流计短路,检流计线圈形成回路,线圈在磁场中转动时产生感生电流,因此线圈在磁场中产生转动阻力矩,该阻力矩起到保护检流计的作用,在移动仪器或不使用仪器时一定要合上盖子并锁上。右侧边两个按钮(在字母"B"的上下)可以外接电源,本仪器已经装上了三节电池,这两个按钮不用。右下部的两个接线柱 1 和 2(字母"X"的左右)连接待测电阻 R_x。左下侧的三个按钮是检流计分流按钮,共分三挡,0.01,0.1,1 表示电桥由粗调到细调的平衡状态,可以认为是灵敏度由低到高的按钮,使用时要"点压"(看出检流计指针的偏转方向后即刻断开),使用顺序是首先"点压""0.01"按钮,如果检流计指针的偏转很大,立即松开按钮,调节 R_s,使指针偏转程度减小;当检流计指针偏转得很小时,再"点压""0.1"按钮,重复上面的操作,最后"点压""1"按钮,直至电桥平衡;比较臂 R_s 的四位旋钮的调节顺序是由大到小。另外,仪器左侧上部有两个接线柱和一个开关,本实验不使用,上边靠近"地线符号"的接线柱为接地端;靠近"R"的接线柱为比较臂引出端,当本仪器的比较臂不够用时使用,开关为内、外接检流计转换开关。仪器上中部的可扳动的开关还可以选择"V"位置进行"固定比例测试法"测量,选择"M"位置进行"可变比例臂测试法"测量。

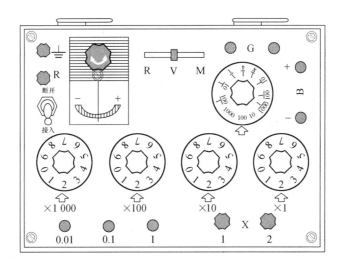

图 6.13.2　QJ45 型携带式直流单臂电桥板面示意图

用箱式单臂电桥测电阻的过程具体如下:

①将待测电阻的两端用导线连接到接线柱 1 和 2。

②选择倍率 K 旋钮位置。为提高测量结果的有效数字位数,要根据待测电阻的数量级来选择适当的倍率,即倍率的选择应满足比较臂 R_s 中的最高读数盘的数量级与倍率的乘积同待测电阻 R_x 的数量级相当。例如,待测电阻的阻值约为几十欧姆,则应取倍率为 1/100,这样和比较臂 R_s 的最高读数盘数量级(1 000)相乘后恰好同待测电阻 R_x 的数量级相当。同理,待测电阻的阻值约为几千欧姆时选取倍率为 1/1,待测电阻的阻值约为几百欧姆时选取倍率为 1/10。总之,倍率的选取要使比较臂电阻 R_s 的有效位数尽可能多(本仪器最多四位)。

③为了测量未知电阻(普通电桥法),上中部"R-V-M 键"扳向"R"。

④若检流计偏离"零点"较大,则需要"调零"。旋转检流计"调零"旋钮,使检流计指零,若检流计偏离"零点"较小,则不需要"调零"。

⑤比较臂电阻调节。测量时建议将最高读数盘(×1 000 挡)选择适当的数值(例如 $5×1 000 \Omega$),其他读数盘均取零值。首先点压 0.01 按钮(注意:当检流计指针的偏转很大时,要立即松开按钮),并调节 R_s,调节要根据检流计偏转方向进行,调节 R_s 后再点压 0.01 按钮,经多次调节,使最高读数盘不能增加读数(即再增加一个读数,检流计指针就会反向偏转到"−"边或"+"边)。用同样方法再依次确定下面三个数盘的数值。最终按下"1"按钮使检流计指针不发生偏转(注:当检流计指针偏转很小时,可按压"1"按钮进行调节 R_s),这时读出比较臂阻值 R_s。

⑥记录倍率读数 R_1/R_2 和比较臂读数 R_s,并由式 $R_x = \dfrac{R_1}{R_2} \cdot R_s$ 求出 R_x。记录数据,填入实验数据记录表格。

⑦测定 2~3 个不同数量级的中值电阻 R_x,计算不确定度,正确地表达测量结果。

QJ45 型单臂电桥在基本量程 $10 \sim 10^5$(或 10^6)欧姆范围内,电阻值测量结果的扩展不确定度为

$$U_{R_x} = 0.1\% \cdot R_{\max}$$

式中,0.1 是电桥准确度等级;$R_{\max}$ 是在所用的比率($K = R_1/R_2$)下最大可测电阻值。

例如,比率为 1/100 时,$R_{\max} = 99.99 \Omega$,这时 $U_{R_x} = 0.10 \Omega$,R_x 的测量结果表示为

$$R_x:××.××±0.10 \Omega$$

3. 注意事项

(1)组电桥时,必须用滑线变阻器按照分压或限流的方法改变电桥的灵敏度,保护检流计,只在观察电桥是否平衡时才可以通电;检流计用完后,必须将两接线柱短路。

(2)使用箱式电桥时,必须按照 0.01→0.1→1 的顺序按压按钮,不得按相反顺序;箱式电桥使用完毕后或移动箱式电桥时,必须合上仪器盖子并锁上,用以保护检流计。

⟳ 知识拓展 2　几种情况下的单臂电桥灵敏度

设检流计内阻 $R_g = 30 \Omega$,电桥电路供电电压 $U_{AC} = 1 \text{ V}$,电桥平衡时的绝对灵敏度大小参见图 6.13.3、图 6.13.4 中各个曲线纵坐标为零处的切线斜率。在一定倍率条件下电桥平衡处的灵敏度并不是最大的,如图 6.13.3、图 6.13.4 所示,负电流时的非平衡电桥的灵敏度更大,非平衡电桥灵敏度请参考相关文献资料。由前述内容可知

$$y = \frac{I_g}{U_{AC}} = \frac{R_1 \cdot R_s - R_2 \cdot R_x}{R_1 \cdot R_x \cdot (R_2 + R_s) + (R_1 + R_x) \cdot [(R_2 + R_g) \cdot R_s + R_2 \cdot R_g]}$$

待测电阻 $R_x = 1 000 \Omega$(大于检流计内阻)时的 $I_g - R_s$ 曲线如图 6.13.3 所示。

当 $R_1 = 1 000, R_2 = 1 000 (K = 1)$ 时,有

$$y = \frac{1 000 \times R_s - 1 000 \times 1 000}{1 000 \times 1 000 \times (1 000 + R_s) + (1 000 + 1000) \times [(1 000 + 30) R_s + 30 \times 1 000]}$$

当 $R_1 = 100, R_2 = 1 000 (K = 0.1)$ 时,有

$$y = \frac{100 \times R_s - 1 000 \times 1 000}{100 \times 1 000 \times (1 000 + R_s) + (100 + 1 000) \times [(1 000 + 30) R_s + 30 \times 1 000]}$$

当 $R_1 = 1 000, R_2 = 100 (K = 10)$ 时,有

$$y = \frac{1 000 \times R_s - 100 \times 1 000}{1 000 \times 1 000 \times (100 + R_s) + (1 000 + 1 000) \times [(100 + 30) R_s + 30 \times 100]}$$

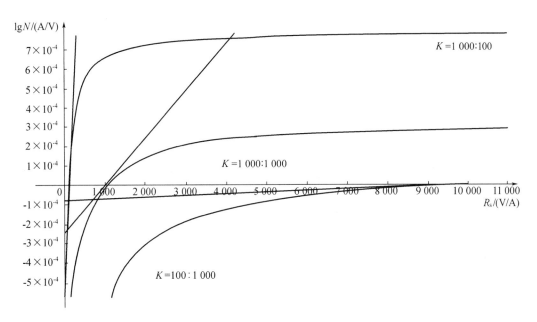

图 6.13.3　待测电阻大于检流计内阻时 $I_g - R_s$ 曲线

图 6.13.3 中的斜率方程为

$$K = 1, y = 2.427\ 184\ 5 \times 10^{-7} \cdot R_s - 2.427\ 184\ 5 \times 10^{-4}$$

$$K = 0.1, y = 8.023\ 750\ 3 \times 10^{-9} \cdot R_s - 8.023\ 750\ 3 \times 10^{-5}$$

$$K = 10, y = 4.310\ 344\ 8 \times 10^{-6} \cdot R_s - 4.310\ 344\ 8 \times 10^{-4}$$

相对灵敏度 $S_K = $ 斜率 $\cdot R_s \cdot U_{AC}$，$U_{AC} = 1$ V，I_g(阈值) $= 1$ μA

$S_{0.1} = 8.024 \times 10^{-5}$　　　　　　$R_s > 10\ 126.3\ \Omega(1.000\ 893\ 283\ 4\ \mu A)$

$S_1 = 2.427 \times 10^{-4}$　　　　　　　$R_s > 1\ 004.136\ \Omega(1.000\ 809\ 126\ 1\ \mu A)$

$S_{10} = 4.310 \times 10^{-4}$　　　　　　$R_s > 100.232\ 5\ \Omega(1.000\ 891\ 331\ 4\ \mu A)$

相对灵敏度 $S_K = $ 斜率 $\cdot R_s \cdot U_{AC}$，$U_{AC} = 10$ V，I_g(阈值) $= 1$ μA

$S_{0.1} = 8.024 \times 10^{-4}$　　　　　　$R_s > 10\ 012.48\ \Omega(1.000\ 129\ 196\ 2\ \mu A)$

$S_1 = 2.427 \times 10^{-3}$　　　　　　　$R_s > 1\ 000.412\ 2\ \Omega(1.000\ 179\ 233\ 5\ \mu A)$

$S_{10} = 4.310 \times 10^{-3}$　　　　　　$R_s > 100.023\ 205\ \Omega(1.000\ 304\ 941\ 7\ \mu A)$

待测电阻 $R_x = 30\ \Omega$(等于检流计内阻)时的 $I_g - R_s$ 曲线如图 6.13.4 所示。

当 $R_1 = 1\ 000, R_2 = 1\ 000(K=1)$ 时，有

$$y = \frac{1\ 000 R_s - 1\ 000 \times 30}{1\ 000 \times 30 \times (1\ 000 + R_s) + (1\ 000 + 30) \times [(1\ 000 + 30) R_s + 30 \times 1\ 000]}$$

当 $R_1 = 100, R_2 = 1\ 000(K=0.1)$ 时，有

$$y = \frac{100 R_s - 1\ 000 \times 30}{100 \times 30 \times (1\ 000 + R_s) + (100 + 30) \times [(1\ 000 + 30) R_s + 30 \times 1\ 000]}$$

当 $R_1 = 1\ 000, R_2 = 100(K=10)$ 时，有

$$y = \frac{1\ 000 R_s - 100 \times 30}{1\ 000 \times 30 \times (100 + R_s) + (1\ 000 + 30) \times [(100 + 30) R_s + 30 \times 100]}$$

斜率方程为

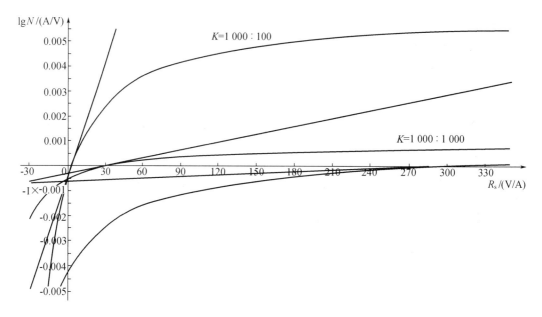

图 6.13.4 待测电阻等于检流计内阻时 $I_g - R_s$ 曲线

$K=0.1$, $y=2.0846362\times10^{-6}\cdot R_s - 6.2539087\times10^{-4}$

$K=1$, $\quad y=1.068068\times10^{-5}\cdot R_s - 3.2042039\times10^{-4}$

$K=10$, $y=1.5193643\times10^{-4}\cdot R_s - 4.5580929\times10^{-4}$

相对灵敏度 $S_K = 斜率\cdot R_s \cdot U_{AC}$, $U_{AC}=1$ V, I_g(阈值)$=1$ μA

$S_{0.1}=6.2539086\times10^{-4}$ $\qquad R_s>300.4807$ Ω (1.000 711 81 μA)

$S_1=3.204204\times10^{-4}$ $\qquad R_s>30.0938$ Ω (1.000 754 02 μA)

$S_{10}=4.5580929\times10^{-4}$ $\qquad R_s>3.006588$ Ω (1.000 793 01 μA)

相对灵敏度 $S_K = 斜率\cdot R_s \cdot U_{AC}$, $U_{AC}=10$ V, I_g(阈值)$=1$ μA

$S_{0.1}=6.2539086\times10^{-3}$ $\qquad R_s>300.04801$ Ω (1.000 696 744 9 μA)

$S_1=3.204204\times10^{-3}$ $\qquad R_s>30.009371$ Ω (1.000 777 224 8 μA)

$S_{10}=4.5580929\times10^{-3}$ $\qquad R_s>3.0006587$ Ω (1.000 788 846 9 μA)

知识拓展 3　双臂电桥的相关知识

电阻按阻值的大小可分为三类:阻值在 1 Ω 以下的为低值电阻,在 1 Ω ~ 100 kΩ 的为中值电阻,100 kΩ 以上的为高值电阻。不同阻值的电阻测量方法不尽相同,它们都有本身的特殊问题。在单臂电桥测量中值电阻实验中,我们忽略了导线本身的电阻和接点处的接触电阻(数量级为 $10^{-5} \sim 10^{-2}$ Ω)。但若测量低值电阻时,这些附加电阻就不能忽略了。例如,当附加电阻为 0.001 Ω 时,若被测的低值电阻为 0.01 Ω,则其影响可达 10%;如被测低值电阻为 0.001 Ω 时,就无法得出测量结果了。因此,消除导线电阻和接触电阻的影响,是测量低电阻的关键。如何才能解决这一矛盾呢? 固然用短粗导线连接和保持接触良好可以减小附加电阻,但这不是根本的解决办法,只有对线路改进才能从根本解决问题。对单臂电桥加以改进而成的双臂电桥,由开尔文最先提出,其线路如图 6.13.5 所示。它与单臂电桥的明显不同之处一是被测电阻 R_x 和测量调节电阻 R_s 均采用了四端接法(图 6.13.6),

二是增设了两个臂 R_3 和 R_4。这样可以有效地避免导线电阻和接触电阻对被测电阻数值的影响,大大地提高了测量的准确度,双臂电桥适用于阻值在 $10^{-5} \sim 10\ \Omega$ 电阻的测量。

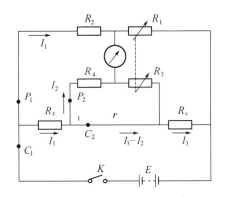

图 6.13.5 双臂电桥的原理图

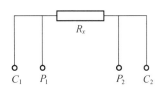

图 6.13.6 电阻的四端接法

下面分析在双臂电桥线路中是怎样消除附加电阻的影响的。先考查用伏安法测电阻 R,电阻 R 采用四端接法,如图 6.13.7 所示。考虑到接触电阻和导线电阻、电流 I 经 A 处的接触电阻 r_1 后,在 B 处分成 I_1,I_2 支流,I_1 流经 R 后经过 C 点再流经 D 接触电阻 r_3 及 r_4 后到毫安表,其等效电路如图 6.13.8 所示。由于毫伏表的内阻远大于 r_2,r_3 和 R,所以毫伏表的读数可以相当准确地反映电阻 R 上的电位降,而不包含 r_1 和 r_4 上的电位降。

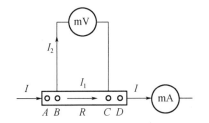

图 6.13.7 伏安法四端接线图　　图 6.13.8 伏安法四端接线等效电路图

由此可见,将通电流的接头 A,D 和测量电压的接头 B,C 分开,并且把电压接头放在里面,就可以巧妙地避免接线电阻和导线电阻对测量电阻的影响。这里并不是说它们被消除了,而是被引到其他支路上去了,只是所处的位置不同。而在其他支路上,它们往往可以被忽略不计。在一些级别较高的精密电阻箱上,一般都有两对接线端,就是为了同样的目的而设置的。

双臂电桥电路就是根据这个结论发展而成的。与单臂电桥电路相比,双臂电桥电路作了两处明显的改进:

(1) 被测电阻和测量盘电阻均采用四端接法。四端接法示意图如图 6.13.6 所示,图中 C_1,C_2 是电流端,通常接电源回路,从而将这两端的引线电阻和接触电阻折合到电源回路的其他串联电阻中,P_1,P_2 是电压端,通常接测量用的高电阻回路或电流为零的补偿回路,从而使这两端的引线电阻和接触电阻对测量的影响大为减小。

(2) 如图 6.13.5 所示的双臂电桥中增设了两个臂 R_3 和 R_4,其阻值较高。流过电流计 Ⓖ 的电流为零时,电桥达到平衡,于是可以得到以下三个方程:

$$I_3 R_x + I_2 R_4 = I_1 R_2$$

183

$$I_3 R_s + I_2 R_3 = I_1 R_1$$
$$I_2(R_3 + R_4) = (I_3 - I_2)r$$

上式中各个量的意义见图 6.13.5。解方程,可得

$$R_x = \frac{R_2}{R_1}R_s + \frac{R_3 r}{R_3 + r + R_4}\left(\frac{R_2}{R_1} - \frac{R_4}{R_3}\right) \quad (6.13.5)$$

双臂电桥在结构设计上尽量做到 $R_2/R_1 = R_4/R_3$,并且尽量减小电阻 r,因此

$$R_x = \frac{R_2}{R_1}R_s \quad (6.13.6)$$

这样,电阻 R_s 和 R_x 的电压端附加电阻由于和高阻值臂串联,其影响减小了;两个外侧电流端附加电阻串联在电源回路中,其影响可忽略;两个内侧电流端的附加电阻和小电阻 r 相串联,相当于增大了式(6.13.5)中的 r,其影响通常也可忽略。于是只要将被测低电阻按四端接法接入双臂电桥进行测量,就可像单臂电桥那样用式(6.13.6)来计算了,此式为用双臂电桥测量低电阻的计算公式,式中"R_2/R_1"之值为倍率。

QJ42型双臂电桥面板示意图如图 6.13.9 所示。使用时首先连接待测电阻至左上部的四端接线柱,其次选择中上部的倍率旋钮至适当倍率,然后旋转右下部的比较臂可变电阻 R_s 的刻度圆盘至中间(5 Ω 附近)位置。要观察电桥的状态,先按下左下部按钮"B",然后再点击按钮"G"接通检流计,观察检流计指针的偏转情况,在松开按钮"B"和"G"的情况下调节旋转刻度盘 R_s,使电桥达到平衡,读出此时刻度盘的读数,R_s 乘以倍率即为待测电阻阻值。QJ42型双臂电桥在基本量程 0.001~11 Ω,电阻值测量结果的扩展不确定度为

$$U_{R_x} = 2\% R_{\max}$$

式中,2 是电桥的准确度等级;$R_{\max}$ 是在所用的比率(即倍率 = R_2/R_1)下最大可测电阻值。例如:

比率为 1 时,$R_{\max} = 11$ Ω,这时 $U_{R_x} = 0.22$ Ω,有
$$R_x = (\ \times.\times\times \pm 0.22)\ \Omega$$

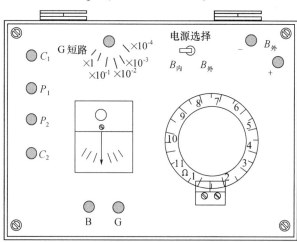

图 6.13.9　QJ42 型双臂电桥面板示意图

注意　(1) 实验时通电时间不宜过长,"点击"按钮即可。

(2) 实验结束后,检流计要放在短路位置,电源开关放在外接位置,扣上仪器上盖,移动

仪器时也必须扣上盖子并锁上。

知识拓展4 直流非平衡电桥的相关知识

1. 直流非平衡电桥的基本原理

非平衡电桥也称不平衡电桥或微差电桥。图6.13.10为非平衡电桥的原理图，B,D之间为一负载电阻R_g。用非平衡电桥测量电阻时，是使R_1,R_2和R_3保持不变，R_x（即R_4）变化时则U_0变化。再根据U_0与R_x的函数关系，通过检测U_0的变化从而测得R_x。由于可以检测连续变化的U_0，所以可以检测连续变化的R_x。

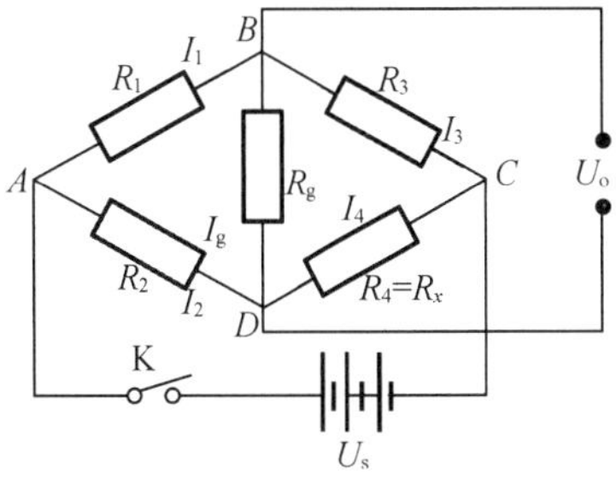

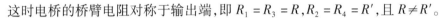

图6.13.10 非平衡电桥原理图

（1）非平衡电桥的桥路形式

①等臂电桥

电桥的四个桥臂阻值相等，即$R_1=R_2=R_3=R_4$。

②输出对称电桥，也称卧式电桥

这时电桥的桥臂电阻对称于输出端，即$R_1=R_3=R$，$R_2=R_4=R'$，且$R\neq R'$。

③电源对称电桥，也称为立式电桥

这时从电桥的电源端看桥臂电阻对称，即$R_1=R_2=R'$，$R_3=R_4=R$，且$R\neq R'$。

④比例电桥

这时桥臂电阻成一定的比例关系，即$R_1=KR_2,R_3=KR_4$或$R_1=KR_3,R_2=KR_4$，K为比例系数。实际上这是一般形式的非平衡电桥。

（2）R_g相对桥臂电阻很大时的非平衡电桥（电压输出形式）

当负载电阻$R_g\to\infty$，即电桥输出处于开路状态时，$I_g=0$，仅有输出电压，用U_0表示。ABC半桥的电压降为U_s（即电源电压），根据分压原理，通过R_1,R_3两臂的电流为

$$I_1=I_3=\frac{U_s}{R_1+R_3} \tag{6.13.7}$$

则R_3上的电压降为

$$U_{BC}=\frac{R_3}{R_1+R_3}U_s \tag{6.13.8}$$

同理R_4上的电压降为

$$U_{DC}=\frac{R_4}{R_2+R_4}U_s \tag{6.13.9}$$

输出电压U_0为U_{BC}与U_{DC}之差，即

$$U_0=U_{BC}-U_{DC}=\frac{R_3}{R_1+R_3}U_s-\frac{R_4}{R_2+R_4}U_s=\frac{R_2R_3-R_1R_4}{(R_1+R_3)(R_2+R_4)}U_s \tag{6.13.10}$$

当满足条件$R_2R_3=R_1R_4$时，电桥输出$U_0=0$，即电桥处于平衡状态。为了测量的准确性，在测量的起始点，电桥必须调至平衡，称为预调平衡。预调平衡可使输出只与某一臂的电阻变化有关。若R_1,R_2和R_3固定，R_4为待测电阻，当R_4因外界条件变化（如温度T）而变为$R_4+\Delta R$时，此时因电桥不再平衡而产生的输出电压为

$$U_0=\frac{R_2R_3+R_2\Delta R-R_1R_4}{(R_1+R_3)(R_2+R_4)+\Delta R(R_2+R_4)}\cdot U_s \tag{6.13.11}$$

各种电桥的输出电压公式如下：

① 等臂电桥 ($R_1 = R_2 = R_3 = R_4 = R$)

$$U_0 = \frac{R\Delta R}{4R^2 + 2R\Delta R} U_s = \frac{U_s}{4} \cdot \frac{\Delta R}{R} \cdot \frac{1}{1 + \frac{1}{2}\frac{\Delta R}{R}} \tag{6.13.12}$$

② 输出对称电桥 ($R_1 = R_3 = R$, $R_2 = R_4 = R'$，且 $R \neq R'$)

$$U_0 = \frac{U_s}{4} \cdot \frac{\Delta R}{R} \cdot \frac{1}{1 + \frac{1}{2}\frac{\Delta R}{R}} \tag{6.13.13}$$

③ 电源对称电桥 ($R_1 = R_2 = R'$, $R_3 = R_4 = R$，且 $R \neq R'$)

$$U_0 = U_s \frac{RR'}{(R+R')^2} \cdot \frac{\Delta R}{R} \cdot \frac{1}{1 + \frac{\Delta R}{R+R'}} \tag{6.13.14}$$

注意：

上面公式中的 R 和 R' 均为预调平衡后的电阻。此外，当电阻增量 ΔR 较小时，即满足 $\Delta R \ll R$ 时，式(6.13.12)至式(6.13.14)中的分母含 ΔR 项可略去，公式可得以简化。

一般来说，等臂电桥和输出对称电桥的输出电压比电源对称电桥高，因此灵敏度也高，但电源对称电桥的测量范围大，可以通过选择 R 和 R' 来扩大测量范围，R 和 R' 差距愈大，测量范围也愈大。

在用非平衡电桥测电阻时，需将被测电阻 R_x 作为桥臂 R_4 接入非平衡电桥，并进行预调平衡，这时电桥输出电压为0。改变外界条件(如温度 T)，则被测电阻发生变化，这时电桥输出电压 $U_0 \neq 0$，开始做相应变化。测出这个电压 U_0 后，可根据式(6.13.12)至式(6.13.14)计算得到 ΔR，从而求得 $R_x = R_4 + \Delta R$。

(3) R_g 相对桥臂电阻可比拟时的非平衡电桥(功率输出形式)

当负载电阻 R_g 与桥臂电阻可比拟时，则电桥不仅有输出电压 U_g，也有输出电流 I_g，也就是说有输出功率，此种电桥也称为功率桥。功率桥如图6.13.11(a)所示。

应用有源端口网络定理，功率桥可以简化为如图6.13.11(b)所示电路。U_{BD} 为 BD 之间的开路电压，由式(6.13.10)表示，R'' 是有源一端网络等值支路中的电阻，其值等于该网络入端电阻 R_r，参见图6.13.11(c)，即

$$R'' = R_r = \frac{R_1 R_3}{R_1 + R_3} + \frac{R_2 R_4}{R_2 + R_4} \tag{6.13.15}$$

由图6.13.11(b)可知，流经负载电阻 R_g 的电流为

$$I_g = \frac{U_{BD}}{R'' + R_g} = \frac{\frac{R_2 R_3 - R_1 R_4}{(R_1 + R_3)(R_2 + R_4)} \cdot U_s}{\left(\frac{R_1 R_3}{R_1 + R_3} + \frac{R_2 R_4}{R_2 + R_4} + R_g\right)}$$

$$= U_s \cdot \frac{R_2 R_3 - R_1 R_4}{(R_1 + R_3)(R_2 + R_4) R_g + R_1 R_3 (R_2 + R_4) + R_2 R_4 (R_1 + R_3)} \tag{6.13.16}$$

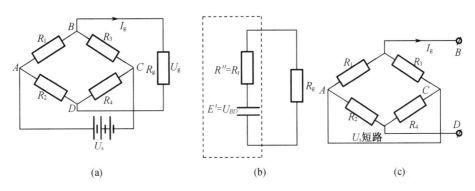

图 6.13.11 非平衡电桥功率输出电路

当 $I_g = 0$ 时,有 $R_2R_3 - R_1R_4 = 0$,这是功率桥的平衡条件,与式(6.13.10)一致,也就是说功率输出形式与电压输出形式的非平衡电桥的平衡条件是一致的。

最大功率输出时,电桥的灵敏度最高。当电桥的负载电阻 R_g 等于输出电阻(电源内阻),即

$$R_g = R_r = \frac{R_1R_3}{R_1+R_3} + \frac{R_2R_4}{R_2+R_4} \tag{6.13.17}$$

阻抗匹配时,电桥的输出功率最大。此时电桥的输出电流由式(6.13.16)得

$$I_g = \frac{U_s}{2} \cdot \frac{R_2R_3 - R_1R_4}{R_1R_3(R_2+R_4) + R_2R_4(R_1+R_3)} \tag{6.13.18}$$

输出电压为

$$U_g = I_g R_g = \frac{U_s}{2} \cdot \frac{R_2R_3 - R_1R_4}{(R_2+R_4)(R_1+R_3)} \tag{6.13.19}$$

当桥臂 R_4 的电阻有增量 ΔR 时,我们可以得到三种桥路形式的电流、电压和功率变化。测量时都需要预调平衡,平衡时的 I_g、U_g 和 P_g 均为 0,电流、电压和功率变化都是相对平衡状态时讲的。

最大功率输出时,三种桥路形式的电流、电压和功率变化如下:

①等臂电桥 $R_1 = R_2 = R_3 = R_4 = R$,则有

$$\begin{cases} \Delta I_g = \frac{U_s}{2} \cdot \frac{R\Delta R}{2R^2(R+\Delta R) + R^2(2R+\Delta R)} = \frac{U_s}{8} \cdot \frac{\Delta R}{R^2} \cdot \frac{1}{1+\frac{3}{4}\frac{\Delta R}{R}} \\ \Delta U_g = \frac{U_s}{8} \cdot \frac{\Delta R}{R} \cdot \frac{1}{1+\frac{1}{2}\frac{\Delta R}{R}} \\ \Delta P_g = \Delta I_g \cdot \Delta U_g = \frac{U_s^2}{64R} \cdot \left(\frac{\Delta R}{R}\right)^2 \cdot \frac{1}{\left(1+\frac{3\Delta R}{4R}\right)\left(1+\frac{\Delta R}{2R}\right)} \end{cases} \tag{6.13.20}$$

②输出对称电桥 $R_1 = R_3 = R$,$R_2 = R_4 = R'$,则有

$$\begin{cases} \Delta I_\mathrm{g} = \dfrac{U_\mathrm{s}}{2} \cdot \dfrac{R'\Delta R}{2R^2R' + 2RR'\Delta R + 2R(R')^2 + (R')^2\Delta R} \\ \qquad = \dfrac{U_\mathrm{s}}{4(R+R')} \cdot \dfrac{\Delta R}{R} \cdot \dfrac{1}{1 + \dfrac{2R+R'}{2(R+R')} \cdot \dfrac{\Delta R}{R}} \\ \Delta U_\mathrm{g} = \dfrac{U_\mathrm{s}}{8} \cdot \dfrac{\Delta R}{R} \cdot \dfrac{1}{1 + \dfrac{1}{2}\dfrac{\Delta R}{R}} \\ \Delta P_\mathrm{g} = \Delta I_\mathrm{g} \cdot \Delta U_\mathrm{g} = \dfrac{U_\mathrm{s}^2}{32(R+R')} \cdot \left(\dfrac{\Delta R}{R}\right)^2 \cdot \dfrac{1}{1 + \dfrac{2R+R'}{2(R+R')} \cdot \dfrac{\Delta R}{R}} \cdot \dfrac{1}{1 + \dfrac{\Delta R}{2R}} \end{cases} \quad (6.13.21)$$

③电源对称电桥 $R_1 = R_2 = R', R_3 = R_4 = R$，则有

$$\begin{cases} \Delta I_\mathrm{g} = \dfrac{U_\mathrm{s}}{4(R+R')} \cdot \dfrac{\Delta R}{R} \cdot \dfrac{1}{1 + \dfrac{2R+R'}{2(R+R')} \cdot \dfrac{\Delta R}{R}} \\ \Delta U_\mathrm{g} = \dfrac{U_\mathrm{s}}{2} \cdot \dfrac{RR'}{(R+R')^2} \dfrac{\Delta R}{R} \cdot \dfrac{1}{1 + \dfrac{\Delta R}{R+R'}} \\ \Delta P_\mathrm{g} = \Delta I_\mathrm{g} \cdot \Delta U_\mathrm{g} = \dfrac{U_\mathrm{s}^2 RR'}{8(R+R')^3} \cdot \left(\dfrac{\Delta R}{R}\right)^2 \cdot \dfrac{1}{1 + \dfrac{2R+R'}{2(R+R')} \cdot \dfrac{\Delta R}{R}} \cdot \dfrac{1}{1 + \dfrac{\Delta R}{R+R'}} \end{cases} \quad (6.13.22)$$

测得 ΔI_g 和 ΔU_g 后，很方便可求得功率 ΔP_g，通过上述相关公式（式(6.13.22)中的 R 和 R' 均为预调平衡后的电阻）可运算到相应的 ΔR_I 和 ΔR_U，然后运用公式

$$\Delta R = \sqrt{\Delta R_I \Delta R_U} \quad (6.13.23)$$

可得到 ΔR，从而求得 $R_x = R_4 + \Delta R$。

当电阻增量 ΔR 较小时，即满足 $\Delta R \ll R$ 时，式(6.13.21)至式(6.13.23)中的分母含 ΔR 项可略去，公式得以简化。

（4）半导体热敏电阻（2.7 kΩ MF51 型）

2.7 kΩ MF51 型半导体热敏电阻，是由一些过渡金属氧化物（主要用 Mn，Co，Ni 和 Fe 等氧化物）在一定的烧结条件下形成的半导体金属氧化物作为基本材料制成，具有 P 型半导体的特性。对于一般半导体材料，电阻率随温度变化主要依赖于载流子浓度，而迁移率随温度的变化相对来说可以忽略。但上述过渡金属氧化物则有所不同，在室温范围内基本上已全部电离，即载流子浓度基本上与温度无关，此时主要考虑迁移率与温度的关系。随着温度升高，迁移率增加，电阻率下降，故这类金属氧化物半导体是一种具有负温度系数的热敏电阻元件。

根据理论分析，半导体热敏电阻的电阻－温度特性的数学表达式通常可表示为

$$R_t = R_{25}\mathrm{e}^{B_\mathrm{n}(1/T - 1/298)} \quad (6.13.24)$$

式中，R_{25} 和 R_t 分别为 25℃和 t℃时热敏电阻的阻值；$T = 273 + t$；B_n 为材料常数，其值因制作时不同的处理方法而异，对确定的热敏电阻，可以由实验测得的电阻—温度曲线求得。也可以写成比较简单的表达式：

$$R_t = R_0 \mathrm{e}^{B_\mathrm{n}/T} \quad (6.13.25)$$

式中,$R_0 = R_{25}e^{-B_n/298}$。由此可见,热敏电阻的阻值 R_t 与 T 为指数关系,是一种典型的非线性电阻。

2. 方案举例

DHQJ-3 型非平衡电桥实验仪,桥臂电阻调节范围为 10 Ω ~ 11.11 KΩ,步进值为 1 Ω。

非平衡实验仪面板示意图如图 6.13.12 所示。实验仪面板上 1 为工作电源负端;2 为 R_1 电阻端;3 为 R_2 电阻端;4~5 为双桥电流端;6 为 R_3' 电阻端;7 为单桥被测端;8 为 R_3 电阻端;9 为工作电源正端;10 为数字电压表;11~14 为 R_1 电阻调节盘,分别为 ×1 000、×100、×10、×1 电阻盘;15~18 为 R_2 电阻调节盘,分别为 ×1 000、×100、×10、×1 电阻盘;19~22 为 R_3 和 R_3' 电阻调节盘,分别为 ×1 000、×100、×10、×1 电阻盘;23 为非平衡电桥和双桥的电压调节旋钮;24 为电源选择开关,分别可选:电压测量、双桥/非平衡、3 V、6 V、9 V 五种方式;25 为 G(电桥输出)选择开关,按向下为内接,按向上为外接;26~27 为 G(电桥输出)外接端;28 为量程选择开关,按向下为 200 mV,按向上为 2 V;29~30 为电桥的 B,G 按钮,即工作电源和电桥输出通断按钮。

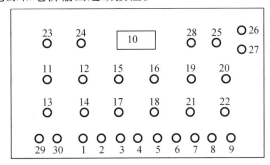

图 6.13.12 非平衡电桥实验仪面板

图 6.13.13 为非平衡实验仪内部电路示意图。R_1,R_2,R_3,R_3' 为桥臂电阻,其中 R_3,R_3' 联动调节;开关 K 为电桥输出转换开关,当拨向"内接"时,电桥上的输出电压通过数字电压表 DVM 显示,当拨向"外接"时,电桥上的输出电压通过"+""-"接线端输出至外接电压表显示;按钮 B 为桥路工作电源通断开关,按钮 G 为电桥输出通断开关;电阻 R_P 为电源保护电阻;最下一排为 9 个接线端。

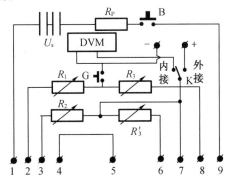

图 6.13.13 非平衡电桥实验仪内部电路示意图

实验仪内置的数字电压表,量程 1:200 mV,量程 2:2 V,3 位半显示,量程通过开关切换;平衡电桥时作为指零仪使用,非平衡电桥时作为数字电压表使用。加热装置(含 2.7 kΩ

热敏电阻)。

用非平衡电桥测电阻的过程如下。

(1) 用输出对称非平衡电桥的电压输出形式测量热敏电阻

① 根据所测热敏电阻的特性设计各桥臂电阻(R_1, R_2, R_3 和 R_4)的阻值,以及电源电压 U_s 的大小,以确保电桥的电压输出不会溢出(在预习时设计并计算好)。

② 根据图 6.13.13 所示的实验仪内部电路示意图,正确搭建输出对称电桥。

③ 预调平衡。按设计要求调节 R_1, R_2, R_3。通过"电压调节"旋钮调节非平衡电桥的电源电压 U_s 为设计值;电源选择开关的"电压测量"档用来测量这时桥路的电源电压 U_s。转动"电源选择"开关至"双桥/非平衡"。将待测电阻 R_x 接入非平衡电桥实验仪,先后按下 G, B 按钮开关,微调桥臂电阻使数字电压表的电压 $U_0 = 0$。记下预调平衡后的各桥臂电阻(R_1, R_2, R_3),如此可测出初始电阻 R_{x_0};记下初始温度 t_0。

④ 调节控温仪升高温度,待测电阻 R_x 的阻值改变,相应的数字电压表的电压 U_0 亦改变。每升温 5 ℃ 测一个点,列表记录温度 t 和相应的电压 U_0。

(2) 用电源对称非平衡电桥的电压输出形式测量热敏电阻

用电源对称电桥重复以上实验步骤。

(3) 数据处理

① 输出对称电桥

a. 根据式(6.13.13),由 U_0 计算得到 ΔR,进而得到 $R_x = R_{x_0} + \Delta R$。

b. 作 $R_x - t$ 图。

c. 根据式(6.13.25)可得

$$\ln R_t = \ln R_0 + \frac{B_n}{T} \tag{6.13.26}$$

由式(6.13.26)可知,$\ln R_t$ 与 $1/T$ 呈线性关系。用最小二乘法拟合该直线,求出 R_0 和 B_n,得出经验方程。

② 电源对称电桥

数据处理的要求同上。比较两实验内容的结果,得出必要的结论。

3. 注意事项

(1) 用实验仪配备的电源线将电桥连至 220 V 交流电源,打开电桥后面的电源开关,接通电源电桥使用时,应避免将 R_1, R_2, R_3 同时调到零值附近测量,这样可能会出现较大的工作电流,测量精度也会下降。

(2) 仪器使用完毕后,务必关闭电源。

(3) 电桥应存放于温度 0~40 ℃,相对湿度低于 80% 的室内空气中,不应含有腐蚀性气体,避免在阳光下暴晒。

(4) 若选择实验仪内置的数字电压表测量,则将实验仪的 G(电桥输出)选择开关置于"内接";若选择其他外部的电压表测量,则将 G(电桥输出)选择开关置于"外接",这时数显表不点亮。

(5) 根据被测对象选择合适的工作电源。若做非平衡电桥和双桥(开尔文电桥)实验,则将电源选择开关打向"双桥/非平衡";若作单桥和三端电桥实验,则根据被测阻值大小,选择 3 V, 6 V, 9 V 为工作电源;"电压测量"档用于测量电源电压 U_s。

实验14　设计用集成温度传感器测量温度

现代信息技术的三大基础是信息采集(即传感器技术)、信息传输(通信技术)和信息处理(计算机技术)。传感器属于信息技术的尖端产品,尤其是温度传感器,被广泛用于工农业生产、科学研究和生活等领域,其数量居各种传感器之首。集成温度传感器是利用 PN 结的温度特性进行测量的,与热敏电阻、热电偶等其他温度传感器相比,具有灵敏度高、线性度好、响应速度快等特点。另外,它将驱动电路、信号处理电路以及必要的逻辑控制电路集成在单片 IC 上,具有尺寸小、使用方便等特点。随着集成工艺的提高,集成温度传感器的功能和性能都有较大的改进,已广泛应用于台式计算机、笔记本电脑、打印机、数字相机、蜂窝电话、蜂窝基站、汽车电子、家电控制器、电池保护等系统中。

【设计任务】

1. 了解集成温度传感器的工作原理。
2. 掌握测量集成温度传感器伏安特性、温度特性的方法。
3. 了解数字式温度计及其工作原理。利用集成温度传感器 AD590 设计一种数字式温度计。

【问题探索】

对下列问题的理解和解释将有助于完成本实验的设计任务:
1. 温度测量的原理和方法有哪些?
2. 集成温度传感器 AD590 的内部核心电路结构有什么特点?
3. 集成温度传感器 AD590 输出电流与电压、电压与温度的关系有什么特点?
4. 集成温度传感器 AD590 与半导体热敏电阻、热电偶相比有哪些特点?

【可选仪器】

FD – WTC – D 型恒温控制温度传感器实验仪、恒温水槽、电阻箱、单刀双掷开关、电源、水银温度计等。

【设计要求】

1. 根据集成温度传感器 AD590 输出电流与电压之间的关系,设计一种测量集成温度传感器 AD590 伏安特性的电路。
2. 根据集成温度传感器 AD590 输出电流与温度之间的关系,设计一种测量集成温度传感器 AD590 温度特性的电路。
3. 根据集成温度传感器 AD590 的特点,利用集成温度传感器 AD590、采用非平衡电桥法设计一种数字式温度计。

4. 根据可选实验仪器,设计实验装置,开列实验清单。
5. 分析测量结果不确定度的来源,并提出改进的方案。
6. 归纳总结实验内容,写出实验报告。

【归纳总结】

模拟集成温度传感器是在 20 世纪 80 年代问世的新型温度传感器。实验在理解集成温度传感器是利用晶体管 PN 结的正向电压随温度升高而降低的原理制成的基础上,分别设计电路,完成集成温度传感器 AD590 伏安特性和温度特性的测量;进一步利用集成温度传感器 AD590 设计数字式温度计。

知识拓展　AD590 集成温度传感器的有关知识

1. FD-WTC-D 型温度传感器实验仪简介

如图 6.14.1 所示,FD-WTC-D 型恒温控制温度传感器实验仪是单片机控制的智能数字恒温控制仪,由量程为 0~19.999 V 四位半数字电压表、直流 1.5~12 V 稳压输出电源、可调式磁性搅拌器,以及 2 000 mL 烧杯、加热器、玻璃管(内放变压器油和被测集成温度传感器)等组成。仪器使用方法如下。

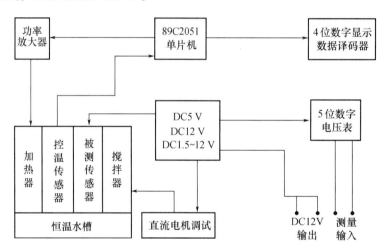

图 6.14.1　FD-WTC-D 型恒温控制温度传感器实验仪原理图

(1)使用前将仪器面板左下角的电位器旋钮逆时针调到最小值(该电位器可在 0~20 V 调节输出电压),仪器面板上四个接线柱中,上面两个接线柱是数字电压表的接线柱,下面两个接线柱是直流电源的输出端。把 DS18B20 单线数字温度传感器接入端插在后面的插座上,DS18B20 测温端放入注有少量油的玻璃管内(直径 16 mm),在 2 000 mL 大烧杯内注入 1 600 mL 的净水,放入搅拌器和加热器后盖上铝盖并固定。

(2)恒温水槽温度的控制。接通电源后,按"恢复"键,待温度视窗显示"b=.="时按"升温"键,设定恒温水槽所需达到的温度,再按"确定"键,此时加热指示灯发光闪烁,表示仪器开始给恒温水槽加热,同时温度视窗显示"a×× .×",此温度显示的是恒温水槽现在的温度。当恒温水槽的温度被加热到设定温度时,仪器自动断电并保温。按"恢复"键可以重新开始设定温度。

2. 集成温度传感器 AD590

模拟集成温度传感器于 20 世纪 80 年代问世,它将温度传感器集成在一个芯片上,是一种可完成温度测量及模拟信号输出功能的专用 IC。

集成温度传感器 AD590 是利用晶体管 PN 结的电压与温度有关的原理制成的,其核心电路如图 6.14.2 所示,晶体管 T_1,T_2 构成一个电流镜电路,这个电路使电流 I_1 和 I_2 始终相等。电阻 R 上的电压是晶体管 T_3 和 T_4 发射结电压之差,根据半导体理论,两只相同晶体管发射极电压之差为

$$\Delta U_{be} = U_{be4} - U_{be3} = \frac{kT}{q}\ln\frac{I_{C3}}{I_{C4}} \quad (6.14.1)$$

由于晶体管 T_3 是由 8 个和晶体管 T_4 完全相同的晶体管并联组成的,所以

$$I_{C3}/8 = I_{C4}$$

则有

$$I = 2I_1 = 2\frac{U_R}{R} = \left(\frac{2k}{qR}\ln 8\right)T \quad (6.14.2)$$

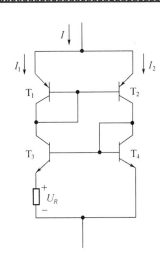

图 6.14.2 AD590 的核心电路图

传感器的输出电流与绝对温度成正比。若用摄氏温标表示温度,则电流与温度的关系可表示为

$$I = A + B\theta \quad (6.14.3)$$

式中,I 为输出电流,单位为 μA;θ 为摄氏温度;B 为斜率(一般 AD590 的 B = 1 μA/℃,即如果该温度传感器的温度升高或降低 1 ℃,那么传感器的输出电流增加或减少 1 μA);A 为摄氏零度时的电流值,其值恰好与冰点的热力学温度 273 K 相对应(对市售一般 AD590,其 A 值取 273 ~ 278 μA,略有差异)。利用上述 AD590 集成电路温度传感器的特性,可以制成各种用途的温度计。采用非平衡电桥线路,可以制作一台数字式摄氏温度计,即 AD590 器件在 0 ℃时,数字电压显示值为"0",而当 AD590 器件处于 θ ℃时,数字电压表显示值为"θ"。

3. 方案举例

(1) 集成温度传感器 AD590 伏安特性的测量

对电学元器件进行伏安特性的测量是对该元器件性能的重要标定过程,集成温度传感器 AD590 伏安特性的测量可参照下述方法。

① 将 FD - WTC - D 型恒温控制温度传感器实验仪电位器调节旋钮逆时针方向转到底,准备好实验仪器。

② 将 AD590 传感器处于恒定温度,将直流电源、AD590 传感器、电阻箱、直流电压表等按照图 6.14.3 连接电路。

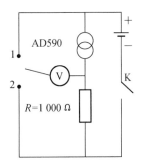

图 6.14.3 AD590 伏安特性测量

③ 将电阻箱阻值调整到 1 000 Ω。

④ 旋转 FD - WTC - D 型恒温控制温度传感器实验仪电位器,调整电源输出电压,将图 6.14.3 中的单刀双掷开关分别拨到位置 1 和位置 2 处,用数字电压表测量传感器 AD590 的电压 U_{AD590} 和电阻上的电压 U_R,要求测量 20 组以上数据。

⑤ 计算经过电阻 R 的电流。

⑥在直角坐标纸上画出传感器 AD590 的伏安特性曲线。

（2）集成温度传感器 AD590 温度特性的测量

集成温度传感器 AD590 的输出电流 I 与温度 θ 的关系是该传感器的基本性质，其测量可参照下述过程。

①将 FD - WTC - D 型恒温控制温度传感器实验仪电位器调节旋钮逆时针方向转到底，准备好实验仪器。

②按照图 6.14.3 连接电路，将电阻箱的电阻值调整到 1 000 Ω。

③将图 6.14.3 中单刀双掷开关拨到位置 1 处，给集成温度传感器 AD590 加工作电压（工作电压一般在 4.5 V 左右，工作电压加好后，电压调节旋钮不应再调整）。

④将图 6.14.3 中单刀双掷开关拨到位置 2 处，用数字电压表显示电阻上的电压，改变恒温水槽的温度，从室温开始，每隔 2 ℃ 测量一组数据，共测量 10 组数据。

⑤用最小二乘法处理数据，得出温度特性曲线。

⑥在直角坐标纸上画出温度传感器 AD590 的温度特性曲线。

（3）设计量程为 0 ~ 50 ℃ 的数字温度计

把集成温度传感器 AD590、三只电阻箱、直流稳压电源及数字电压表等按照图 6.14.4 接好。将集成温度传感器 AD590 放入冰点槽中，R_2 和 R_3 各取 1 000 Ω，调节 R_4 使数字电压表示值为零。然后把 AD590 放入其他温度如室温的水中，用标准水银温度计读数并进行对比，求出百分差（冰点槽中冰水混合物只有处于湿冰霜状态，才能真正达到 0 ℃ 温度）。

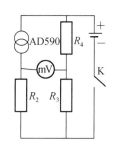

图 6.14.4　数字式温度计

4. 注意事项

（1）AD590 集成温度传感器的正负极性不能接错，红线应接电源的正极。

（2）AD590 集成温度传感器不能直接放入水中，需将其放到加有少量油的玻璃管内，再放入待测物中测温。

（3）测量过程中，电压由小到大缓慢增加。

（4）搅拌器的转速不宜太快。

（5）在升温过程中，显示的温度值稳定后方可读数。

（6）倒去烧杯中的水时，要取出磁性浮子并保管好，以避免丢失。

（7）在设计数字式温度计实验中，应保证集成温度传感器 AD590 与水银温度计处在同一温度位置。

5. 数据记录

实验数据可记录在表 6.14.1 和表 6.14.2 中。

表 6.14.1　集成温度传感器 AD590 伏安特性测量记录表

U_{AD590}/mV										
U_R/mV										

表 6.14.2 集成温度传感器 AD590 温度特性测量记录表

	1	2	3	4	5	6	7	8	9	10
$\theta/℃$										
U_R/mV										

6. 集成温度传感器 AD590 温度特性测量数据处理

在式(6.14.3)中,令 $I=y,\theta=x,B=b,A=b_0$,可得 $y=bx+b_0$,用最小二乘法确定斜率 b 及其不确定度 $u(b)$,可知

$$b = \frac{\sum_{i=1}^{n} x_i y_i - \frac{1}{n}\sum_{i=1}^{n} x_i \sum_{i=1}^{n} y_i}{\sum_{i=1}^{n} x_i^2 - \frac{1}{n}(\sum_{i=1}^{n} x_i)^2}$$

$$S(y) = \sqrt{\frac{\sum_{i=1}^{n} V_i^2}{n-2}}$$

$$u(b_0) = \sqrt{\frac{1}{n} + \frac{\overline{x}^2}{L_{xx}}} \cdot u_c(y)$$

$$u(b) = \sqrt{\frac{1}{L_{xx}}} \cdot u_c(y)$$

$$b_0 = b_0 \pm U_{b_0}$$

测量结果表示为

$$b = b \pm U_b$$

$$I = A + B\theta$$

实验 15 全息照相的研究与设计

与普通照相相比,全息照相有两个突出的特点:一是三维立体性,二是可分割性。这是因为全息照相与普通照相的方法截然不同。普通照相在胶片上记录的只是物光波的振幅信息(仅体现光强分布),而全息照相利用光的干涉原理,在记录物光振幅信息的同时,还记录了物光的位相信息,"全息"(holography)也因此而得名。

全息术最初由英籍匈牙利科学家丹尼斯·盖伯(Dennis Gabor)于1948年提出,他的目的是利用全息术提高电子显微镜的衍射分辨率,在布拉格(Bragg)和策尼克(Zernike)研究的基础上,盖伯找到了一种避免位相丢失的技巧,但是由于这种技术要求高度相干性和高

强度的光源而一度发展缓慢。直到 1960 年,激光的出现才使光学全息照相技术的研究与应用得到迅速发展。

光学全息照相在精密计量、无损检测、遥感测控、生物医学等方面的应用日益广泛,全息照相技术已成为科学发展的一个新领域。

【设计任务】

1. 了解全息记录、再现的基本原理。
2. 利用现有仪器及元件,设计全息拍照光路,并掌握全息片光路的调整及拍摄方法。
3. 掌握全息图的再现的方法,并利用该方法完成被摄物全息图片的再现。

【问题探索】

对下列问题的理解和解释将有助于完成本实验的设计任务:
1. 全息照相的主要特点是什么?它与普通照相有什么不同?
2. 要尽量使物光和参考光的光程相等,其目的是什么?
3. 怎样才能获得理想的全息照片?
4. 全息技术有哪些重要的应用?(按不同专业考虑不同的应用方向。)

【可选仪器】

相干光源、全息防震平台、拍摄物、光学元件(分束镜、平面反射镜、扩束镜等)、记录介质(全息底片)、计时器、暗室冲洗设备(显影液、定影液、冲洗设备等)。

【设计要求】

1. 根据全息照相的记录原理,设计一种利用光的干涉现象记录信息的全息拍照光路;
2. 调整光路,使光斑状态满足拍照要求,完成拍摄物的拍照过程;
3. 利用可选仪器及设备,参考使用说明,安排冲洗过程;
4. 根据全息照相的再现原理,设计一种利用光的衍射现象来实现全息照片再现的光路;
5. 根据再现结果,对实验整体过程进行分析;
6. 归纳总结实验内容,写出实验报告。
可以参考本实验的知识拓展 2。

【归纳总结】

全息照相技术是利用光学原理记录了物体全部信息的一门照相技术,具有三维立体、可分割的特性。本实验中,在理解光的干涉和光的衍射原理的基础上,设计拍照光路,完成拍照过程,并对所拍照片进行了再现,根据再现结果及实验过程中遇到的问题,对整体实验进行总结。并思考利用现有元件或加入 1~2 种其他元件,如何实现能够利用白光进行再现的全息照相。

【注意事项】

1. 严禁用手触摸所有光学元件的表面。千万不要直视经过聚焦的激光光束或者由镜面反射回来的聚焦光束,以免造成视网膜的损伤。观察光斑时,应将激光照射在毛玻璃上。

2. 拍摄全息照片时,室内要保持安静,千万不要触及防震平台。

3. 在本实验中,曝光时间、显影时间以及光路都不是唯一的,需要根据实际情况调整到最佳状态。

知识拓展1 全息照相相关知识简介

光波是电磁波,决定其波动特性的参数是振幅和位相。振幅表示光的强弱,位相表示光在传播中各质点所在的位置及振动的方向,因此光的全部信息用振幅和位相来表示。

普通照相是利用透镜成像原理,仅记录了物光波中的振幅信息,却没有记录来自物光波的位相信息,因此所拍照片无立体感。

全息照相利用光的干涉原理,记录了物光波的全部信息——振幅和位相,具有两个突出的特点:一是三维立体性,二是可分割性。

所谓三维立体性是指全息照片再现出来的像是三维立体的,具有如同观看真实物体一样的立体感,这一性质与现有的立体电影有着本质的区别。所谓分割性是指全息照片的碎片照样能反映出整个物体的像,并不会因为照片的破碎而失去像的完整性。

由惠更斯-菲涅尔原理可知,被摄物体散射的光波可看作是其表面上各物点发出的子波总和,可表示为

$$O(r,t) = \sum_{i=1}^{n} \frac{A_i}{r_i} \cos\left(\omega t + \varphi_i - \frac{2\pi r_i}{\lambda}\right) \tag{6.15.1}$$

一个物点的物光波形成一组干涉条纹,记录介质上的干涉图样就是许多不同疏密、不同走向、不同反差的干涉条纹组,这些干涉条纹组就是被拍摄物的全息图。当用光波照射在全息图的特定位置时,由衍射原理重现出原始物光波,从而形成与原物体相同的三维像。全息照相分两个过程:波前记录与波前再现。

全息照相的种类很多,按一定的记录方法可分为同轴全息图、离轴全息图、菲涅尔全息图和傅里叶变换全息图,按再现方式还可分为透射式全息和反射式全息,还有像面全息、彩虹全息,等等。本实验只讨论透射式全息照相和反射式全息照相。

1. 透射式全息照相

(1) 全息照相波前记录

由光的干涉原理可知,形成稳定干涉的条件是两列波的频率相同、相位差恒定、振动方向相同。

全息图记录的一般光路如图6.15.1所示。自激光器输出的光束经分束镜 BS 分为两束:一束经全反射镜 M_1 反射,经扩束镜 L_1 扩束后投射到物体上,再经物体表面的漫散射作为物光投射到记录介质 H 上;另一束经全反射镜 M_2 和扩束镜 L_2 扩束后投射到记录介质 H 上作为参考光。

设记录介质 H(通常为卤化银底板)的表面在平面 xOy 内,物光和参考光在 H 面上分别为

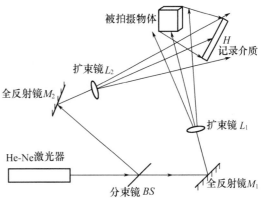

图6.15.1 全息照相的记录光路图

$$O(x,y) = O_0(x,y)\exp[j\varphi_o(x,y)] \qquad (6.15.2)$$
$$R(x,y) = R_0(x,y)\exp[j\varphi_r(x,y)] \qquad (6.15.3)$$

式中,$O_0(x,y)$,$R_0(x,y)$ 分别为物光波和参考光波的振幅分布,均为实数;$\varphi_o(x,y)$,$\varphi_r(x,y)$ 分别为物光波和参考光波的位相分布,也均为实数。

通常用相对于坐标原点处的位相差来表示考查点处光波复振幅的位相分布。若位相差为正,表示该点位相滞后于原点;若位相差为负,则表示超前。对于记录介质 H 面上任意点 $P(x,y)$,有

$$\varphi_o(x,y) = k(r_o - l_o) \qquad (6.15.4)$$
$$\varphi_r(x,y) = k(r_r - l_r) \qquad (6.15.5)$$

式中,k 为记录光波的波数,当波长为 λ 时,$k = \dfrac{2\pi}{\lambda}$;$r_o$,$r_r$ 分别为物点和参考点光源到考查点 $P(x,y)$ 的距离;l_o,l_r 分别为物点和参考点光源到坐标原点 O 的距离。

在记录介质平面 H 上光场复振幅分布为

$$U(x,y) = O(x,y) + R(x,y) \qquad (6.15.6)$$

其光强分布为

$$\begin{aligned} I(x,y) &= U(x,y) \cdot U^*(x,y) \\ &= R(x,y) \cdot R^*(x,y) + O(x,y) \cdot O^*(x,y) + \\ & \quad O(x,y) \cdot R^*(x,y) + R(x,y) \cdot O^*(x,y) \end{aligned} \qquad (6.15.7)$$

当物光波和参考光波都由点源产生时,得到的全息图称为基元全息图,对于基元全息图,光强分布可表示为

$$\begin{aligned} I(x,y) &= O_0^2 + R_0^2 + O_0 R_0 \exp[j(\varphi_o - \varphi_r)] + O_0 R_0 \exp[-j(\varphi_o - \varphi_r)] \\ &= O_0^2 + R_0^2 + 2O_0 R_0 \cos(\varphi_o - \varphi_r) \end{aligned} \qquad (6.15.8)$$

式中,第一项 O_0^2 和第二项 R_0^2 分别是物光波与参考光波各自独立照射底版时的光强度,合起来是背景光强;第三项 $2O_0 R_0 \cos(\varphi_o - \varphi_r)$ 的大小是周期变化的,为物光波与参考光波之间的相干项。它们把物光波的位相信息转化成不同光强的干涉条纹记录在干涉场中的记录介质 H 上。

(2)全息照相波前再现

曝光后的底版经过显影与定影后,得到透光率各处不同(由曝光时间及光强分布决定)的全息片,相当于一幅"衍射光栅"。在线性记录下,全息图的振幅透射系数 $T_H(x,y)$ 可表示为

$$T_H(x,y) = T_0 + \beta E(x,y) \qquad (6.15.9)$$

式中,T_0 为未曝光记录介质的透射系数;β 为综合常数或全息感光度,其值等于 $T-E$ 曲线上直线部分的斜率。

线性记录就是要使曝光量 $E(x,y)$ 落在 $T-E$ 曲线 AB 线段之间,如图 6.15.2 所示。曝光量 $E(x,y)$ 等于光强 $I(x,y)$ 与曝光时间 t 的乘积,即

$$E(x,y) = I(x,y)t \qquad (6.15.10)$$

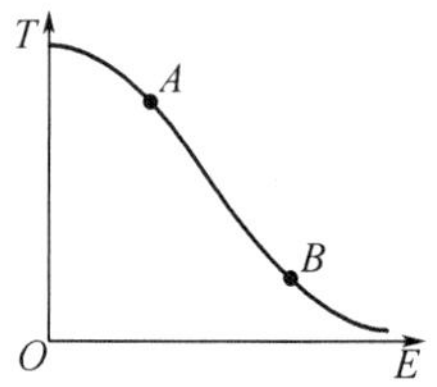

将式(6.15.10)及式(6.15.8)代入式(6.15.9),得

图 6.15.2 透射率与曝光量的关系曲线

$$T_H(x,y) = T_0 + \beta t I(x,y) \quad (6.15.11)$$
$$= T_0 + \beta t[O_0^2 + R_0^2 + 2OR\cos(\varphi_o - \varphi_r)]$$

波前再现就是用照明光(一般使用与参考光波相似的光波)照射全息图,使被记录的物光波再现出来,如图 6.15.3 所示,若照明光波的复振幅为 $C(x,y)$,可表示为

$$C(x,y) = C_0(x,y)\exp[j(\varphi_C(x,y))] \quad (6.15.12)$$

透过全息图的光波复振幅用 $U'(x,y)$ 表示,则有

$$U'(x,y) = C(x,y)T_H(x,y) \quad (6.15.13)$$

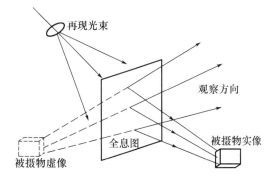

图 6.15.3 波前再现光路示意图

当研究衍射波的特点而不考虑光能的分配时,可忽略其中的常数项,并将其复振幅记为 1,这样透过全息图的光波复振幅可简单地写为

$$\begin{aligned} U'(x,y) &\propto C(x,y) \cdot I(x,y) \\ &= C(OO^* + RR^* + OR^* + O^*R) \\ &= C(O_0^2 + R_0^2)\exp(j\varphi_C) + \\ &\quad C_0 R_0 O_0 \exp[j(\varphi_C + \varphi_o - \varphi_r)] + \\ &\quad C_0 R_0 O_0 \exp[j(\varphi_C - \varphi_o + \varphi_r)] \end{aligned} \quad (6.15.14)$$

式(6.15.14)表明,在全息图出射面上的衍射波波前由四个分波场组成。

第一分波场为

$$U'_1 = C_0 R_0^2 \exp(j\varphi_C) \quad (6.15.15)$$

它表示直接透过全息图的振幅,是被衰减了的照明光波波前,其传播方向与照明光波的方向相同,是直射光的一部分。

第二分波场为

$$U'_2 = C_0 O_0^2 \exp(j\varphi_C) \quad (6.15.16)$$

它也是振幅被衰减了的照明光波波前,是直射光的另一部分。应注意式(6.15.16)是假定物体是一个点源。当物体有一定大小时,应将物体看成是无数个点物构成的,投射到记录平面上的物光波是所有物点发出的子波相干叠加的结果。这时

$$O(x,y) = \sum_i O_i(x,y) \quad (6.15.17)$$

物光波的自相干光强分布为

$$I_0(x,y) = O(x,y) \cdot O^*(x,y) = \sum_i |O_i|^2 + 2\sum_{i \neq j}(O_i \cdot O_j^*) \quad (6.15.18)$$

因而当物体有一定大小时,式(6.15.16)中的 O_0^2 应当用式(6.15.18)的 $I_0(x,y)$ 代替,即

$$U'_2 = \sum_i |O_i|^2 + 2\sum_{i \neq j}(O_i \cdot O_j^*)C_0\exp(j\varphi_C) \quad (6.15.19)$$

式中,第一项是物体各点的"自相干"项,再现时形成直射光;第二项是物体各点之间的"互相干"项。因为物体上各点相距很近,在全息记录时"互相干"项所产生的干涉条纹的空间频率很低。在波前再现的过程中,其衍射波偏离直线光的角度很小,因而"互相干"项所产生的衍射光弥散在直射光附近,形成一种晕轮光。因此,在记录时将物光和参考光的夹角

适当增大,以避免"互相干"项对再现像的干扰。

第三分波场为
$$U'_3 = C_0 R_0 O_0 \exp[j(\varphi_C + \varphi_o - \varphi_r)] \tag{6.15.20}$$
带有物光波 O 的信息,当用记录时的参考光为照明光时,$U'_3(x,y)$ 变为
$$U'_3 = R_0^2 O_0 \exp(j\varphi_o) \tag{6.15.21}$$
对比 $U'_3(x,y)$ 与 $O(x,y)$,仅振幅大小不同,所以 $U'_3(x,y)$ 是物光波的再现,再现像称为原始像,此像为虚像。如果不是原参考光,则只能在一定的角度才能获得原始像。

第四分波场为
$$U'_4 = C_0 R_0 O_0 \exp[j(\varphi_C - \varphi_o + \varphi_r)] \tag{6.15.22}$$
在式(6.15.22)中带有与物光波共轭的信息 $O^*(x,y) = O_0 \exp(-j\varphi_o)$,所以它能够再现出共轭物光波,称为共轭像。当物光波是发散球面波时,共轭物光波是会聚光。当原始像是虚像时,共轭像是实像。位相因子 $(\varphi_C - \varphi_r)$ 和 $(\varphi_C + \varphi_r)$ 的作用是改变再现光波的位相。当参考光波和照明光波都为平面波时,只改变像光波的方向,即像的位置;当它们为球面波,就要改变像光波的曲率,即改变像的大小。假若用参考光的共轭光波照明,它(在全息图平面上)的光场分布为 $R^*(x,y)$,于是有
$$U'(x,y) \propto R(x,y)^* I(x,y) = (O_0^2 + R_0^2)R^* + OR^*R^* + O^*R_0^2 \tag{6.15.23}$$
在这种情况下,第三项中有附加相位项 $2\varphi_r$,因此虚像发生畸变,即光波传播方向偏离原物光波的传播方向;而第四项由 $O^*(x,y)$ 所产生的实像则不发生任何畸变,即沿着物光波的共轭波的方向传播。注意,其是在两倍于参考光偏角的方向上会聚成共轭实像。

2. 反射式全息照相

这种全息照相用相干光记录全息图,而用"白光"照明得到再现像。由于再现时眼睛接收到的是白光在底片上的反射光,故称为反射式全息照相。这种方法的关键在于利用了布喇格条件选择波长。

反射全息片的制作法是让物光束和参考光束分别从照相底版的正反两面进入乳胶层内发生干涉,如图 6.15.4 所示,干涉极大值在显影后所形成的银层基本上平行于底片。由于参考光波和物光波之间的夹角接近于 180°,相邻两银层间的距离近似为
$$d \approx \frac{\lambda}{2\sin(180°/2)} = \frac{\lambda}{2} \tag{6.15.24}$$

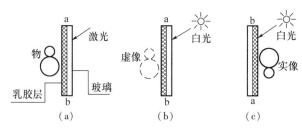

图 6.15.4　全息照相
(a)记录示意图;(b)(c)再现示意图

当用波长为 632.8 nm 的激光作光源时,这一距离约为 0.32 μm(在乳胶内 $n > 1$,因此银层间距还要更小)。而全息干板乳胶层厚度为 6～15 μm,这样在乳胶层厚度内就能形成几十片金属银层,因而体全息图是一个具有三维结构的衍射物体。再现光在这个三维物体

上的衍射极大值必须满足下列条件：

（1）光从银层上反射时，反射角等于入射角（即每片银层衍射的主极强沿反射方向），如图6.15.5所示。

（2）相邻两银层的反射光之间光程差必须是 λ。从图6.15.5很容易计算出 a,b 两束光的光程差。这样就得到衍射极大值要求：

$$\Delta L = 2d\cos i = \lambda \qquad (6.15.25)$$

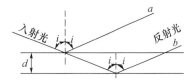

图6.15.5 反射光之间的光程差

这就是布拉格条件。

当不同波长的混合光以一定的入射角 i 照明底片时，只有波长满足 $\lambda = 2d\cos i$ 的光才能有衍射极大值。所以人眼能看到的全息图反射光（或衍射光）是单色的。显然对同一张底片，i 越大，满足式(6.15.25)的反射光波长越短。

如果参考光是平面波，点物发出球面波，则干涉形成的银层将是弧状曲面。平行白光按原参考光方向照明，相当于照在凸面，反射成发散光，形成虚像。照明白光沿相反方向入射，则形成实像，参见图6.15.4(b)(c)。

若全息图用波长633 nm的激光记录，可以预期再现光也应是红色的。但实际上，看到的再现像往往是绿色的，原因在于显影、定影过程中，乳胶发生收缩，使银层间距变小。

知识拓展2 全息照相选例

【实验仪器简介】

1. 相干光源：选用氦-氖激光器，波长为632.8 nm。

2. 全息防震平台：由于全息图记录的干涉条纹很细密，所以在曝光时间内要求记录环境（包括全息平台）所引起的条纹漂移不能超过1/4条，为此要求平台有较好的抗震性能，防止平台的固有频率与外界干扰的振动频率产生共振。

3. 光学元件

（1）分束镜：它可将入射光分成透过光和反射光两部分，用透过率表示分束的性能，如透过率为85%，表示透射光与反射光分别占入射光强的85%与15%。

（2）平面反射镜 M：其核心是一平面镜，用来在光路中改变光的传播方向，并调整光的角度。

（3）扩束镜 L：能扩大激光束的光斑，其核心是一片凸透镜，能使入射的平行光会聚，经过焦点后发散成光锥。

4. 记录介质（全息底片）：首先要求有较高的分辨本领，一般要在1 000～3 000条线/毫米，其次是底片处理后的透过率与曝光量呈线性关系，以满足记录和再现的要求。

5. 计时器：放在激光器的出口来控制全息感光板的曝光时间。

6. 暗室冲洗设备：显影液、定影液、冲洗设备等。

【实验过程简介】

1. 调节与拍摄

学习光路的布置及全息照相各类设备、仪器的检查技术。为使物光束与参考光束满足光的干涉条件，做如下调整：

(1)首先调节激光束的准直,然后调节各个光学元件的中心,使其在同一水平高度上。这样做满足了光干涉的什么条件?

(2)按图 6.15.1 中各个元件的位置放好并进行调节。在实验中分束镜的作用是什么?若分束镜的透过率为 85%,考虑是透过光还是反射光更适于作为物光。

(3)使物光束与参考光束的光程尽量相等,一般不超过 3 cm,为什么?为避免再现时照射光直射人的眼睛,二者的夹角一般在 30°~45°。

(4)调 M_1 的倾角,使物光束照射在物体的中间部位,调 M_2 的倾角,使参考光束射在全息干板的中部,与物光重叠。

(5)加入扩束镜 L_1,调节其支架的高度并前后移动,使扩束后的光线将物体全部照亮;再加入扩束镜 L_2,调节其支架的高度并前后移动,使参考光直接对准白屏。注意:通常要求参考光与物光束的光强比在 2∶1~6∶1,以得到较高衍射效率的全息图。

(6)拍照、冲洗。关闭照明灯,安装全息干板后,根据总光强确定曝光时间进行曝光,对于 1.2~1.5 mW 的氦-氖激光器,时间可控制在 8~10 s。在弱绿光下显影、停影、定影,便可得到一张全息图。注意:显影和定影时间的长短主要取决于药方和药液的温度。

2. 观察、分析全息图

(1)观察全息图

①用清水冲洗并干燥全息片,用扩束镜将激光扩束后照射全息图,使光照方向沿原参考光的方向,观察虚像。

②将底片绕垂直轴转 180°,用会聚光(即参考光的共轭光)或没有被扩束的,用毛玻璃接收实像。记下底片和实像相对于激光器的位置。平移全息底片,使其向光源靠近或远离,观察像的变化。

(2)分析全息图

①为什么在全息图上能看到三维像而普通照片只能看到二维像?

②讨论像与再现照明光波、物光波和参考光波的复振幅关系,像与再现照明光波、物光波和参考光波的位相关系?

③用一张带有直径为 5 mm 小孔的黑纸贴近全息底片,人眼通过小孔观察全息虚像,看到的是再现的像的全部还是局部?移动小孔的位置,看到的虚像有何不同?

3. 关键点

全息术是一种无透镜二步成像技术。第一步是利用光的干涉原理记录物光波的过程,第二步是利用光的衍射原理再现物光波的过程。

①布置光路时,为记录下清晰的干涉条纹(全息图),应使干版上的两束光的偏振方向相同,光强相等(即光束比 $B=1$),并且两束光具有相等的光程,此时干涉条纹的反衬比 $V = \frac{2\sqrt{I_1 I_2}}{I_1 + I_2} = \frac{2\sqrt{B}}{1+B} = 1$,其中 I_1, I_2 分别为两束光的光强。但在实际应用中,物光和参考光的光强比为 1∶1 时,其拍摄效果不是最好。因为在全息底片的乳胶特性曲线中,当光强为零时,其黑度与光强不成线性关系,此时拍摄出来的全息底片在再现时会存在一定的畸变。

②拍摄全息图前,要预先估算干涉条纹的空间频率,选择分辨率大于条纹空间频率的记录介质,可以参照两束平面波的干涉情况。在波长一定时,干涉条纹的空间频率 f 由光束夹角 θ 决定 $\left(f = \dfrac{2\sin\left(\dfrac{\theta}{2}\right)}{\lambda} \right)$(本实验所用全息干版为 GS-Ⅰ型,空间频率为 3 000 条/毫米)。

③ 在线性记录的情况下,全息图再现就只有三级衍射光,即零级和正负一级衍射光。我们关心的是一级衍射光,因为它再现了所记录的物光。

④ 为了描述全息图再现物光的强弱,要注意衍射效率 η,其定义为衍射光光强 I_1 与入射光光强 I 的比,即 $\eta = \dfrac{I_1}{I}$。在用两束平面波记录的全息图中,振幅型全息图的最高衍射率一般为 6.25%。

知识拓展 3 平面全息图的物像关系

为便于讨论,以基元全息图为例来推导物像关系式。波前记录和波前再现的光路分别如图 6.15.6、图 6.15.7 所示。

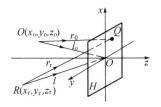

图 6.15.6 全息图的波前记录

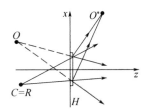

图 6.15.7 全息图的波前再现

1. 位相函数的一般表示式

设 $O(x_o, y_o, z_o)$, $R(x_r, y_r, z_r)$, $C(x_c, y_c, z_c)$ 分别表示物点源、参考点源、再现照明点源。在图 6.15.6 中,对于记录平面 H 上的任意一点 $Q(x, y, 0)$,物光波的位相可由式(6.15.4)确定,即

$$\varphi_o(x, y) = k_0(r - l_o)$$
$$= k_0\left\{\left[(x-x_o)^2 + (y-y_o)^2 + z_o^2\right]^{\frac{1}{2}} - (x_o^2 + y_o^2 + z_o^2)^{\frac{1}{2}}\right\} \quad (6.15.26)$$

利用二项式定理将上式中的开方项展开,并在菲涅尔近似条件下保留其前两项,则有

$$\varphi_o(x, y) = \frac{k_0}{2z_o}\left[(x^2 + y^2) - 2(xx_o + yy_o)\right] \quad (6.15.27)$$

用类似的方法可求参考光波和照明光波的位相函数近似表示式:

$$\varphi_r(x, y) = \frac{k_0}{2z_r}\left[(x^2 + y^2) - 2(xx_r + yy_r)\right] \quad (6.15.28)$$

$$\varphi_c(x, y) = \frac{k_c}{2z_c}\left[(x^2 + y^2) - 2(xx_c + yy_c)\right] \quad (6.15.29)$$

式(6.15.28)、式(6.15.29)中的 k_0, k_c 分别是记录光波和照明光波的波数。

2. 物像关系式

设 φ_3, φ_4 分别为原始像、共轭像的光波位相。由前面内容中的式(6.15.14)可知:$\varphi_3 = \varphi_c + \varphi_o - \varphi_r$;$\varphi_4 = \varphi_c - \varphi_o + \varphi_r$,若用 $\varphi_o, \varphi_c, \varphi_r$ 的一级项代入,并令 $\mu = \dfrac{\lambda_c}{\lambda_o}$($\lambda_c, \lambda_o$ 分别为照明光波长、物光波长),可得 φ_i 的表达式为

$$\varphi_i = \frac{\pi}{\lambda_c}\left[(x^2+y^2)\left(\frac{1}{z_c} \pm \frac{\mu}{z_o} \mp \frac{\mu}{z_r}\right)\right.$$
$$\left. - 2x\left(\frac{x_c}{z_c} \pm \frac{\mu x_o}{z_o} \mp \frac{\mu x_r}{z_r}\right) - 2y\left(\frac{y_c}{z_c} \pm \frac{\mu y_o}{z_o} \mp \frac{\mu y_r}{z_r}\right)\right] \quad (6.15.30)$$

这就是波阵面近似为球面的成像光波的位相函数表示式。设该球面波的球心坐标为(x_i, y_i, z_i)，则依据式(6.15.29)，可将φ_i表示成

$$\varphi_i(x,y) = \frac{k_c}{2z_i}[(x^2+y^2) - 2(xx_i + yy_i)] \quad (6.15.31)$$

比较式(6.15.30)和式(6.15.31)，可求得物像关系式为

$$\frac{1}{z_i} = \frac{1}{z_c} \pm \mu\left(\frac{1}{z_o} - \frac{1}{z_r}\right) \quad (6.15.32)$$

$$\frac{x_i}{z_i} = \frac{x_c}{z_c} \pm \mu\left(\frac{x_o}{z_o} - \frac{x_r}{z_r}\right) \quad (6.15.33)$$

$$\frac{y_i}{z_i} = \frac{y_c}{z_c} \pm \mu\left(\frac{y_o}{z_o} - \frac{y_r}{z_r}\right) \quad (6.15.34)$$

从而求出像点的位置坐标(x_i, y_i, z_i)为

$$z_i = \frac{z_c z_r z_o}{z_o z_r \pm \mu z_c(z_r - z_o)} \quad (6.15.35)$$

$$x_i = \frac{x_c z_r z_o \pm \mu z_c(x_o z_r - x_r z_o)}{z_o z_r \pm \mu z_c(z_r - z_o)} \quad (6.15.36)$$

$$y_i = \frac{y_c z_r z_o \pm \mu z_c(y_o z_r - y_r z_o)}{z_o z_r \pm \mu z_c(z_r - z_o)} \quad (6.15.37)$$

这就是平面全息图在菲涅尔近似条件下的成像公式。在上述的公式中，取正号对应的是原始像，取负号对应的是共轭像。设光波从左向右传播，当像距$l_i < 0$时，像在全息图的左边，所成的像是虚像；当$l_i > 0$时，像在全息图的右边，所成的像是实像。

3. 再现像的放大率

与光学成像系统的放大率定义一样，全息图成像的放大率也有横向放大率、纵向放大率和视角放大率之分。

(1) 横向放大率

当物光波与参考光波夹角不太大时，横向放大率M定义为

$$M = \frac{\partial x_i}{\partial x_o} = \frac{\partial y_i}{\partial y_o} \quad (6.15.38)$$

将式(6.15.36)或式(6.15.37)代入式(6.15.38)，可得横向放大率为

$$M = \left(1 - \frac{z_o}{z_r} \pm \frac{1}{\mu} \cdot \frac{z_o}{z_c}\right)^{-1} \quad (6.15.39)$$

式中，取正号对应于原始像；取负号对应于共轭像。

(2) 纵向放大率M_a

纵向放大率定义为

$$M_a = \frac{\partial z_i}{\partial z_o} \quad (6.15.40)$$

其表达式为

$$M_a = \pm \frac{1}{\mu} M^2 \tag{6.15.41}$$

式中,取正号对应于原始像,表示原始像的凸凹性与物相同;取负号对应于共轭像,表示共轭像的凸凹性与物相反。

(3) 视角放大率 M_Γ

当用眼睛观察时,具有重要意义的是视角放大率。当人的眼睛紧靠全息图观察时,"像"和"物"对人的眼睛张角的正切值之比就是视角放大率。

全息图的视角放大率表示为

$$M_r = \frac{\partial\left(\dfrac{x_i}{z_i}\right)}{\partial\left(\dfrac{x_o}{z_o}\right)} = \pm \mu \tag{6.15.42}$$

式中,$\mu = \dfrac{\lambda_c}{\lambda_o}$,正负号分别对应原始像和共轭像。式(6.15.42)表明,原始像的视角放大率与共轭像的视角放大率在数值上相等,但在空间中的方向则是相反的。这里要注意与成像系统放大率的对比。

实验16　设计测量固体的微小形变量

散斑现象普遍存在于光学成像的过程中。由于激光的高度相干性,激光的散斑现象就更加明显。当用激光光束照射到散射光的粗糙表面(平均起伏大于光波波长数量级的表面)上时,即可呈现出用普通光源见不到的斑点状的图样,这种散斑现象是使用高相干光时所固有的。

全息散斑计量学是现代光学计量学的一个重要分支,是一种相干检测技术,主要研究光学粗糙表面(又称散斑波面)的变化信息,例如用散斑的对比度测量反射表面的粗糙度,利用散斑的动态情况测量物体运动的速度,等等。

【设计任务】

1. 拍摄自由空间散斑图及成像散斑图,了解激光散斑现象及其特点。
2. 掌握应用二次曝光散斑图测量散斑体的面内位移、薄透明固体厚度的原理和测量方法。
3. 分析散斑图的最佳条件及影响测量结果的因素。

【问题探索】

1. 如何利用激光全息方法设计测量微小形变的光路?
2. 何为全息的双曝光方法?如何实现?

【可选仪器】

全息平台、He-Ne 激光器、准直器、分束镜、反射镜、扩散镜、多维磁性微调架、毛玻璃、散斑图底片、观察屏等。

【设计要求】

在这次设计中,我们主要通过二次曝光散斑图来完成以下两个任务:

1. 采用二次曝光法记录一张散斑图,采用逐点法分析并计算出散斑体在面内移动的位移 L。评定测量结果的不确定度(其相关知识参照节后知识拓展2)。

2. 采用二次曝光法记录一张透明物体的散斑图,仍采用逐点法分析并计算出透明固体的厚度 D,评定测量结果的不确定度(其相关知识参照本实验的知识拓展2)。

【归纳总结】

激光散斑测量法是在全息方法基础上发展起来的一种测量方法。它不仅可以实现待测物离面微小位移的测量,而且可以进行待测物面内微小位移的测量。在实验中,应主要掌握散斑照相法,此方法采用双曝光法。注意:当物体发生一个较小的面内位移时,可以认为前后两张散斑图的微观结构相同,仅有一个相对位移。当用一束细平行激光照射该散斑图时,为"杨氏双孔"干涉,在接收屏上出现等宽干涉条纹(含在衍射晕圈之中),即散斑图的夫琅和费衍射图样。

在实验中还应注意,散斑图的质量是决定测量结果的重要因素。另外,物体表面粗糙度对条纹间距会产生直接影响;位移量大小也对实验结果有很大的影响,位移太小和太大都将直接降低条纹的质量。

知识拓展1 散斑的性质

1. 激光散斑的基本概念

(1)散斑的物理起因

当激光照射到物体粗糙表面(平均起伏大于光波波长数量级的表面)时,物体表面上的每一个点(或称面元)都可视为子波源,它们都要散射光。由于激光的高相干性,又因为物体表面元是随机分布的(这种随机特性由表面粗糙度引起),所有由它们散射的各子波相干叠加而形成的反射光场(或透射场)具有随机的空间光强分布。当把探测器或眼睛置于光场中时,将观察到一种杂乱无章的干涉图样,呈现颗粒状结构,这就是"散斑",如图6.16.1(a)和图6.16.1(b)所示。

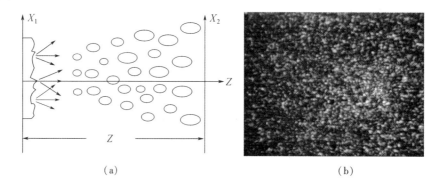

图 6.16.1 激光散斑照片

(a)激光散斑产生示意图;(b)激光散斑照片

图6.16.1(a)说明了激光散斑具体的产生过程。虽然这些光是相干的,但它们的振幅

和位相都不相同,而且是无规则分布的。自粗糙表面上各个小面积元散射的基元光波的复振幅互相叠加,形成一定的统计分布。因为毛玻璃足够粗糙,所以激光散斑的明暗对比强烈,而散斑的大小要由光路的情况来决定。

(2) 形成散斑必须具备的两个条件

① 必须有能够发生散射光的粗糙表面。为使散射光较均匀,这个粗糙表面的深度必须大于所用激光的波长。

② 入射光的相干度要足够高。

2. 散斑的性质分析

按光路不同,散斑场可分为两种:一种散斑场是在自由空间中传播而形成的(也称客观散斑);另一种是由透镜成像形成的(也称主观散斑)。当单色激光穿过具有粗糙表面的玻璃板,在某一距离处的观察平面上可以看到大大小小的亮斑分布。在几乎全暗的背景上,当沿光路方向移动观察面时,这些亮斑会发生大小的变化,如果设法改变激光照在玻璃面上的面积,那么散斑的大小也会发生变化。这些散斑的大小是不一致的,因此这里所谓的大小是指其统计平均值。散斑的大小 d_{sp} 与光学系统中的限制孔径成反比,用实验系统的参数,可以把 d_{sp} 表示出来,即

$$d_{sp} = 1.22(\lambda Z/D) \tag{6.16.1}$$

式中,λ 是激光的波长;Z 是散射面到观察面的距离;D 为被照明的散射表面的直径,如图 6.16.2 所示。由此可知,在这种客观散斑的情况下,限制孔径的大小是由激光照明光束本身的直径来确定的。

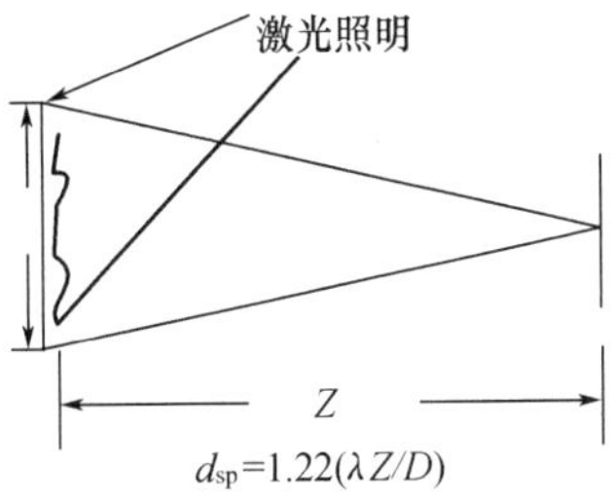

图 6.16.2 客观情况

若使用焦距为 f 而直径为 d_1 的透镜,如图 6.16.3 所示,u 为物距,v 为像距。在这种情况下,透镜的直径 d_1(或者在极限时的 F 数,即相对孔径 $\dfrac{d_1}{f}$ 的倒数)是可以控制的因素。根据 F 数和光学系统的放大倍数 M,考虑更普遍的情况也是很方便的。利用标准透镜公式,则像距 v 等于透镜焦距 f 乘以 $(1+M)$,因此用 F 代替 $\dfrac{f}{d_1}$,得到图 6.16.3 所示的散斑大小 d_{sp} 的表达式为

$$d_{sp} = 1.22\left(\lambda \frac{v}{d_1}\right) = 1.22\lambda F(1+M) \tag{6.16.2}$$

图 6.16.4 表示物体在无限远时或者与透镜有一个很大的距离时的极限情况。其中 "o" 表示无限远距离。在这种情况下,透镜的直径或者在极限时的 F 数(即相对孔径 $\dfrac{d_1}{f}$ 的倒数)也是可以控制的因素,用 F 代替 $\dfrac{f}{d_1}$,可得到图 6.16.4 所示的散斑大小 d_{sp} 的表达式为

$$d_{sp} = 1.22\left(\lambda \frac{f}{d_1}\right) = 1.22\lambda F \tag{6.16.3}$$

如图 6.16.4 所示。当把透镜光圈 $\dfrac{f}{d_1}$ 由 $\dfrac{f}{14}$ 缩小到 $\dfrac{f}{16}$ 时,利用直径与 f 成正比的关系,用氦-氖激光器照明的典型散斑尺寸可以看到从 1 μm 变化到 12 μm。对于散斑为 3 μm 的这种情况,或者对于 1∶1 成像,即放大倍数 $M=1$ 而散斑尺寸为 6 μm 的情况,一种方便的取法是光圈为 $\dfrac{f}{4}$。

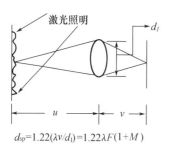

图 6.16.3　通常的主观情况

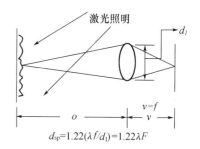

图 6.16.4　物体位于无穷远处的主观情况

知识拓展 2　二次曝光法散斑干涉的分析

1. 二次曝光测量散斑体的面内位移

（1）二次曝光散斑图的记录

图 6.16.5、图 6.16.6 分别是反射和透射两种产生散斑图的光路示意图，其中 S 是具有粗糙表面的平面物体，用扩束后的激光光束照射，L 是成像透镜，H 是全息干板，置于像平面上，成像透镜 L 将散射体 S 形成的散斑成像于 H 上，形成成像散斑。

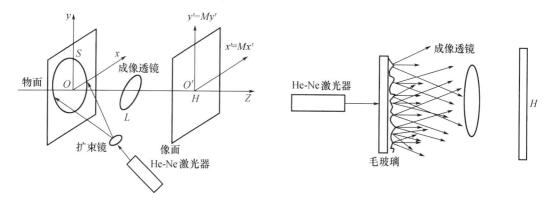

图 6.16.5　反射成像散斑示意图　　　　图 6.16.6　透射光产生散斑示意图

如果对散射物体在运动前后应用二次曝光法拍摄散斑图样，并假定位移的大小大于散斑特征尺寸，那么在同一底片上就记录了两个同样的但位置稍微错开的散斑图，其中各个散斑点都是成对出现的，这相当于在底片上布满了"杨氏双孔"，双孔的孔距和连线反映了"双孔"所在之处像点的位移。利用相干光束照射此散斑底片，将发生杨氏双孔干涉现象。

（2）散斑图底片的处理

散斑底片处理可采用两种方法。一种是全场分析法，应用傅里叶变换透镜，在后焦点面上观察散斑图底片的频谱分布；另一种是逐点分析法，使用细激光束垂直通过二次曝光散斑底片，在其后面距离 Z_0 处平行放置观察屏，每次考查底片上的一个小区域的频谱。图 6.16.7 为逐点分析法的光路示意图，图 6.16.8 为实际拍摄的照片，这时在观察屏上将会看到散斑底片被照明小区域"散斑对"所产生的杨氏双孔干涉条纹，它们是一系列的平行直线，相邻亮条纹的间隔或相邻暗条纹的间隔 Δx 均满足下列关系式：

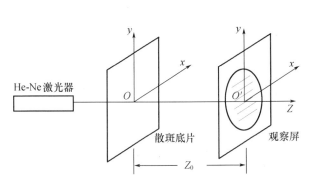

图 6.16.7 逐点分析法示意图

图 6.16.8 "散斑对"形成的杨氏干涉条纹

$$l = Z_0\lambda/\Delta x \tag{6.16.4}$$

式中，l 为双孔间距（即位移量）；Z_0 为观察屏与散斑底片的距离；λ 为激光波长，且条纹取向与"双孔"连线（即位移）的方向垂直。由此便可求出待测物体表面各点的位移的大小和方位。

要注意的是，式(6.16.4)所求的位移是经过透镜放大的值。若成像散斑的放大率为 M，则待测物体表面各点发生的位移值为

$$L = l/M = \lambda Z_0/M\Delta x, M = v/u \tag{6.16.5}$$

式中，u,v 各代表图 6.16.5、图 6.16.6 所示光路中的物距和像距。式(6.16.5)为测定物体面内位移的公式，位移的方向和大小不同时，条纹的方位和疏密也不同。最后通过逐点法对散斑图不同点进行计算，分析面内位移。

2. 用二次曝光散斑图测定透明固体的厚度

如图 6.16.9 所示，激光束经扩束、准直后，通过半浸透射片照到适当倾斜的透明物体上，形成对底片 H 上散斑图样有贡献的光线。由于在透明介质分界面上发生两次折射，它经过透明介质后将平移一个量 d，这将使每一个散斑点从原来没有介质的位置也产生相应的位移 d。

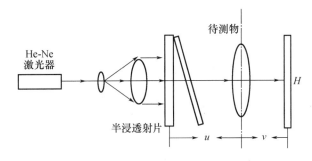

图 6.16.9 利用散斑干涉测薄透明物体厚度

如果拍摄一张二次曝光散斑图，第一次曝光时待测透明物体不存在，第二次曝光时待测透明物体已放入光路中，那么在经显影和定影处理后，对这张散斑图片应用逐点分析法，就可以确定散斑位移，再按下面的公式计算出待测物体的厚度 D。由图 6.16.10 可知

$$\overline{AB} = \overline{AC} - \overline{BC} = D(\tan\theta - \tan\theta') \tag{6.16.6}$$

209

$$d = \overline{AB}\cos\theta = D(\tan\theta - \tan\theta')\cos\theta \quad (6.16.7)$$

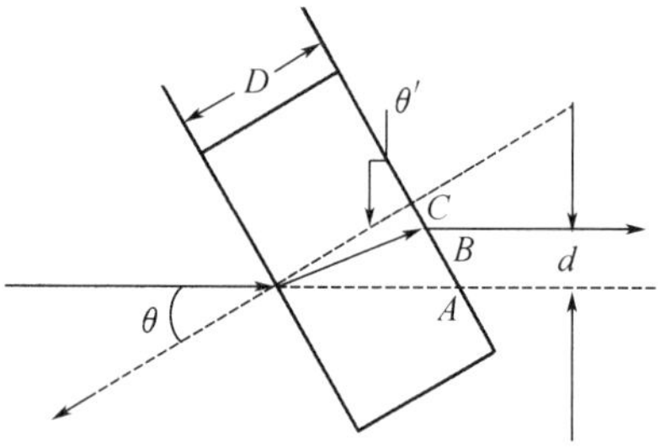

应用折射定律 $n_0\sin\theta = n\sin\theta'$,$n_0 = 1$,可得 $\sin\theta' = \dfrac{\sin\theta}{n}$,再利用三角公式 $\dfrac{\sin\theta}{\cos\theta} = \tan\theta$,$\sin^2\theta + \cos^2\theta = 1$,则由式(6.16.7),可得

$$D = \dfrac{d}{\left|\sin\theta - \dfrac{\sin\theta\cos\theta}{\sqrt{n^2 - \sin^2\theta}}\right|} \quad (6.16.8)$$

图 6.16.10 光发生两次折射示意图

由式(6.16.8)可知,如果已知 θ,d 和 n,就可算出待测物体的厚度 D,其中 θ 可直接测定,d 可按式(6.16.5)计算 L 的方法算出,n 可由手册查得或由实验室给出。

实验 17　设计测量硅光电池的相对光谱响应

光电池、光电倍增管、半导体光电二极管、三极管和 CCD 等光电传感器是最基本、最重要的一类传感器,其应用极其广泛。硅光电池是目前有实用价值的一种光电转换器件,除已用作人造卫星和宇宙飞船中的长期电源外,还广泛用于光电自动控制、光电计数、光电显示、曝光表和比色计等。

光谱响应是光电传感器的最重要的性能,光谱响应的测量是光谱测量中的一个比较典型的例子。了解光电传感器的光谱响应及其测量方法,对于在实际中如何合理选用光电传感器、了解光谱量的测量方法及其特点是很有意义的。

在本实验中,测定硅光电池的相对光谱响应曲线。

【设计任务】

1. 初步了解硅光电池的工作原理、性能及其使用。
2. 了解单色仪的结构,学会单色仪的使用。
3. 掌握光电池光谱响应的测量原理和方法,认识光谱测量的特点。

【问题探索】

1. 光电传感器的相对光谱响应是如何定义的?
2. 检流计光标的起始位置定在标尺的什么位置上为好?说明理由。
3. 若白炽灯泡的工作电流已经达到了规定值,而检流计光标的偏转仍然较小,这可能是什么原因?
4. 硅光电池的相对光谱响应的峰值波长约为 880 nm,而在测量中,检流计光标的最大偏转并不出现在 880 nm 附近,这是为什么?

【可选仪器】

单色仪专用白炽灯(12 V,50 W)、国产 WFD 型反射式棱镜单色仪、光谱热电偶、硅光电池(峰值波长约 880 nm)、检流计、数字三用表、5 位数字电压表、会聚透镜等。

专用白炽灯可辐射较强的连续光谱,单色仪可将白炽灯发出的白光分成单色光。

【设计要求】

1. 单色仪的调节及实验系统布局

(1)了解 WFD 型单色仪的结构和基本使用方法,并对波长示值进行校对。

(2)设计出能够测量光谱热电偶和硅光电池相对光谱响应的实验系统布局,并按照所设计的布局,摆设仪器。

(3)在测量前,先进行光源系统与单色仪光学系统的共轴调节(将光源灯丝成像在入射狭缝上,肉眼从出射狭缝看进去,可以看到入射狭缝处被均匀照亮)。

2. 测量具体要求

(1)设计测量光谱热电偶在 400～1 150 nm 波段范围内光谱响应曲线的实验方案。

(2)设计测量硅光电池在 400～1 150 nm 波段范围内相对光谱响应曲线的实验方案。

(3)注意选择合适的测量间隔。

【归纳总结】

在实验中,对所设计的光路进行调试以达到设计要求。对光路的整体设计及调整过程进行总结,要求画出光路及电路图,并标明元件间距。根据光谱响应所得测量结果,适当调整测量间隔,绘制光谱响应曲线。对所得光谱响应曲线进行分析,得出实验结论。

知识拓展 1　光电池简介

某些半导体材料受光照后,内部原子中的束缚电子将吸收光子能量,这些电子仍留在物质内部,使物质的电导率增加,这种效应称为光电导效应。当光照后能产生电动势的效应称为光生伏特效应。光电池就是利用光生伏特效应制成的光电传感器。

光电池的种类较多,并且具有一系列的优点,例如性能稳定、光谱范围宽、频率特性好、转换效率高、能耐高温辐射等,其中硅光电池、硒光电池的使用最为广泛。硅光电池的结构如图 6.17.1 所示,在 N 型硅基片上设置一层 P 型硅而形成 P－N 结。在 P 型硅外表面的光敏面上涂上一层极薄的二氧化硅透明膜,起到抗反射的作用。根据 P－N 结原理可知,在 P－N 结内存在内建电场,当光照到 P 型硅的光敏面时,如果光子能量大于材料的禁带宽度 E_g,光子将被吸收并在 P－N 结内产生电子－空穴对。在内电场的作用下,电子移向 N 区,空穴移向 P 区,因而增加了 N 区的电子数目和 P 区的空穴数目,使势垒降低。势垒下降的数值为光生电动势的大小。N 区为光电池的负极,P 区为正极。

硅光电池的内阻随光照的增加而减少。图 6.17.2 是硅光电池的光照负载特性曲线。由图可以看出,硅光电池的负载电阻越小,光电流与光照度的线性关系越好,且线性范围也越广阔。硒光电池也有类似的光照特性。

如图 6.17.3 所示为光电池与人眼的相对光谱响应曲线(为了比较,将硒光电池和人眼的相对光谱响应曲线也画在图中)。光电池的光谱特性与材料和制造工艺有关,而且随温

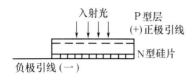

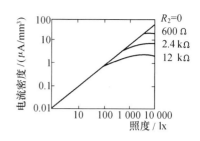

图 6.17.1　硅光电池的结构　　　　　图 6.17.2　硅光电池的光照负载特性曲线

度的变化而变化。硅光电池的光谱响应范围宽,响应峰值波长约为 850 nm。在实验中提供的硅光电池的峰值波长约为 880 nm。硒光电池的光谱响应最接近人眼的光谱响应,它的峰值波长约为 570 nm,因此硒光电池更适合于探测可见光,常用于光度学测量。

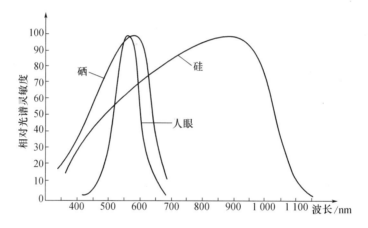

图 6.17.3　光电池与人眼的相对光谱响应曲线

硅光电池的灵敏度和转换效率都比较高。硅光电池的响应时间为 $10^{-6} \sim 10^{-3}$ s。光电池的灵敏度虽远不及真空光电管和光电倍增管,但由于其结构简单,不需要电源,且质量轻、寿命长、价格便宜、使用方便等优点,被广泛用于光电测量装置。另外,大面积的硅光电池(也称太阳能电池)常可作为空间能源。

硅光电池由很薄的硅片制成,极脆,使用时要小心。它引线很细,不能用力拉。光电池应存放在干燥、无腐蚀性气体的环境中。

知识拓展 2　测定硅光电池相对光谱响应的相关知识

光电检测器件是指将辐射能转变成电学量的一种器件。光电检测器件的输出信号(设为光电流)i 与入射的辐射能通量或光通量 Φ 之比称为光电检测器件的灵敏度,也称响应度,记作 S,表达式为

$$S = \frac{i}{\Phi} \tag{6.17.1}$$

如果入射光为单色光,则称其为光谱灵敏度,并记为 $S(\lambda)$。光电检测器件灵敏度的常用单位为 A/W(安/瓦)、V/W(伏/瓦)、A/lm(安/流明)。

对于有选择性的光电检测器件(如光电池和光电管等),其灵敏度与入射光的波长有关。光谱灵敏度按波长的分布称为光谱响应,或称光谱灵敏度分布。光谱灵敏度与波长的关系曲线称为光谱响应曲线,或称为光谱灵敏度分布曲线。在实际中,通常将有光谱响应的光电检测器件和光谱响应为恒定值的无选择性的光电检测器件(例如,光谱热电偶等)比对,据此作出的曲线称为相对光谱曲线或称为相对光谱灵敏度分布曲线。

选择光电检测器件时,其光谱响应要与光源能量分布相一致,否则会降低光电检测器件的使用效率。

本实验测定硅光电池的相对光谱响应曲线。设在波长为 λ、辐射能通量一定的单色光(由单色仪获得)照射下,相对光谱响应恒定的光谱热电偶和待测硅光电池的光电流分别为 $i_c(\lambda)$ 和 $i_x(\lambda)$,在光谱热电偶和硅光电池的光照特性呈线性的条件下,光谱热电偶和硅光电池产生的光电流与光源的光谱能量分布 $P(\lambda)$、单色仪的光谱透过率 $T(\lambda)$,以及光谱热电偶及硅光电池的光谱灵敏度成正比,即

$$i_c(\lambda) \propto P(\lambda)T(\lambda)S_c \qquad (6.17.2)$$

$$i_x(\lambda) \propto P(\lambda)T(\lambda)S_x(\lambda) \qquad (6.17.3)$$

对于辐射能通量不变的同一光源和同一单色仪,式(6.17.2)、式(6.17.3)中的 $P(\lambda)$ 和 $T(\lambda)$ 都相等,因此有

$$S_x(\lambda) = k\frac{i_x(\lambda)}{i_c(\lambda)} \qquad (6.17.4)$$

式中,k 是比例常数。

【注意事项】

1. 将待测器件感光面中央紧靠单色仪的出射光缝,数字表选用电压 2 mV 挡,输入短路,调电压表零点,显示为零。用挡光物(如黑纸)盖在单色仪的入射光缝上以挡住入射光,记下无光起始值,然后移去挡光物,让白炽灯照亮入射狭缝,进行定性观察。

2. 光源工作电流置实验室规定值(11 V/4.1 A),不允许超过其额定值。稳压电源启动前电压调节旋钮必须调节到零,稳压电源关闭前也必须将电压调节旋钮调节到零,以保证光源寿命。

3. 当单色仪的"鼓轮"读数装置出现 0.000 或 20.000 时,应停止转动调节手轮,否则会损坏仪器。在本实验中,单色仪的"鼓轮"读数装置应在 4.000 到 7.000 范围内调节。

4. 使用期间,单色仪的狭缝宽度不得超过 3 mm,也不得小于 0.05 mm,本实验中狭缝的宽度应置于 0.15 mm,以保证"单色性"。

5. 注意屏蔽杂散光。实验过程中,要保持杂散光为恒定。

第7章 开放型创新实验

随着中国特色社会主义进入了新时代,社会迫切需要具有创新精神和实践能力、在德智体美等方面全面发展的高素质人才,这就意味着新时代高校培养人才的核心内容和最终目标就是要重实践、重创新、重能力。基于这一目标,辽宁省相关部门自2012年起举办了辽宁省大学生物理实验竞赛。历年来,沈阳理工大学组织学生积极参加这一活动,并取得了丰硕的成果。本章就此选取部分情况进行介绍,还设立了十多个开放型的创新实验项目,期望有兴趣的同学积极参与这一活动。

7.1 辽宁省大学生物理实验竞赛题目及其要求

7.1.1 2012年辽宁省大学生物理实验竞赛通知

为了进一步加强高等学校实践教学工作,促进大学生物理实验综合能力和创新意识的不断提高,辽宁省物理学会决定委托东北大学承办2012年辽宁省大学生物理实验竞赛。为保证比赛公平、顺利进行,制订本方案。

1. 竞赛目的

举办大学生物理实验竞赛是为了激发大学生对物理实验的兴趣与潜能,使学生广泛参与到物理实践中来;在实践中培养、提高大学生的创新能力、实践能力和团队协作意识;促进物理实验教学改革,不断提高大学物理实验教学的质量,为高素质人才培养奠定基础。

2. 竞赛主题与内容

(1)本次竞赛共设3个题目,详见2012年辽宁省大学生物理实验竞赛题目。

(2)竞赛方式及要求:

①每队参赛选手限选其中一个题目在本校进行准备并完成全部实验。实验所需设备及费用由各校自行解决,所需通用仪器和特殊需要的仪器,请提前通知竞赛组委会。

②参赛选手须预先提交"2012年辽宁省大学生物理实验竞赛项目说明"及"2012年辽宁省大学生物理实验竞赛推荐教师初评表"。竞赛时,参赛队伍需携带参赛作品,当场操作,并进行答辩。

③参赛作品应力求做到原理明确,装置简便且易于操作,方法巧妙且手段新颖、有特色,现场操作规范,测量结果准确,陈述清晰,回答问题正确。

3. 报名与参赛

(1)参赛条件

参赛对象为在辽宁省各类普通高等学校2012年秋季学期在校本科大学生。

（2）报名方式

①请参赛学校将报名信息表,于 10 月 20 日前报送竞赛组委会办公室。

②学生参赛报名由各高校统一组织,每校限报 6 个队,每队不超过 3 名学生。

③学生参赛报名截止日期为 11 月 20 日,由学校统一将电子版发至联系人信箱。

4. 竞赛时间及地点

竞赛定于 2012 年 12 月 8 日—9 日在东北大学举行。2012 年 12 月 7 日参赛人员可到竞赛现场熟悉环境或预做。

5. 奖励

竞赛设立一等奖、二等奖、三等奖若干项,按 3 个题目分组评奖;同时对参赛学校设立优秀组织奖。

7.1.2 往年辽宁省大学生物理实验竞赛部分题目

1. 2012 年辽宁省大学生物理实验竞赛题目

题目一:非接触测距。

利用非接触法测量两物体间距,测量范围为 2～5 m,允许在被测物体上安装发射、接收装置。

题目二:太阳能电池参数测量装置的设计及参数的测量。

自行建立能够测量太阳能电池的一种或几种参数的实验装置,并应用该装置现场进行太阳能电池参数的测量。

题目三:物理实验装置制作。

题目自拟。要求:学生在校期间完成的物理思想清晰,物理知识点明确的实验装置制作。

2. 2014 年辽宁省大学生物理实验竞赛题目

题目一:密度的测量。

密度是基本的物理参量之一,研究改进现有的测量方式或创新发明新的测量方法。

题目二:机械能转化电能实验装置设计。

机械能转化为电能常见的形式包括风力水利发电机、静电发电机、晶体压电效应等。设计一个机械能转化为电能的实验装置,在其原理、结构优化及应用等方面展开研究。

题目三:物理实验装置制作。

题目自拟。要求:学生在校期间完成的物理思想清晰、物理知识点明确的实验装置制作。

3. 2015 年辽宁省大学生物理实验竞赛题目

题目一:空气中的物理量测量。

研究物理实验方法,测量空气的温度、湿度、压强、能见度、成分等一种或几种物理量。

题目二:利用光的干涉或衍射原理设计应用装置。

自组装实验装置,将光的干涉或衍射原理应用到物理实验或实际测量之中。

题目三:物理实验装置制作。

题目自拟。要求:学生在校期间完成的物理思想清晰、物理知识点明确的实验装置制作。

4. 2016 年辽宁省大学生物理实验竞赛题目

题目一:折射率的测量。

研究物理实验方法,测量物体的折射率,可以测量固体、液体、气体其中的一种或多种。

题目二:利用霍尔效应设计实验装置。

自组装实验装置,将霍尔效应原理应用到物理实验或实际生产之中。

题目三:物理实验装置制作。

题目自拟。要求:学生在校期间完成的物理思想清晰、物理知识点明确的实验装置制作。

5. 2017 年辽宁省大学生物理实验竞赛题目

题目一:物体微小形变量的测量。

研究物理实验方法,改进或创新测量方式,测量固态物体的微小形变量。

题目二:利用电磁感应原理设计实验装置。

自组装实验装置,测量某些物理参数,将电磁感应原理应用到物理实验测量或实际生产生活中。

题目三:物理实验装置制作。

题目自拟。要求:学生在校期间完成的物理思想清晰、物理知识点明确的实验装置制作。

7.2 沈阳理工大学参加辽宁省大学生物理实验竞赛部分成果

7.2.1 沈阳理工大学参加辽宁省物理实验竞赛的成绩

1. 参加 2012 年辽宁省大学生物理实验竞赛的成绩

序号	学生 获奖人	获奖 时间	参赛课题 (项目的名称)	获奖 类别	获奖 等级
1	宫铖,张琪,马毅康	2012 年 12 月	激光横模测试系统的开发	省级	一
2	王超,付昀,叶权	2012 年 12 月	非接触测距装置的研制	省级	一
3	陈先跃,杨明,赵立强	2012 年 12 月	基于分光计非接触测距的研究	省级	二
4	马云,吴亚军,李博	2012 年 12 月	激光报警装置的研制	省级	二
5	吴俊峰,王夺,竺润泽	2012 年 12 月	传感桥路优化设计与应用模拟	省级	三
6	车福欧,张立峰,孙德福	2012 年 12 月	太阳能电池参数测量装置的设计及参数的测量	省级	三

2. 参加2015年辽宁省大学生物理实验竞赛的成绩

序号	学生获奖人	获奖时间	参赛课题（项目的名称）	获奖类别	获奖等级
1	袁备,杨帆,操璐	2015年12月	光学数字衍射观测系统设计与制作	省级	三
2	李乐,陈秋白,张婷婷	2015年12月	用交流电桥测量空气的湿度	省级	优秀奖
3	赵锦富,尚艳玲,薛瑶	2015年12月	用双束激光法测量凸透镜的焦距	省级	优秀奖
4	曹昭睿,胡显声,张明华	2015年12月	全息光栅的设计与制作	省级	优秀奖
5	赖文祺,何嘉俊,黄首峰	2015年12月	利用霍尔开关测量磁感应强度	省级	优秀奖
6	张楠,蒋新宇,詹绍梅	2015年12月	浅水域水下数据采集机器人的设计与制作	省级	优秀奖

3. 参加2016年辽宁省大学生物理实验竞赛的成绩

序号	学生获奖人	获奖时间	参赛课题（项目的名称）	获奖类别	获奖等级
1	李乐,黎洋,赵雪	2016年12月	数字干涉式折射率测量仪的设计与制作	省级	二
2	王哲,雷顺子,杨瑞	2016年12月	利用CCD测量液体折射率	省级	三
3	陈元亮,邬小龙,贾鹏	2016年12月	微型激光打标仪	省级	三
4	于航,杜宏智,刘钟喆	2016年12月	自行车行车辅助仪的设计与制作	省级	优秀奖

4. 参加2017年辽宁省大学生物理实验竞赛的成绩

序号	学生获奖人	获奖时间	参赛课题（项目的名称）	获奖类别	获奖等级
1	刘德鹏,牛栋鑫	2017年12月	密度测量仪	省级	二
2	童子玥,李爽,王云鹏	2017年12月	用霍尔传感器测量水位的变化情况	省级	二
3	陈元亮,贾鹏,王雨晴	2017年12月	全向移动Dobot机械臂模型	省级	二
4	王哲,雷顺子,吕和鑫	2017年12月	基于干涉法测量物体微小形变	省级	三
5	王开缘,刘家煃,李晨飞	2017年12月	温湿度远程实时检测装置	省级	三
6	于航,杜宏智,韩璋	2017年12月	电磁耦合远程充电系统	省级	优秀奖
7	陈雨情,成远,李倩茹	2017年12月	维生素B_2荧光光谱检测系统	省级	优秀奖
8	董振飞,毕紫微,邵玉茹	2017年12月	物体微小形变量的测量	省级	优秀奖

7.2.2 辽宁省物理实验竞赛项目说明举例

项目名称：用霍尔传感器测量水位变化情况

1. 设计原理与方法

利用霍尔开关在其附近磁感应强度发生变化而使输出电平发生跃变的原理设计了一种自动测量水位变化情况的装置，其原理框图由图7.2.1所示。

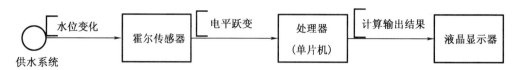

图 7.2.1　原理框图

(1) 原理

将磁铁放在一块泡沫板上,当供水系统开始供水时,磁铁上升,经过霍尔开关时,霍尔开关附近的磁感应强度发生变化,从而使霍尔开关的输出电平发生跃变,将此信息传给单片机处理器,由单片机处理信息,将通过两个霍尔开关的平均速度、所用时间及到下一个霍尔开关的预期时间显示在液晶显示屏上。

(2) 方法

① 用游标卡尺测量第一至第二个霍尔开关的距离 H 及第二至第三个霍尔开关的距离 h,输入到单片机中。

② 水泵加水,与水位平齐的磁铁上升至第一个霍尔开关时,霍尔开关的输出电平发生跃变,传递信息给单片机系统,此系统的绿灯亮。

③ 当水位上升至第二个霍尔开关时,霍尔开关的输出电平发生跃变,传递信息给单片机系统,此系统的黄灯亮,同时,由单片机测出水位经过两个霍尔开关的时间间隔 T,并通过单片机由 H 及 T 数值计算出期间水位上涨的平均速度 v_1;从而估算出水位到达第三个霍尔开关所用的时间 t',显示在液晶显示屏上。

④ 当水位上涨到第三个霍尔开关时,单片机系统中的红灯亮(表示水位超过安全高度,相当于现实中的洪涝预警);同时,液晶显示屏显示出第二个至第三个霍尔开关间水位上涨的平均速度 v_2 和所用时间 t。

2. 实验仪器与装置

实验装置组成框图如图 7.2.2 所示,其中的单片机系统组成框图如图 7.2.3 所示,测量水位变化的实验装置示意图如图 7.2.4。

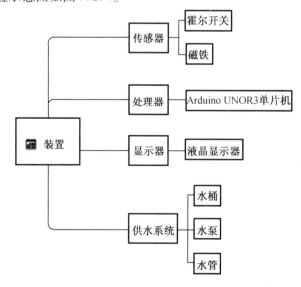

图 7.2.2　实验装置组成框图

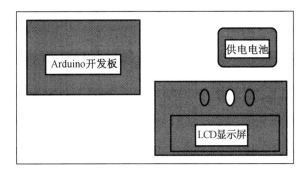

图 7.2.3　单片机系统组成框图

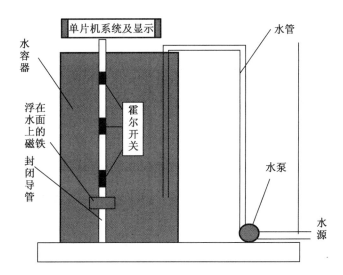

图 7.2.4　测量水位变化实验装置示意图

3. 数据测量与分析

用数字游标卡尺测得的第一至第二个霍尔开关的距离 H 及第二至第三个霍尔开关的距离 h 测量数据如表 7.2.1 所示。

表 7.2.1　测量距离 H,h 的数据表

	1	2	3	4	5
H/mm	87.59	87.60	87.58	87.59	87.58
h/mm	85.87	85.88	85.86	85.86	85.87

通过计算：

$$\overline{H} = \frac{87.59 + 87.60 + 87.58 + 87.59 + 87.58}{5} = 57.588 \text{ mm}$$

$$u_A(H) = \sqrt{\frac{\sum_{n=1}^{5}(H_n - \overline{H})^2}{n(n-1)}} = 0.0042 \text{ mm}$$

$$u_B(H) = \frac{0.01}{2} = 0.0050 \text{ mm}$$

则
$$u_c(H) = \sqrt{u_A^2(H) + u_B^2(H)} = 0.0065 \text{ mm}$$

同理可得
$$u_c(h) = 0.0065 \text{ mm}$$

最后得出
$$H = \overline{H} + 2u_c(H) = (87.588 \pm 0.013) \text{ mm}$$
$$h = \overline{h} \pm 2u_c(h) = (85.868 \pm 0.013) \text{ mm}$$

由单片机计时得到的第一至第二个霍尔开关的上升时间 T 及第二至第三个霍尔开关的上升时间 t 的测量数据如表 7.2.2 所示。

表 7.2.2 测量上升时间 T,t 的数据表

	1	2	3	4	5
T/s	97.37	89.22	94.47	91.12	91.63
t/s	95.46	87.89	92.62	89.33	89.83

通过计算：
$$\overline{T} = \frac{97.37 + 89.22 + 94.47 + 91.12 + 91.63}{5} = 96.36 \text{ s}$$

同上，有
$$u_A(T) = \sqrt{\frac{\sum_{n=1}^{5}(T_n - \overline{T})^2}{n(n-1)}} = 1.6 \text{ s}$$
$$u_B(T) = \frac{10^{-3}}{2} = 0.00050 \text{ s}$$
$$u_c(T) = \sqrt{u_A^2(T) + u_B^2(T)} = 1.6 \text{ s}$$

同理，有
$$u_c(t) = 1.5 \text{ s}$$

由单片机计算、显示的第一至第二霍尔开关的水位速度 v_1 及第二至第三霍尔开关的水位速度 v_2 的数据如表 7.2.3 所示。

表 7.2.3 测量水位速度 v_1,v_2 的数据表

	1	2	3	4	5
$v_1/(\text{mm/s})$	0.90	0.82	0.93	0.96	0.96
$v_2/(\text{mm/s})$	0.87	0.87	0.91	0.93	0.92

计算得
$$\overline{v_1} = \frac{0.90 + 0.82 + 0.93 + 0.96 + 0.96}{5} = 0.914 \text{ mm/s}$$

$$u_c(v_1) = \sqrt{\left[\frac{\partial v}{\partial H}u_c(H)\right]^2 + \left[\frac{\partial v}{\partial T}u_c(T)\right]^2} = 0.010 \text{ mm/s}$$

同理,有
$$u_c(v_2) = 0.014 \text{ mm/s}$$

最后得出
$$v_1 = \bar{v}_1 \pm 2u_c(v_1) = (0.914 \pm 0.020) \text{ mm/s}$$
$$T = \bar{T} \pm 2u_c(T) = (96.4 \pm 3.2) \text{ s}$$
$$v_2 = \bar{v}_2 \pm 2u_c(v_2) = (0.900 \pm 0.028) \text{ mm/s}$$
$$t = \bar{t} \pm 2u_c(t) = (94.5 \pm 3.0) \text{ s}$$

分析:

该装置精确度的主要影响因素是高度的测量和时间的测量,对此的改进措施如下:

(1)将霍尔开关更好地固定在亚克力管中,并用更高精度的仪器测量高度。

(2)电机上加稳压源以保证工作电压稳定,使水平面匀速上升,并用更高精度的仪器测量时间,等等。

4. 结论

利用霍尔开关在其附近磁感应强度发生变化而使输出电平发生跃变的原理,设计、制作了一种自动测量水位变化情况的装置。经过实际测量及数据评定,说明该装置可达到较好的稳定性及准确度。

创新点如下:

(1)该装置具有测量及显示功能,且防水性能好,可直接显示水位的变化情况(包含速度和时间),即使在夜间、雨天等情况下,也可正常使用。

(2)该装置具有报警、预警系统,当水位上涨至预定高度时,立即报警。还可预测并显示到达下一个预定水位的时间,起到预警的作用。

(3)该装置体积小、一体化,可方便携带。

应用如下:

因为装置具有测量及显示功能、报警及预警系统、体积小、一体化且防水性能好,所以可用于夜间、雨天和雾天等情况;还可用于水库、地下停车场、地下隧道、地下室、桥洞、工厂供水系统、水槽等需要指示水位变化的场所。

5. 制作成本(明细)

制作成本(明细)表如表7.2.4所示。

表7.2.4 制作成本(明细)表

序号	材料名称	价格/元	序号	材料名称	价格/元
1	霍尔开关	12.00	5	粗细亚克力管	120.00
2	磁铁	25.00	6	水管	10.00
3	单片机系统	40.00	7	水泵	40.00
4	显示器	13.00	总计:		260.00

7.3 开放型创新实验项目

下列开放型的创新实验项目供同学们在课后选做。

题目一:测量与地球有关的物理参数。

自组装实验装置,将物理实验的测量方法应用到测量与地球有关的物理参数之中。

题目二:智能手机在物理实验中的应用。

利用智能手机的网络化、便利化、互动化、智能化改造升级经典的物理实验或设计新的物理实验。

题目三:磁光效应的应用。

自组装实验装置,测量某些物理参数,将磁光效应原理应用到物理实验测量或实际生产生活中。

题目四:水或水溶液物理性质的研究。

自行搭建实验装置,将物理实验的测量方法应用到测量水或水溶液物理性质的参数之中。

题目五:互感特性的研究。

自行搭建实验装置,利用互感原理,设计、搭建一套应用装置,研究互感特性。

题目六:水波有关物理现象的研究。

自行搭建实验装置,研究与水波有关的物理现象。

题目七:霍尔元件电学性质的研究。

自行选择测量原理和仪器仪表,搭建实验装置,测量并研究霍尔元件电学性质。

题目八:锑化铟 InSb 磁阻特性的研究。

自行选择测量原理和仪器仪表,搭建实验装置,测量并研究锑化铟 InSb 的磁阻特性。

题目九:等离子体的物理量的测量。

自行选择测量原理和仪器仪表,搭建实验装置,利用物理实验方法,测量等离子体的温度、压强、能见度、成分等一种或几种物理量。

题目十:冰的物理量的测量。

自行选择测量原理和仪器仪表,搭建实验装置,利用物理实验方法,测量冰的温度、熔点、成分等一种或几种物理量。

题目十一:玻璃的相关物理量的测量。

自行选择测量原理和仪器仪表,搭建实验装置,利用物理实验方法,测量玻璃的反射率、折射率、透光率、温度、熔点、成分等一种或几种物理量。

附录 A 法定计量单位

附表 A.1 国际单位制基本单位

量	单位名称	单位符号	备注
长度	米	m	米等于氪-86 原子的 $2P_{10}$ 和 $5d_5$ 能级之间跃迁所对应的辐射,在真空中为 1 650 763.73 个波长的长度
质量	千克	kg	千克是质量单位,等于国际千克原器的质量
时间	秒	s	秒是铯-133 原子基态的两个超精细能级之间跃迁所对应的辐射 9 192 631 770 个周期的持续时间
电流	安[培]	A	安培是一恒定电流,若保持在处于真空中相距 1 米的两无限长,而圆截面可忽略的平行直导线内,则在此两导线之间产生的力在每米长度上等于 2×10^{-7} 牛顿
热力学温度	开[尔文]	K	热力学温度单位开尔文是水三相点热力学温度的 1/273.15
物质的量	摩[尔]	mol	摩尔是一系统的物质的量,该系统中所包含的基本单元数与 0.012 千克碳-12 的原子数目相等。在使用摩尔时,基本单元应予指明,可以是原子、分子、离子、电子及其他粒子,或是这些粒子的特定组合
发光强度	坎[德拉]	cd	坎德拉是一光源在给定方向上的发光强度,该光源发出频率为 540×10^{12} 赫兹的单色辐射,且在此方向上的辐射强度为 1/683 W/sr

附表 A.2 国际单位制辅助单位

量	单位名称	单位符号	备注
[平面]角	弧度	rad	弧度是一圆内两条半径之间的平面角,这两条半径在圆周上截取的弧长与半径相等
立体角	球面度	sr	球面度是一立体角,其顶点位于球心。而它在球面上所截取的面积等于以球半径为边长的正方形面积

附表A.3 国际单位制具有专门名称的导出单位

量的名称	SI 导出单位			
	单位名称	单位符号	表示式	
			用SI单位	用SI基本单位
力、重力	牛[顿]	N		$m \cdot kg \cdot s^{-2}$
频率	赫[兹]	Hz		s^{-1}
压强,(压力),应力	帕[斯卡]	Pa	N/m^2	$m^{-1} \cdot kg \cdot s^{-2}$
能,功,热量	焦[耳]	J	$N \cdot m$	$m^2 \cdot kg \cdot s^{-2}$
功率,辐[射]通量	瓦[特]	W	J/s	$m^2 \cdot kg \cdot s^{-3}$
电量,电荷	库[仑]	C		$s \cdot A$
电位(电势),电压,电动势	伏[特]	V	W/A	$m^2 \cdot kg \cdot s^{-3} \cdot A^{-1}$
电容	法[拉]	F	C/V	$m^{-2} \cdot kg^{-1} \cdot s^4 \cdot A^2$
电阻	欧[姆]	Ω	V/A	$m^2 \cdot kg \cdot s^{-3} \cdot A^{-2}$
电导	西[门子]	S	A/V	$m^{-2} \cdot kg^{-1} \cdot s^3 \cdot A^2$
磁通[量]	韦[伯]	Wb	$V \cdot s$	$m^2 \cdot kg \cdot s^{-2} \cdot A^{-1}$
磁感应[强度],磁通密度	特[斯拉]	T	Wb/m^2	$kg \cdot s^{-2} \cdot A^{-1}$
电感	亨[利]	H	Wb/A	$m^2 \cdot kg \cdot s^{-2} \cdot A^{-2}$
摄氏温度	摄氏度	℃		K
光通[量]	流[明]	lm		$cd \cdot sr$
[光]照度	勒[克斯]	lx	lm/m^2	$m^{-2} \cdot cd \cdot sr$
[放射性]活度,(放射性强度)	贝可[勒尔]	Bq		s^{-1}

附表A.4 单位换算

单位	相当于(或等于)	
埃(Å)	0.1 纳米	10^{-10} 米
纳米(nm)	10 埃	10^{-9} 米
靶恩(b)	10^{-24} 厘米^2	10^{-28} 米^2
特斯拉(T)	1 韦伯/米^2	10^4 高斯
标准大气压(atm)	1.013×10^5 牛顿/米^2	101325 帕[斯卡]
电子伏(eV)	$1.602\ 189\ 2(46) \times 10^{-19}$ 焦耳	
焦耳(J)	10^7 尔格	$6.241\ 461 \times 10^{18}$ 电子伏
克(g)	$6.022\ 04 \times 10^{23}$ u	$5.609\ 56 \times 10^{32}$ 电子伏/c^2
摄氏温度(℃)	热力学温度值(K) -273.15	
绝对温度(K)	$T = (t - 273.15)$ K	

附表 A.4（续）

单 位	相当于（或等于）	
原子质量单位（μ）	$1.660\,565\,5 \times 10^{-27}$ kg	
居里（Ci）	3.7×10^{10}（衰变次数）/秒	3.7×10^{10} 贝可（Bq）
英寸（in）	2.54 厘米	0.025 4 米
毫米水柱（mmH₂O）	9.806 65 帕[斯卡]	
毫米汞柱（mmHg）	$1.333\,22 \times 10^{2}$ 帕[斯卡]	
π	3.141 592 653 793 238	
e	2.718 281 828 459 045	

注：一个原子单位等于一个碳 $_{6}^{12}$C 核素原子质量的 1/12。

附表 A.5 用于构成十进倍数和分数单位词头

所表示的因数	词头名称	词头符号	所表示的因数	词头名称	词头符号
10^{18}	艾[克萨]	E	10^{-1}	分	d
10^{15}	拍[它]	P	10^{-2}	厘	c
10^{12}	太[拉]	T	10^{-3}	毫	m
10^{9}	吉[咖]	G	10^{-6}	微	μ
10^{6}	兆	M	10^{-9}	纳[诺]	n
10^{3}	千	k	10^{-12}	皮[可]	p
10^{2}	百	h	10^{-15}	飞[母托]	f
10^{1}	十	da	10^{-18}	阿[托]	a

附录B 常用物理常量表(2013年国际推荐值)

附表B.1 常用物理常数

物理常数	符号	最佳实验值及标准不确定度	供计算用的值
真空中光速	c	$299\,792\,458.0(1.2)$ m·s^{-1}	3.00×10^{8} m·s^{-1}
真空磁导率	μ_0	$1.256\,637\,061\,44\cdots\times10^{-6}$ N·A^{-2}	$4\pi\times10^{-7}$ N·A^{-2}
真空电容率	ε_0	$8.854\,187\,818(71)\times10^{-12}$ F·m^{-1}	8.85×10^{-12} F·m^{-1}
万有引力常数	G	$6.672\,0(41)\times10^{-11}$ m^3·kg^{-1}·s^{-2}	6.67×10^{-11} m^3·kg^{-1}·s^{-2}
阿伏加德罗常数	N_A	$6.022\,045(31)\times10^{23}$ mol^{-1}	6.02×10^{23} mol^{-1}
摩尔气体常数	R	$8.314\,41(26)$ J·mol^{-1}·K^{-1}	8.31 J·mol^{-1}·K^{-1}
玻耳兹曼常数	k	$1.380\,662(41)\times10^{-23}$ J·K^{-1}	1.38×10^{-23} J·K^{-1}
理想气体摩尔体积	V_m	$22.413\,83(70)\times10^{-3}$ m^3·mol^{-1}	22.4×10^{-3} m^3·mol^{-1}
基本电荷(元电荷)	e	$1.602\,189\,2(46)\times10^{-19}$ C	1.602×10^{-19} C
原子质量单位	u	$1.660\,565\,5(86)\times10^{-27}$ kg	1.66×10^{-27} kg
电子质量	m_e	$9.109\,534(47)\times10^{-31}$ kg	9.11×10^{-31} kg
电子荷质比	e/m_e	$1.758\,804\,7(49)\times10^{-11}$ C·kg^{-1}	1.76×10^{-11} C·kg^{-1}
质子质量	m_p	$1.672\,648\,5(86)\times10^{-27}$ kg	1.673×10^{-27} kg
中子质量	m_n	$1.674\,954\,3(86)\times10^{-27}$ kg	1.675×10^{-27} kg
法拉第常数	N_e	$9.648\,456(27)$ C·mol^{-1}	9.65 C·mol^{-1}
里德伯常数	R	$1.097\,373\,177(83)\times10^{7}$ m^{-1}	$1.097\,4\times10^{7}$ m^{-1}
精细结构常数	a	$7.297\,350\,6(60)\times10^{-3}$	7.297×10^{-3}
普朗克常数	h	$6.626\,176(36)\times10^{-34}$ J·s	6.63×10^{-34} J·s
电子磁矩	μ_e	$9.284\,832(36)\times10^{-24}$ J·T^{-1}	9.28×10^{-24} J·T^{-1}
质子磁矩	μ_p	$1.410\,617\,1(55)\times10^{-26}$ J·T^{-1}	1.41×10^{-26} J·T^{-1}
玻尔(Bohr)半径	α_0	$5.291\,770\,6(44)\times10^{-11}$ m	5.29×10^{-11} m
玻尔(Bohr)磁子	μ_B	$9.274\,078(36)\times10^{-24}$ J·T^{-1}	9.27×10^{-24} J·T^{-1}
核磁子	μ_N	$5.059\,824(20)\times10^{-27}$ J·T^{-1}	5.05×10^{-27} J·T^{-1}
电子康普顿(Compton)波长	λ_c	$2.426\,308\,9(40)\times10^{-12}$ m	2.426×10^{-12} m
质子康普顿(Compton)波长	λ_p	$1.321\,409\,9(22)\times10^{-15}$ m	1.321×10^{-15} m
质子电子质量比	m_p/m_e	$1\,836.151\,5$	$1\,836.15$

注:最佳实验值后面括号内的数字表示标准不确定度,其末位数与最佳实验值的最末位数对齐,且具有相同的数量级及计量单位。

附表 B.2　其他物理常数

名称	符号	数值	单位
标准大气压	P_0	101 325	Pa
冰点热力学温度	T_0	273.15	K
标准状态下空气的声速	$\mu_{声}$	331.46	m·s^{-1}
标准状态下干燥空气的密度	$\rho_{空气}$	1.293	kg·m^{-3}

附表 B.3　在 20 ℃时一些金属的杨氏弹性模量

金属	杨氏弹性模量/(kg·mm^{-2})	金属	杨氏弹性模量/(kg·mm^{-2})
铝	7 000 ~ 7 100	锌	8 000
钨	41 500	镍	20 500
铁	19 000 ~ 21 000	铬	24 000 ~ 25 000
铜	10 500 ~ 13 000	合金钢	21 000 ~ 22 000
金	7 900	碳钢	20 000 ~ 21 000
银	700 ~ 8 200	康铜	16 300

参 考 文 献

[1] 国家质量技术监督局. 中华人民共和国国家计量技术规范 JJF 1059—1999:测量不确定度评定与表示[S]. 北京:中国计量出版社,2004.
[2] 朱鹤年. 基础物理实验教程:物理测量的数据处理与实验设计[M]. 北京:高等教育出版社,2004.
[3] 朱鹤年. 新概念物理实验测量引论:数据分析与不确定度评定基础[M]. 北京:高等教育出版社,2007.
[4] 成正维. 大学物理实验[M]. 北京:高等教育出版社,2010.
[5] 沈元华,陆申龙. 基础物理实验[M]. 北京:高等教育出版社,2003.
[6] 杨述武,赵立竹,沈国土. 普通物理实验[M]. 北京:高等教育出版社,2010.
[7] 李学慧. 大学物理实验[M]. 北京:高等教育出版社,2008.
[8] 张兆奎. 大学物理实验[M]. 3版. 北京:高等教育出版社,2008.
[9] 张孔时,丁慎训. 物理实验教程(近代物理实验部分)[M]. 北京:清华大学出版社,2007.
[10] 吴思诚,王祖铨. 近代物理实验[M]. 3版. 北京:高等教育出版社,2005.
[11] 戴道宣,戴乐山. 近代物理实验[M]. 北京:高等教育出版社,2005.
[12] 王正行. 近代物理学[M]. 北京:北京大学出版社,2002.
[13] 赵凯华,钟锡华. 光学[M]. 北京:北京大学出版社,1984.
[14] 姚启钧. 光学教程[M]. 北京:高等教育出版社,2002.
[15] 苏汝铿. 量子力学[M]. 上海:复旦大学出版社,2002.
[16] 潘志方,王仕. 激光散斑摄影术实验[J]. 物理实验,2000,20(2):8-9.
[17] 郑绍光. 光信息科学与技术应用[M]. 北京:电子工业出版社,2002.
[18] 朱京平. 光电子技术基础[M]. 北京:科学出版社,2003.
[19] 周继明,江世明. 传感技术应用[M]. 长沙:中南大学出版社,2005.
[20] 王庆有. 光电传感器应用技术[M]. 北京:机械工业出版社,2007.
[21] 孙雨南. 光纤技术:理论基础与应用[M]. 北京:北京理工大学出版社,2006.
[22] 赵勇. 光纤传感原理与应用技术[M]. 北京:清华大学出版社,2007.
[23] 孙晶华,李松,李昆. 大学物理实验教程[M]. 2版. 哈尔滨:哈尔滨工程大学出版社,2017.
[24] 王旗. 大学物理实验[M]. 北京:高等教育出版社,2017.